# 深井钻井事故处理及案例分析

魏新勇等　编著

石油工业出版社

## 内 容 提 要

本书以塔河油田典型的钻井事故案例归纳分析为主，对钻井过程中出现的一些井下复杂问题和事故提出了切实可行的技术对策和预防措施。详细介绍了塔河油田地层特点及钻井施工难点，以及发生井下复杂与事故的因素及诊断处理方法、配套处理措施和处理工具等。

本书适于钻井和井下作业的技术人员、工人阅读参考，也可供从事井下作业工具研制开发的技术人员参考。

**图书在版编目（CIP）数据**

深井钻井事故处理及案例分析/魏新勇等编著．
北京：石油工业出版社，2009.11
ISBN 978－7－5021－7326－5

Ⅰ．深…
Ⅱ．魏…
Ⅲ．塔里木盆地－深井－油气钻井－工程事故－处理
Ⅳ．TE28

中国版本图书馆 CIP 数据核字（2009）第 143248 号

出版发行：石油工业出版社
（北京安定门外安华里 2 区 1 号　100011）
网　址：www.petropub.com
图书营销中心：（010）64523633
经　销：全国新华书店
印　刷：北京中石油彩色印刷有限责任公司

2009 年 11 月第 1 版　2023 年 2 月第 2 次印刷
787×1092 毫米　开本：1/16　印张：11.5
字数：300 千字

定价：40.00 元
（如出现印装质量问题，我社图书营销中心负责调换）

## 《深井钻井事故处理及案例分析》
## 编 委 会



## 《深井钻井事故处理及案例分析》
## 编 写 组


主　　编：魏新勇

副 主 编：武　波　李　鹏

编写人员：蒋建平　陈景禹　刘庆来　杨子超　张宏卫
王向东　王建云　张玉彬　谢海龙　王　龙
黄建新

# 前　　言

塔里木盆地石油、天然气资源丰富，勘探开发前景广阔，是中国石化油气资源接替的重点区域。塔河油田地处新疆库车县和轮台县境内，位于天山南麓塔克拉玛干沙漠北缘的戈壁荒漠地带，地表环境条件恶劣，多数为戈壁覆盖，降水稀少，气候干燥，沙尘暴频繁，一些区块地质环境恶劣，储层埋藏深构造复杂，大大增加了钻井施工难度。随着油田的不断发展，以及勘探开发规模不断扩大，进入塔河油田的钻井队增多，这些钻井队钻深井的经验少，易出现钻井问题，直接影响塔河油田的勘探开发进程。

为了提高塔河油田深井钻井技术水平，减少钻井事故及提高事故处理能力，我们组织编写了《深井钻井事故处理及案例分析》一书，希望本书的出版对塔河油田钻井提供重要参考和指导作用，对其他油田深井钻井提供参考和借鉴作用。本书主要针对塔河油田复杂地层钻井技术难点及典型的钻井事故实例进行归纳分析，提出了切实可行的技术对策。

本书的特点是以案例分析为主，主要是针对复杂地层深井钻井事故，所以针对性更强。所收集的79个案例是从塔河油田近年来数百口井井下复杂和钻井事故中整理归纳出来的，具有代表性，并对这些案例进行了分类。每个案例基本包括基础资料、事故发生经过、事故原因分析、事故处理经过和对策、经验和教训等，为高效优质钻井，科学合理处理钻井井下复杂和事故提供了借鉴处理方法和手段，为油田开发进度提供保障，提高了勘探开发效益。是继蒋希文同志编著《钻井事故与复杂问题》一书之后，又一本全面介绍钻井井下复杂问题预防与处理技术及经验的专著。

本书由中国石化西北油田分公司工程监督中心魏新勇等编著，在编写过程中，得到了中国石化西北油田分公司各级领导和各钻井公司等兄弟单位的大力支持和帮助，在此表示由衷的感谢！

由于塔河油田油气藏地层复杂，先进钻井技术、井下复杂与钻井事故处理方法和手段丰富，涉及面广，技术进步快，加之编者水平有限，本书所收编的内容难免有缺陷和不足之处，敬请读者批评指正。

魏新勇

2009. 7. 1

# 目　　录

# 第一章 概 述

## 第一节 塔河油田地质概述

塔里木盆地天然气资源量达 11.34×$10^{12}$ $m^3$，约占全国天然气资源总量的 31%。截至 2005 年底，已发现油气田 21 个（中国石化 3 个），累计探明天然气地质储量 7368×$10^8$ $m^3$，探明程度 6.5%。

塔河油田主要区域地处新疆库车县和轮台县境内，位于天山南麓塔克拉玛干沙漠北缘的戈壁荒漠地带，地表海拔 930m 左右，构造位置位于塔里木盆地沙雅隆起中段阿克库勒凸起西南斜坡，沙参 2 井在海相古生界的重大突破，拉开了塔里木盆地新一轮大规模石油勘探开发的序幕；为国家制定“稳定东部，发展西部”油气资源战略提供了重要依据。塔河油田先后在白垩系、侏罗系、三叠系、石炭系、泥盆系和奥陶系获得工业油气流或高产油气流，发现了轮南、阿克库勒、西达里亚和塔河等油气田及一批含油气构造。

塔河油田地表环境条件恶劣，多数为戈壁覆盖，降水稀少，气候干燥，沙尘暴频繁；所钻井多为深井和超深井，揭示的地层序列见表 1-1。

**表 1-1 塔河油田典型井地层层序**

| 地层系统 | | | | | | 岩性简述 | 故障提示 |
|---|---|---|---|---|---|---|---|
| 界 | 系 | 统 | 群 | 组 | 代号 | | |
| 新生界 | 第四系 | | | | Q | 粉砂岩、细砂层与黏土层 | 胶结较松散，易扩径、垮塌 |
| | 新近系 | 上新统 | | 库车组 | $N_2k$ | 上部黄夹棕色泥岩、粉砂质泥岩夹浅灰色粉砂岩，下部黄灰色泥岩与浅灰、灰白色粉砂岩、细砂岩互层 | 地层疏松、钻速快、泥岩厚易吸水膨胀。砂岩易缩径，防阻卡是关键 |
| | | 中新统 | | 康村组 | $N_1k$ | 上部浅灰、黄灰色粉砂岩，灰白色细砂岩夹黄灰色泥岩，下部黄灰、棕色泥岩与黄灰色粉砂岩、细砂岩互层 | |
| | | | | 吉迪克组 | $N_1j$ | 上部棕、棕褐色泥岩与黄灰、浅灰色细砂岩互层，中部绿灰、棕褐色泥岩，粉砂质泥岩与浅灰、棕色粉砂岩、细砂岩互层，下部为棕色泥岩夹棕色砂岩及红色石膏薄层 | 防膏侵、防坍塌和跳钻，防阻卡 |
| | 古近系 | 渐新统 | | 苏维依组 | $E_3s$ | 棕褐色泥岩与棕色细粒长石岩屑砂岩略等厚互层 | 钻速快，防止砂岩缩径造成遇阻和卡钻 |
| | | 始～古新统 | 库姆格列木群 | | $E_{1-2}km$ | 灰白色砾质粗粒长石石英砂岩 | 钻速快，防止砂岩缩径和泥岩水化膨胀掉快垮塌，造成遇阻和卡钻 |

续表

| 地层系统 | | | | | | 岩性简述 | 故障提示 |
|---|---|---|---|---|---|---|---|
| 界 | 系 | 统 | 群 | 组 | 代号 | | |
| 中生界 | 白垩系 | 下统 | 卡普沙良群 | 巴什基奇克组 | $K_1bs$ | 含砾砂岩段：棕红色砾质中、细砂岩，红棕色砾岩，含砾中、细砂岩及细－中粒砂岩夹红棕色粉砂质泥岩，泥质粉砂岩 | 泥岩易吸水造成掉块垮塌，底部易跳钻 |
| | | | | 巴西盖组 | $K_1bx$ | 棕褐色泥岩与红棕色细粒岩屑长石砂岩不等厚互层 | |
| | | | | 舒善河组 | $K_1s$ | 棕红色泥岩与浅棕色粉砂岩略等厚互层 | |
| | | | | 亚格列木组 | $K_1y$ | 棕红色泥岩与浅棕色细粒岩屑长石砂岩不等厚互层 | |
| | 侏罗系 | 下统 | | | $J_1$ | 上部为棕红色泥岩，中部为浅棕色细粒岩屑长石砂岩，下部为棕红色、杂色泥岩 | |
| | 三叠系 | 上统 | | 哈拉哈塘组 | $T_3h$ | 上部为深灰色泥岩（泥岩段），中、下部为浅灰色砾质细粒长石岩屑砂岩、细粒长石岩屑砂岩与深灰色泥岩不等厚互层（T－Ⅰ砂体） | 易发生井涌、地层压力逐渐升高，易形成压差卡钻 |
| | | 中统 | | 阿克库勒组 | $T_2a$ | 自下而上为二个由粗→细的旋回组成，旋回下部为砂砾岩、含砾砂岩、细一中砂岩夹薄层深灰色泥岩，旋回上部为深灰、灰黑色泥岩、泥质粉砂岩、粉砂岩夹薄层细砂岩 | |
| | | 下统 | | 柯吐尔组 | $T_1k$ | 顶部为棕褐色泥岩，中、下部为深灰色泥岩、粉砂质泥岩夹灰色粉砂岩 | |
| 古生界 | 二叠系 | 中统 | | | $P_2$ | 中、上部为灰绿色、深灰绿色英安岩；下部灰黑色英安岩 | 防漏、防塌 |
| | 石炭系 | 下统 | | 卡拉沙依组 | $C_1kl$ | 中、上部为棕褐色、灰褐色、褐灰色泥岩、粉砂质泥岩与棕色、褐灰色、灰色细粒长石岩屑砂岩、粉砂岩、泥质粉砂岩、灰质粉砂岩略等厚互层；下部为棕褐色、灰褐色、褐灰色、深灰色泥岩、粉砂质泥岩夹灰色粉砂岩、泥质粉砂岩。即：上泥岩段 | 防止井壁剥落、掉块形成井径扩大的“糖葫芦井段”；同时防盐水侵、膏侵，防井涌 |
| | | | | 巴楚组 | $C_1b$ | 上部为黄灰色泥晶灰岩（双峰灰岩段）；中部为棕褐色、灰褐色、褐灰色、深灰色泥岩、粉砂质泥岩夹浅灰色灰质粉砂岩（下泥岩段）；下部为棕褐色泥岩与浅棕褐色细粒长石岩屑砂岩、泥质粉砂岩略等厚～不等厚互层（砂、泥岩互层段） | |
| | 泥盆系 | 上统 | | 东河塘组 | $D_3d$ | 浅灰色细粒岩屑石英砂岩、粉砂岩与棕褐色、绿灰色泥岩不等厚互层 | 防压差卡钻 |

续表

| 地层系统 | | | | | | 岩性简述 | 故障提示 |
|---|---|---|---|---|---|---|---|
| 界 | 系 | 统 | 群 | 组 | 代号 | | |
| 古生界 | 志留系 | 下统 | | 塔塔埃尔塔格组 | $S_1t$ | 中、上部为绿灰色、灰色细粒岩屑石英砂岩夹棕褐色泥岩；下部为灰色沥青质细粒岩屑石英砂岩、粉砂岩与棕褐色泥岩略等厚互层 | |
| | | | | 柯坪塔格组 | $S_1k$ | 灰色沥青质中粒岩屑石英砂岩、沥青质细粒岩屑石英砂岩夹棕褐色泥岩；灰色沥青质细粒岩屑石英砂岩、细粒岩屑石英砂岩与灰色泥岩、粉砂质泥岩略等厚互层，下部灰绿色泥岩、粉砂质泥岩夹灰色泥质粉砂岩；灰深灰色泥岩粉砂质泥岩灰质泥岩与灰色泥质粉砂岩略等厚互层，下部深灰色、灰色泥岩、灰质泥岩粉砂质泥岩夹灰色泥质粉砂岩 | |
| | 奥陶系 | 上统 | | 桑塔木组 | $O_3s$ | 中、上部为褐灰色、灰色灰质泥岩、黄灰色泥灰岩，下部为深灰色、灰色泥岩、灰质泥岩、粉砂质泥岩夹灰色灰质粉砂岩 | |
| | | | | 良里塔格组 | $O_3l$ | 黄灰色泥晶灰岩 | 防漏、防喷 |
| | | | | 恰尔巴克组 | $O_3q$ | 棕褐色灰质泥岩、泥质灰岩、浅黄灰色泥晶灰岩 | |
| | 中统 | | | 一间房组 | $O_2yj$ | 黄灰色、浅灰色泥晶灰岩、砂屑泥晶灰岩、泥晶砂屑灰岩 | |

目前，塔河油田已形成年产油气当量700多万吨，显示出塔河油田及其所处的阿克库勒凸起西南斜坡良好的油气前景。其地质条件存在以下特点：（1）目的层多：中生界白垩系（K）、侏罗系（J）、三叠系（T），古生界石炭系（C）、泥盆系（D）、志留系（S）、奥陶系（O）在塔河油田均作为勘探目的层；（2）含油层系多：从中生界K、J、T至古生界C、D、S、O；（3）油质类型丰富：天然气、轻质油、中质油、重质油并存；（4）储层类型多：碎屑岩与碳酸盐岩储层并存，裂缝型、孔隙型、孔洞型储层并存；（5）岩性复杂：有碎屑岩、碳酸盐岩；（6）目的层埋藏深：勘探目的层埋深4500～6500m，纵向跨距较大；（7）井身结构复杂：有三开三完、四开四完、五开五完等类型；（8）地层复杂：盆地内盐岩层、盐膏层、高低压盐水层、巨厚泥页岩、巨厚砾岩层、高陡地层发育；（9）地层压力系统复杂，地应力复杂：同一裸眼井段内存在多个压力系统；（10）山前构造带发育：地层陡倾、破碎，砾石层、盐膏层等复杂地层发育，地层压力系统、地应力复杂；（11）古生界碳酸岩地层是重要的目的层，钻井中易发生裂缝溶洞性漏失。

塔河油田储层主要有两种类型：一类是碎屑岩孔隙型储层，其主要分布在白垩系下统卡普沙良群、侏罗系下统、三叠系上统哈拉哈塘组（上油组）、中统阿克库勒组（中油组、下油组）、石炭系下统卡拉沙依组、巴楚组、泥盆系上统东河塘组、志留系下统柯坪塔格组；另一类是与岩溶作用有关的岩溶缝洞型碳酸盐岩储层，主要分布在奥陶系上统良里塔格组、中统一间房组、中—下统鹰山组。

其中奥陶系以复合型圈闭为主，岩溶残丘—缝洞型、断块—岩溶残丘—缝洞型最为发育。储集空间主要颗粒为灰岩粒间孔隙、溶蚀孔洞和裂缝，其储集类型可分为裂缝型、裂缝—孔隙型、裂缝—孔洞型三种。大裂缝、溶洞是本区奥陶系储层最主要的储渗空间，常构成裂缝—溶洞型储层。三叠系以背斜型圈闭为主，如塔河油田 1 区、塔河油田 2 区、塔河油田 9 区三叠系圈闭，但也存在岩性—构造复合型圈闭，如沙 73 井区三叠系圈闭。石炭系圈闭类型由于砂体厚度小，横向分布变化较大，以构造—岩性复合型圈闭为主，局部存在构造圈闭。泥盆系砂岩、志留系砂岩分布范围较小，横向展布不稳定，以岩性圈闭为主，局部存在构造—岩性复合型圈闭。

## 第二节　塔河油田钻井工程技术难点

塔河油田复杂的地质条件及目的层埋藏深的特点使该工区内钻井既具有深井、超深井钻井的共性难点，也具有盆地钻井的特殊难点，具体表现在：

（1）地质构造、地层压力体系复杂，造成地层压力预测检测精度差、合理井身结构设计困难，也带来合理钻井液密度设计、井壁稳定、防漏防窜防卡等一系列困难。

（2）地层可钻性差、局部形成异常高压、纵向压力系统不统一，深部高压低渗地层钻井面临地层压力预测和油气层保护的世界级难题。

（3）深部盐岩层、复合盐膏层发育，面临着盐膏层钻井等一系列技术难点，如井身结构优化设计、套管强度设计、盐膏层钻井液技术、固井技术等。

（4）巨厚泥页岩发育带来井壁稳定问题，如泥页岩坍塌掉块、垮塌，泥页岩蠕变缩径等，给安全钻井和提高固井质量带来难度，在塔河油田表现为上部水敏性地层缩径、三叠系和石炭系硬脆性泥页岩井段扩径、井壁失稳问题。

（5）风化壳发育，碳酸盐岩储层钻井易发生裂缝溶洞性漏失。

（6）部分地区含有 $H_2S$、$CO_2$，存在钻井安全、高压防气窜等问题。

（7）山前构造带钻井，几乎集中了所有深井钻井技术难点，如库 1 井设计与施工中，遇到地质预报不准导致设计失误、含砾石地层跳钻严重、机械钻速低、井斜、井漏、井眼不规则等问题，泥页岩井段钻头泥包憋钻、井眼缩径，盐膏层钻井压差卡钻及套管变形等问题。

同时，塔河油田钻井又具有深井钻井共性的技术难点：

（1）上部大尺寸井眼和深部小井眼井段机械钻速低。

（2）深井钻柱与套管防磨防断。

（3）深部小井眼小间隙固井。

针对以上工程技术难点，塔河油田尝试简化井身结构，应用并推广了 PDC 钻头 + 螺杆的长裸眼优快钻井技术，同时对个别重点井引进国内外先进的钻井设备及工艺，如涡轮钻井技术、斯伦贝谢的 Verti - trak 垂直钻井技术和膨胀管固井技术等。在钻井液领域应用并推广了以下相关配套技术：超深井抗高温钻井液技术、“间歇式顶替桥堵工艺”堵漏技术、深层盐膏层钻井液技术等；在固井领域应用了以下相关配套工艺：双级固井、尾管悬挂固井等；在水泥浆体系方面推广了预防二叠系井漏的低密度水泥浆体系和针对盐膏层的盐水水泥浆体系等。

# 第二章　发生井下复杂与事故的因素及诊断处理原则

在钻井作业中，由于对深埋在地壳内的岩石的认识不清（客观因素）或技术因素（工程因素）以及作业者决策的失误（人为因素），往往会发生许多井下复杂情况，甚至造成严重的井下事故，轻者耗费大量人力、财力和时间，重者将导致油气资源的浪费和全井的废弃。据近几年的钻井资料分析，在钻井过程中，处理井下复杂情况和钻井事故的时间，占钻井总时间的3%～8%。正确处理因地质因素产生的井下复杂情况，避免或减少因决策失误、处理不当而造成的井下事故是提高钻井速度，缩短建井周期、降低钻井成本的重要途径，也是钻井工程技术人员（包括现场钻井监督）的主要任务和基本功。

## 第一节　造成井下复杂与事故的因素

造成井下复杂与事故有诸多因素，但概括起来主要是地质因素（客观条件）和工程因素（主观决策）两大类。

**一、地质因素**

钻井过程中，钻遇不同地层会遇到诸多困难因素，如地层岩性的多变性、压力系统的复杂性、地质构造的各异性，这些因素易导致井下复杂，甚至是井下事故，中断钻井作业，延误钻井周期。引起钻井作业中复杂与事故的主要地质因素见表2－1。

**表2－1　钻进中产生复杂与事故的主要地质因素**

| 序号 | 项目 | 类别 | 产生复杂的主要原因 | 主要复杂性质 | 可能引发的事故 |
|---|---|---|---|---|---|
| 1 | 岩性 | 泥页岩 | 含高岭土、蒙皂石、云母等硅酸盐矿物，具有可塑性、吸附性和膨胀性 | 剥落、掉块等井壁不稳定 | 起下钻阻卡，可造成沉砂卡钻 |
| | | 砂砾岩 | 含石英、燧石块、大小悬殊、泥质胶结的不均匀性 | 蹩、跳、渗漏 | 粘扣、粘卡、断钻具、掉牙轮 |
| | | 砂砾岩<br>粉砂岩 | 含石英、长石胶结物为铁质、钙质和硅质，具有极高的硬度 | 极强的研磨性、跳钻 | 钻头缩径、掉牙轮、掉钻具 |
| | | 石膏、<br>岩盐层 | 有弹性迟滞和弹性后效现象，易蠕动、易溶解、易垮塌 | 蠕变、缩径 | 起下钻阻卡、卡钻 |
| | | 碳酸岩层 | 主要成分CaO、MgO和$CO_2$等有溶解与重结晶等作用 | 形成溶剂与裂缝 | 产生漏失、阻卡、卡钻 |
| 2 | 地层压力 | 高孔隙压力 | 高密度钻井液中高固相含量、恶化钻井液性能，加大井底压差 | 钻速慢、滤饼厚、压差大、井涌、溢流 | 压差卡钻、井喷 |
| | | 低破裂压力 | 使用堵漏材料，恶化钻井条件 | 井漏、堵漏 | 卡钻、井塌 |
| 3 | 地质构造 | 褶皱 | 地层变形产生裂缝与内应力和大倾角地层 | 井斜、漏失、井塌 | 卡钻 |
| | | 断层 | 地层变位产生断裂与断层 | 井斜、漏失 | 卡钻 |

## 二、工程因素

造成井下复杂的地质因素是客观的，工程因素则是主观的，它包括前期施工设计、工艺措施制定、现场工程技术操作等。良好的工程因素可以减少复杂或在遇到复杂时减少事故的发生。工程因素主要见表 2－2。

**表 2－2 影响井下复杂与事故的主要工程因素**

| 序号 | 项　目 | 主要技术要求 | 主 要 作 用 |
|---|---|---|---|
| 1 | 井身结构 | 套管封固不同压力层系与不稳定地层 | 防塌、防卡、防喷、防漏 |
| 2 | 钻井设备 | 钻井泵排量可调，有足够的功率 | 清洗井底、净化井筒、防卡、防钻头泥包 |
| | | 转盘软特性，转速可调 | 防蹩、防断 |
| | | 顶驱 | 及时处理复杂，减少卡钻 |
| | | 固控完好，处理量满足要求 | 降低固相含量 |
| 3 | 井控设备 | 压力级别与地层压力匹配，试压合格 | 防喷、节流压井 |
| 4 | 钻井液 | 根据地层岩性、压力，选择合适的类型与性能参数 | 防塌、防卡、防钻头泥包、提高钻速 |
| 5 | 钻具结构 | 根据地层岩性、倾角、钻井工艺条件选择钻具结构及井下工具 | 防斜、防断、防振、防卡、防掉 |
| 6 | 钻井仪表 | 要求全面准确反映钻井参数 | 提供钻进中井下真实动态、信息，准确及时判断井下情况 |
| 7 | 钻头选择 | 根据地层可钻性选择钻头类型与钻进参数 | 提高钻速，防掉、防跳 |
| 8 | 操作技术 | 严格遵守钻进中各项技术操作规程和技术标准 | 防止操作失误、违规，使井下情况复杂化或造成更大事故 |
| 9 | 应急或处理措施 | 准确判断井下情况，制订正确的处理措施，及时分析，修正处理方案，具有多种应急手段 | 减少失误，减少时间损失，提高事故处理效率和一次成功率 |
| 10 | 钻井用器材与工具 | 质量合格、性能可靠 | 少发生或不发生井下事故，保证顺利钻进 |

# 第二节　复杂与事故的诊断

由于地层看不见摸不着，钻井技术工作者只能通过地面仪表、设备状态、钻具运动状态、钻头状态、钻井液性能等具体分析判断井下发生复杂与事故的性质与类型。能否正确诊断是处理好复杂与事故的先决条件，误诊则可能使复杂转变为事故，甚至造成全井的报废。钻井技术工作者必须能够善于捕捉反映井下情况的各种不同信息，去伪存真，综合分析，切忌主观臆断，力求减少复杂、事故处理周期。

## 一、井下复杂情况诊断

常见井下复杂情况包括井漏、井塌、钻头泥包、缩径等造成的阻卡，其诊断方法见表 2－3。

## 二、井下事故诊断

常见井下事故包括卡钻、钻具断落、井内落物、井塌埋钻等，诊断方法见表 2－4。

**表 2-3 井下复杂情况诊断**

| 诊断依据＼复杂情况 | | 井漏 | 井塌 | 砂桥 | 溢流 | 泥包 | 缩径 | 键槽 | 钻具刺漏 | 牙轮卡 | 水眼刺 | 水眼掉 | 水眼堵 |
|---|---|---|---|---|---|---|---|---|---|---|---|---|---|
| 转盘转动 | 扭矩正常 | | | | | | | | | | B | B | |
| | 扭矩增大 | | A | A | | $A_1$ | $A_1$ | | B | $A_1$ | | | |
| | 憋钻 | | | | | $A_2$ | $A_2$ | | | $A_2$ | | | |
| 活动钻具 | 上提有阻 | | A | A | | A | A | A | | | | | |
| | 上提无阻 | | | | | | | | | | | | |
| | 下放有阻 | | A | A | | | A | | | | | | |
| | 下入无阻 | | | | | | | A | | | | | |
| 泵压变化 | 正常 | | | | | | B | A | | B | | | |
| | 上升 | | A | A | | B | B | | | | | | $A_1$ |
| | 缓慢下降 | | | | B | | | | A | | A | | |
| | 突然下降 | A | | | | | | | | | | A | |
| | 憋泵 | | | | | | | | | | | | $A_2$ |
| 返浆变化 | 正常 | | | | | B | B | A | B | B | B | B | |
| | 增大 | | | | A | | | | | | | | |
| | 减小 | $A_1$ | $A_1$ | $A_1$ | | | | | | | | | |
| | 不返 | $A_2$ | $A_2$ | $A_2$ | | | | | | | | | A |
| 机械钻速 | 加快 | A | | | A | | | | | | | | |
| | 减慢 | | | | | A | | | B | A | B | B | |

注：(1) 表中 A 项为该类复杂情况的充分条件，据此可为井下复杂情况定性。

(2) 表中 B 项为该类复杂情况的必要条件，可作为辅助判断依据。

(3) 角码 1、2 表示判据中的两项可能同时存在，也可能只有一项存在。

**表 2-4 井下事故诊断**

| 判断依据＼事故类型 | | 钻具断落 | 卡钻 | 严重井塌 | 井喷 | 钻头落井 | 落物 | |
|---|---|---|---|---|---|---|---|---|
| | | | | | | | 在钻头上 | 在钻头下 |
| 转盘转动 | 扭矩正常 | | | | | | | |
| | 扭矩增大 | | | B | | | $A_1$ | $A_1$ |
| | 扭矩减小 | A | | | | A | | |
| | 跳钻 | | | | | | | $A_2$ |
| | 憋钻 | | | | | | $A_2$ | $A_3$ |
| | 不能转动 | | A | | | | | |
| 活动钻具 | 上提遇阻 | | A | A | | | | |
| | 下放遇阻 | | | | | | | |
| 悬重 | 正常 | | | | | B | | |
| | 下降 | A | | | B | | | |

续表

| 判断依据 \ 事故类型 | | 钻具断落 | 卡钻 | 严重井塌 | 井喷 | 钻头落井 | 落物 | |
|---|---|---|---|---|---|---|---|---|
| | | | | | | | 在钻头上 | 在钻头下 |
| 泵压 | 正常 | | | | | | B | B |
| | 上升 | | | A | B | | | |
| | 下降 | A | | | | A | | |
| 井口返浆 | 正常 | B | B | | | | B | B |
| | 增大 | | | | A | | | |
| | 减小 | | | $A_1$ | | | | |
| | 不返 | | | $A_2$ | | | | |

注：（1）表中A项为该类事故的充分条件，据此可为该类事故定性。

（2）表中B项为该类事故的必要条件，可作为辅助判断依据。

（3）角码1、2表示判据中的两项可能同时存在，也可能只有一项存在。

## 第三节　井下复杂与事故处理基本原则

**一、安全第一原则**

井下复杂与事故多种多样，井下情况千变万化，处理方法也是形态各异。但总的原则是将“安全第一”的思想，贯彻到事故处理的全过程。从制订处理方案、处理技术措施、处理工具的选择以及人员组织等均应有周密策划；重大事故还应制订相关应急方案，如井喷、着火等。安全原则体现在对事故性质、井下情况的准确分析判断的基础上，因此前期的判断、措施制定及入井工具、器材、药品等的选择尤为重要，其次还应包括人员设备的防护和环境保护等措施。

**二、简便快捷原则**

井下复杂与事故会随着时间的推移而恶化，尤其是卡钻事故与井喷事故，要求在短期处理完毕。快捷原则体现在决策迅速、方案便捷可行。在处理过程中先制订多套处理方案，经过商讨研究优选最有把握、最省时、风险最小的方案，迅速组织处理工具与器材，协调好各工序衔接，以减少组织停工。同时也应准备第二方案的工具组织、方案细化等，做到心中有数，不能走一步，看一步，以减少复杂事故损失钻机台·时。

**三、科学诊断原则**

科学诊断原则是还原复杂与事故的本来面貌。这一原则应贯穿在处理的全过程中。井下复杂或事故发生后，首先收集现场第一手资料，通过科学分析，去伪存真，准确地描绘井下情况，切忌主观臆断，或仅凭以往的经验，做出武断性结论。在处理过程中还应对井下工具情况、状态进行必要的计算和草图绘制，以及时纠正或补充处理方案，使处理方案尽可能切合实际，做到“事半功倍”，减少损失。

**四、经济原则**

根据事故性质、地质条件、工具、器材供应状况、技术手段等，全面分析、评估事故处理的时间与费用，以选择最为经济的处理方案。

事故处理费用包括：（1）预计事故处理时间的钻机日费；（2）处理事故时井下工具、钻具的租赁费；（3）处理事故消耗的材料费；（4）技术服务费或其他费用。移井位费用预算：（1）搬迁费；（2）钻前工程费；（3）钻达事故井深的进尺费。填井侧钻费用预算：（1）技术服务费（打水泥塞费、测井费、侧钻工具与人工费等）；（2）材料费；（3）钻达事故井深的时间费用。

# 第三章 卡钻事故

卡钻就是钻具在井眼内失去了活动自由，既不能转动又不能上下活动，这是钻井过程中常见的井下事故。当卡钻事故发生之后，首先要考虑以下三个方面因素：

（1）必须维持钻井液循环畅通：防止钻头水眼或环空堵塞，一旦不能建立循环，就失去了注解卡剂的可能，也容易诱发井塌和砂桥的形成，而且爆炸松扣工具也很难下到预定位置。

（2）要保持钻柱完整：钻柱提断或扭断，断点以下的钻柱便失去钻井液循环，由于钻屑和井壁坍塌落物的下沉，有可能堵塞钻头和钻柱水眼，或者在环空形成砂桥。同时如果鱼顶正好处于大井径位置，打捞钻具时，寻找鱼头也非常困难。

（3）不能把钻具连接螺纹扭得过紧：任何卡钻事故的发生，都有可能走到套铣倒扣的那一步，如果扭力过大，一则可能使内螺纹胀大，使钻具从中间脱开，二则扭力过大，造成了倒扣的困难，甚至使事故无法继续处理下去。

## 第一节 缩径卡钻

缩径卡钻即小井眼卡钻，无论何种原因，钻头通过的井段，其直径小于钻头直径，均可造成卡钻。缩井卡钻也是钻井工程中常见的事故，处理起来比粘吸卡钻要困难得多。

**一、缩径卡钻原因**

（1）砂砾岩的缩径：由于滤失量大，在井壁上形成一层厚的泥饼，而缩小了原已形成的井眼。

（2）泥页岩缩径：有些泥页岩吸水后膨胀，也可使井径缩小。一些含水泥岩有很强的塑性，打开后急速向井内蠕动把井径缩小。

（3）盐岩层缩径：盐岩层在一定的温度和压力下会发生明显地变形，称之蠕变。高温高压下盐岩几乎完全变成塑性的，很容易产生塑性流动。

（4）深部沉积的石膏层，在上覆岩层压力下变成无水石膏，当钻开时，石膏又吸水膨胀体积增大，使井眼缩小。

（5）施工中钻头外径磨小形成的小井眼。

（6）弯曲井眼：由于下部钻具结构刚性不够形成了弯曲井眼，当改变下部钻具结构的刚性时，在弯曲井眼处容易卡住。

（7）地层错动，造成井眼变形。当钻井液浸入断层或节理面后，引起孔隙压力的升高，产生了沿节理面的滑动，导致了井眼错动。

（8）钻井液性能发生了较大的变化，在井壁上形成了很厚的虚泥饼，使某些井段的井径缩小。

塔河油田的缩径卡钻，基本上是由（1）、（2）、（3）、（8）条引起的缩径卡钻。

**二、缩径卡钻的特征**

（1）阻卡点固定在井深某一点（或一段）：起下钻通过这一点（或段）时有阻卡现象，离开则无阻卡现象。

（2）多数卡钻是在钻具运行中造成，而不是钻具静止时造成，只有少数是在钻进中因钻遇蠕变地层才造成卡钻的。

（3）开泵循环钻井液时泵压正常。但如果钻遇蠕变地层泵压要升高，甚至会失去循环。

（4）离开阻卡点钻具上下活动、转动正常。

（5）如果钻遇蠕变性地层往往机械钻速加快，转盘扭矩增大，并有蹩钻现象，提起钻头后放不到原来井深，划眼比钻进还困难。

（6）缩径卡钻的卡点是钻头或大直径工具，而不可能是钻杆和钻铤。

**三、缩径卡钻的预防**

（1）起钻要检查钻头磨损，如果磨小，下趟钻就要提前划眼；下钻时钻头或工具不能比井眼大。

（2）牙轮钻头打出的井眼，下金刚石或 PDC 钻头时要格外小心，遇阻不超过 50kN。

（3）取心井段必须用常规钻头扩、划眼，应每次取心 50m 左右要用常规钻头扩、划眼一次。

（4）改变钻具结合或增加了钻具刚性，绝不允许阻力超过 50kN 强行下入钻具。

（5）下钻遇阻不可强压，起钻遇卡不可硬提拉。

（6）渗透强井段要控制钻井液滤失量，蠕变地层要提高钻井液密度。

（7）钻具组合中接随钻震击器，遇阻遇卡可以震击解卡。

（8）在复杂井段钻进，要简化钻具结构。比如不带扶正器、减少钻铤数量等。

（9）钻进过程中要定期通井，定期短程起下钻。

**四、缩径卡钻的处理**

（1）遇卡初期，应大力活动钻具。下钻遇卡要在安全负荷限度以内大力上提，起钻中遇卡，应大力下压。钻进中遇卡只能强扭或多提。

（2）用震击器震击解卡：带随钻震击器时，起钻遇卡用下击器下击，下钻时遇卡要用上击器上击。如果没带随钻震击器，要设法在卡点以上倒开把震击器接到靠近卡点位置进行震击。

（3）如果发现是缩径与粘吸的复合式卡钻，就先浸泡解卡剂，然后震击。

（4）如果缩径是盐层造成的，而且还能维持循环，可以泵入淡水或淡水钻井液来溶化盐层，同时配合震击器震击。

（5）如果大力活动钻具与震击无效，尽快组织爆炸倒扣和套铣。

（6）如果经测算，套铣、倒扣在时间上经济上不合算，或者套铣、倒扣中无法继续进行下去了，可选择侧钻处理。

## 案例 1　TK1226 井缩径卡钻事故

1. 基础资料

事故井深：5044m。

井身结构：$\phi$346. 075mm×1202m＋$\phi$241. 3mm×5044m。

入井钻具结构：$\phi$241. 3mm PDC 钻头×0. 4m＋$\phi$204mm 配合接头×0. 6m＋$\phi$177. 83mm 钻铤×17. 89m＋$\phi$232mm 扶正器×1. 68m＋$\phi$177. 83mm 钻铤×44. 07m＋$\phi$169mm 配合接头×0. 48m＋$\phi$157. 5mm 钻铤×160. 98m＋$\phi$168mm 配合接头×0. 48m＋$\phi$127mm 加重钻杆×127. 98m＋$\phi$127mm 钻杆。

钻井液性能：密度 1.27g/cm$^3$、钻井液漏斗黏度 58s、塑性黏度 21mPa·s、高压失水 11.6mL、动切力 12Pa、失水 4mL、泥饼 0.5mm、含砂 0.2%、pH 值 9、膨润土含量 33g/L。

地层及岩性描述：地层 T2a，岩性为泥岩、砂岩。

2. 事故经过

TK1226 井 2007 年 12 月 19 日 20：30 钻进至 5044m 时发现泵压由 16.5MPa 逐渐下降至 11MPa，其他钻井参数无明显变化（钻压 60～80kN，转速 105r/min，排量 31L/s），检查地面循环系统未发现异常情况，决定起钻检查钻具并计划对钻具进行探伤，起钻前进行投测多点，21：50 起钻至 4874m 时有遇卡显示，在原悬重 1680kN 的基础上，多次上提至 1780kN，钻头位置活动距离越来越小，逐渐增加上提拉力至 2200kN 钻具位置仍无明显变化，造成钻具卡死。至 20 日 10：50 上提下放多次，最高上提至 2200kN 下放至 800kN 反复活动钻具无效，因钻具刺漏无法长时间开泵，做迟到时间计算钻具刺漏点后决定将刺坏钻具倒出换成好钻具重新对扣来建立循环，12：00 将刺坏钻具倒开后起出。14：00 下钻对扣成功，顶通水眼后，加大排量循环冲洗井眼活动钻具，活动范围 1700kN 至 200kN。至 21 日 14：00 未能解卡，公司决定上测卡车测卡点爆破松扣，井队等测卡车，循环活动钻具。

井内钻具组合：

$\phi$241.3mm PDC 钻头×0.4m + $\phi$204mm 配合接头×0.6m + $\phi$177.83mm 钻铤×17.89m + $\phi$232mm 扶正器×1.68m + $\phi$177.83mm 钻铤×44.07m + $\phi$169mm 配合接头×0.48m + $\phi$158.75mm 钻铤×160.98m + $\phi$168mm 配合接头×0.48m + $\phi$127mm 加重钻杆×127.98m + $\phi$127mm 钻杆。

3. 处理过程

1）泡解卡剂

2007 年 12 月 22 日 10：00，井队接公司通知测卡车不能到井，于是决定先泡解卡剂，到 16：20 配好解卡剂，17：00 注解卡剂 15.7m$^3$，替浆 33.6m$^3$（环空替出解卡剂 6.3m$^3$，钻具水眼内预留解卡剂 9.4m$^3$），至 24：00 将钻具下压至 400kN，静止泡卡，每隔 2h 活动一次钻具，顶通一次水眼，活动吨位 200～1700kN。

12 月 23 日 0：00 至 24：00 将钻具下压至 200～400kN，静止泡卡，每隔 1h 活动一次钻具，顶通一次水眼，钻具活动吨位 200～1700kN，转盘转动圈数 22 圈。

12 月 24 日 0：00 至 11：00 将钻具下压至 200～400kN，静止泡卡，每隔 1h 活动一次钻具，顶通一次水眼，钻具活动吨位 200～1700kN，转盘转动圈数 22 圈，至 18：00 循环处理钻井液，将井内解卡剂全部替出，至 18：40 转盘紧扣，由悬重 200kN 开始每上提 100kN 紧扣一次，每次正转紧扣 15 圈；至 19：30 两次上提钻具进行人工倒扣，第一次上提悬重 1650kN，反转 4 次未能将扣倒开，圈数分别为 8 圈、10 圈、15 圈、17 圈；第二次上提悬重 1560kN，反转 3 次将扣倒开，圈数分别为 12 圈、16 圈、18 圈，倒开后悬重 210kN，19：40 探鱼头，下压至 220kN 进行对扣，正转 10 圈释放扭矩回转 5 圈对扣成功，正转 15 圈紧扣，至 24：00 循环，活动钻具，活动吨位 200～1700kN，等测卡仪与测卡车。

12 月 25 日 0：00 至 24：00 循环、活动钻具，活动吨位 200～1700kN，等测卡仪与测卡车。

2）打捞水眼内多点测斜仪

12 月 26 日 0：00 至 16：00 循环、活动钻具，活动吨位 200～1700kN，等测卡仪与测卡车，至 19：30 在进行打捞水眼内的多点仪器时，用于连接多点仪器打捞器的 2.5mm 钢丝在起至1000m左右时突然断开，导致多点仪器、多点打捞器与1000m左右钢丝，落入水眼内，至24：00循环、活动钻具，活动吨位200～1700kN，准备打捞钢丝。

12月27日0：00至18：20循环、活动钻具，活动吨位200～1700kN，准备打捞钢丝及仪器（加工打捞矛）；18：20开始下钢丝打捞矛，下至4657m遇阻后立即上提。起至4647m遇卡，上提电缆拉力40kN；21：30起出电缆后发现从打捞矛与电缆连接处断开，打捞矛落入钻具水眼内，至24：00循环、活动钻具，活动吨位200～1700kN。因水眼内有大量落物，测卡车不能下仪器和爆炸松扣，已到达井场的测卡车撤离井场。

3）转盘倒扣

12月28日0：00至16：30循环、活动钻具，活动吨位200～1700kN；至18：30转盘紧扣，由0～1600kN每上提100kN正转紧扣，转盘圈数17～26.5圈；至24：00循环、活动钻具，活动吨位200～1700kN。

12月29日0：00至12：30循环、活动钻具，活动吨位200～1700kN；至17：20转盘紧扣，从0～1600kN每上提100kN正转紧扣，紧扣圈数32～34圈；至17：50倒扣，上提1700kN反转21圈未倒开，释放扭矩后，反转22圈，在1700kN至1900kN之间反复活动钻具，倒开后悬重1480kN，至24：00起钻。

12月30日0：00至19：00倒扣后起钻，起出落鱼$\phi$158.75mm钻铤1根。起钻完计算井内落鱼长217.03m，鱼顶深4656.97m。井内落鱼钻具结构：$\phi$241.3mm PDC钻头×0.4m+$\phi$204mm配合接头×0.6m+$\phi$177.83mm钻铤×17.89m+$\phi$232mm扶正器×1.68m+$\phi$177.83mm钻铤×44.07m+$\phi$169mm配合接头×0.48m+$\phi$158.75mm钻铤×151.97m。

起钻过程中将水眼内1000m左右钢丝与钢丝打捞矛起出；至21：30做下步倒扣准备；至24：00下钻对扣。对扣钻具结构：$\phi$168mm配合接头×0.48m+$\phi$127mm加重钻杆×127.98m+$\phi$127mm钻杆。

12月31日0：00至12：30下钻至4656.97m探到鱼头；至13：50循环处理钻井液；14：00对扣成功；至15：20顶通水眼，循环处理钻井液；至15：50对900～1680kN之间的钻具转盘紧扣31圈；至16：00倒扣，上提1750kN反转17圈，在悬重1750kN至1950kN之间上提下放8次未倒开，用此方法分别在倒转18、19、20、21、22圈下进行倒扣未将钻具倒开，最后在倒转23圈第2次活动钻具时倒开，倒开后悬重840kN；至19：00对扣，并对200～1000kN之间的钻具进行转盘紧扣36.5圈；至19：30倒扣，上提1750kN反转21圈，在悬重1750kN至1950kN之间上下活动钻具2次后将钻具倒开，悬重1480kN，至24：00起钻。

2008年1月1日0：00至11：00倒扣后起钻，起出落鱼上$\phi$158.75mm钻铤2根。

起完钻计算井内落鱼长198.98m，鱼顶深4675.02m。井内落鱼钻具结构：$\phi$241.3mm PDC钻头×0.4m+$\phi$204mm配合接头×0.6m+$\phi$177.83mm钻铤×17.89m+$\phi$232mm扶正器×1.68m+$\phi$177.83mm钻铤×44.07m+$\phi$169mm配合接头×0.48m+$\phi$158.75mm钻铤×133.86m。

至24：00下钻。打捞（对扣）钻具结构：$\phi$168mm配合接头×0.48m+$\phi$127mm加重钻杆×127.98m+$\phi$127mm钻杆。

1月2日0：00至11：00循环处理钻井液；至13：00在原悬重1480kN的基础上对扣，并对700～1480kN之间的钻具转盘紧扣35圈；至13：30循环钻井液；至13：50倒扣，上提1700kN反转20圈，在悬重1700kN至1750kN之间上提下放1次将钻具倒开，倒开后悬重 1520kN；至 17：00 对扣，并对 700～1480kN 之间的钻具进行转盘紧扣 36 圈；至 17：30 倒扣，上提 1700kN 反转 20 圈，在悬重 1700kN 至 1750kN 之间上下活动钻具将钻具倒开，倒开后悬重 210kN；至 19：30 对扣，并对 200～1480kN 之间的钻具进行转盘紧扣 36 圈；至 20：00 倒扣，上提 1700kN 反转 20 圈，在悬重 1700kN 至 1750kN 之间上下活动钻具将钻具倒开，倒开后悬重 1590kN，至 24：00 起钻。

1 月 3 日 0：00 至 9：00 倒扣后起钻，起出 $\phi$158. 75mm 钻铤 14 根，倒扣后起出钻具结构：$\phi$158. 75mm 钻铤 × 124. 77m + $\phi$168mm 配合接头 × 0. 48m + $\phi$127mm 加重钻杆 × 127. 98m + $\phi$127mm 钻杆。

起完钻后计算井内落鱼长 74. 21m，鱼顶深 4799. 79m。落鱼钻具结构：$\phi$241. 3mm PDC 钻头 × 0. 4m + $\phi$204mm 配合接头 × 0. 6m + $\phi$177. 83mm 钻铤 × 17. 89m + $\phi$232mm 扶正器 × 1. 68m + $\phi$177. 83mm 钻铤 × 44. 07m + $\phi$169mm 配合接头 × 0. 48m + $\phi$157. 5mm 钻铤 × 9. 09m。

4）下套铣筒套铣落鱼

1 月 3 日至 12：00 保养设备；至 16：00 倒大绳；至 20：00 做下套铣准备工作，至 24：00 下套铣管串。套铣钻具结构：$\phi$222mm 套铣鞋 × 0. 86m + $\phi$219. 07mm 套铣管 × 78. 9m + $\phi$220mm 大小头 × 0. 42m + $\phi$204mm 配合接头 × 0. 48m + $\phi$127mm 加重钻杆 × 109. 78m + $\phi$127mm 钻杆。

1 月 4 日 0：00 至 13：00 下套铣管串至 3870. 95m 时下放遇阻；至 17：00 活动钻具，循环钻井液；至 24：00 起钻。

1 月 5 日 0：00 至 4：00 起钻；至 4：10 换钻头，16：30 下钻通井至 4504. 85m 遇阻；至 24：00 划眼。

1 月 6 日 0：00 至 20：20 起钻；至 20：30 防喷演习；至 24：00 下套铣管串。

1 月 7 日 0：00 至 9：45 下套铣管串至 3987m 时遇阻；至 12：45 循环；至 24：00 划眼，转速 40～60r/min，排量 30L/s，泵压 16MPa。

1 月 8 日 7：00 划眼至 4478m，至 11：00 循环处理钻井液；至 23：00 划眼，在 4799. 79m 探到鱼头；至 24：00 循环钻井液。

1 月 9 日 0：00 至 17：40 套铣至 4854m（扶正器位置）后再无进尺决定起钻检查铣鞋；至 24：00 起钻。

1 月 10 日 0：00 至 5：30 起钻；至 5：45 换铣鞋；至 9：20 下钻；至 10：40 检查、保养设备；至 10：50 防喷演习，到 18：40 下钻至 3844m；至 20：30 循环钻井液；23：15 下钻到鱼顶；24：00 循环钻井液。

1 月 11 日 0：00 至 7：00 套铣至 4853. 43m 探到扶正器；7：00 开始套铣扶正器，先使用钻压 5kN、转速 25r/min 在扶正块上套铣造型，套铣 8cm 后加钻压至 30kN，提转盘转速至 40r/min；13：30 套铣完扶正器后继续向钻头上部 $\phi$204mm 配合接头位置套铣；16：20 套铣至 $\phi$204mm 配合接头位置时没有遇阻，将方钻杆 4. 93m 方余探完至 4877. 93m 仍未遇阻，初步判断落鱼可能下落，下落位置未探；至 18：30 循环钻井液；至 24：00 起钻。

5）对扣打捞落鱼

1 月 12 日 0：00 至 8：00 起钻，下钻打捞，打捞钻具结构：$\phi$168. 1mm 配合接头 × 0. 45m + $\phi$127mm 加重钻杆 × 109. 78m + $\phi$127mm 钻杆。

18：00 下钻探到鱼顶，鱼顶深 4895. 77m，落鱼下落 95. 98m；至 19：50 循环钻井液；20：00 对扣成功，原悬重 1500kN 对扣后悬重 1600kN，开泵顶通水眼；至 24：00 起钻。

1月13日10：00起出井内全部落鱼。

本次事故损失时间447小时50分钟（扣除组织停工时间）。

4. 卡钻原因

钻遇层位哈拉哈塘组，岩性为砂岩，实测该井段高温高压失水21mL，高失水引起泥饼增厚，造成缩径卡钻。

5. 经验教训

（1）井下不正常时（泵压下降），不能投测多点，避免事故复杂；

（2）严格按照操作规程进行起下钻作业，本井就是因起钻遇卡，操作不当，上提吨位过高（原悬重1680kN上提至2200kN）使钻具卡死。

## 案例2　S112－5井缩径卡钻事故

1. 基础资料

事故井深：3877.89m。

事故地层：$K_1kp$。

井身结构：ϕ444.5mm钻头×805.6900m＋ϕ339.7mm×804.08m＋ϕ311.15mm钻头×4141.75m（二开未完）。

钻井液性能：密度1.23g/cm$^3$、漏斗黏度50s、塑性黏度17mPa·s、动切力8Pa、pH值9、泥饼0.3mm、失水5.2mL、固含11%、膨润土含量36g/L。

2. 事故发生经过

2006年1月22日钻至井深3815m短起比较正常，1月22日井队在钻井过程中加重。钻井液密度从1.18g/cm$^3$提到1.22g/cm$^3$，钻进至井深4141.75m，25日12：20循环钻井液结束开始短起钻；16：30短起至井段3945.60～3938.49m悬重由1463kN↑2000kN遇阻，挂方钻杆循环钻井液；17：20循环钻井液，20：00倒划眼至井深3937.30m；20：30上下活动钻具，3937.30m遇阻位置恢复通畅，继续短起至3932.10m悬重由1463kN↑2000kN，现场继续上下活动钻具，钻具能放开，继续短起；26日1：00起钻至井段3883.21～3879.25m上提钻具时悬重由1416kN↑2000kN，上击器突然上击，后立即下放钻具，下放时悬重由1416kN↓580kN，钻具放不开，接方钻杆开泵正常建立循环，排量37L/s，立压14MPa，开动转盘扭矩很大，停转盘高速倒转；10：00循环及上下活动钻具，上提钻具时悬重由1416kN↑1850kN，下放时悬重由1416kN↓500kN，下压钻具数次，下击器不工作，活动钻具无效果，发生卡钻，钻头位置于井深3877.89m，扶正器位置为井深3849.5m。

发生卡钻事故发生后，向相关部门进行了汇报，井队立即向卡点环空井段注入柴油4.4m$^3$进行浸泡，同时井口不断活动钻具，最大上提至悬重1800kN，最大下压至悬重400kN。仍没有解卡钻具。

3. 事故处理过程

1月26日10：45泵入柴油4.4m$^3$至卡点以下环空井段静止，每小时开泵顶通井内钻井液至环空返浆，同时井口不断活动钻具，最大上提至悬重1800kN，最大下压至悬重400kN，仍没有解卡钻具。同时现场配制与井内钻井液密度（1.23g/cm$^3$）基本相当的加重解卡剂（1.22g/cm$^3$）20m$^3$准备入井浸泡解卡（解卡剂配方为：柴油12m$^3$＋淡水3m$^3$＋SR－301 3.75t＋快T1.02t＋$BaSO_4$7t）；20：40循环钻井液（排量29L/s，立压8MPa），21：10泵入解卡剂17m$^3$，21：25替浆27m$^3$（排量36L/s，立压13.6MPa），此时卡点环空井段浸泡解卡剂 7m³，钻杆内预留 10m³，22：00 静止浸泡，上下活动钻具进行解卡操作没有效果，测得卡点位置为 3801.77m。

1月28日1：00爆破松扣成功（依据为：爆破前悬重为 1430kN，爆破后悬重降至 1380kN，短提钻具悬重无变化），22：00 起出松扣点以上钻具（井下落鱼管串：311.15mm PDC 钻头 + 630×730 接头 + $\phi$228.6mm 钻铤 2 根 + 731×630 接头 + $\phi$203mm 无磁钻铤 + 310mm 扶正器 + 631×NC56 接头 + 8″NC 扣钻铤 3 根 + NC56×630 接头 + $\phi$203mm 钻铤 3 根，落鱼管串总长 84.78m，鱼顶位置 3793.11m）。

1月29日9：00开式下击器钻具下钻到底对扣成功（具体操作过程为：接方钻杆下探到鱼顶位置 3793.11m，下压 20kN 开转盘正转 5 圈，上提由原悬重 1500kN↑1800kN 后确认对扣成功。下开式震击器钻具组合为：631×520 + $\phi$177.8mm 开式震击器 + 521×410 + $\phi$177.8mm 钻铤 18 根 + $\phi$127mm 钻杆 283 根 + 411×520 接头 + $\phi$139.7mm 钻杆 104 根），9：20 将原悬重 1500kN 上提至 1800kN 快速下放震击一次解卡，悬重恢复至原悬重 1500kN，此时下放钻具无阻卡现象，转动转盘扭矩正常，开泵正常建立循环，事故解除。

4. 事故原因分析

（1）钻进过程中加重钻井液较快，较短时间内密度由 1.18g/cm³ 提至 1.22g/cm³，加重方法不当，加重后循环时间短，加重材料未充分溶解，容易附着在井壁，造成缩径。

（2）钻井队主要干部和刹把操作人员对随钻震击器的结构、性能和使用方法不够了解，导致误操作，在不应该工作时上击，是此次事故的直接原因。

5. 经验及教训

（1）加重方法不当，加重后循环时间短，加重应采用循序渐进的方法，且循环均匀。

（2）当起钻遇阻卡时，要控制提拉吨位，可采用倒划眼的方法进行处理。

## 案例3　AT1－7H 井缩径卡钻事故

1. 基础资料

事故井深：2239m。

事故地层：$N_1k-N_1j$，泥岩。

井身结构：444.5mm 钻头×511m + 339.7mm×509.72m + 311.19mm 钻头×2452m。

钻井液性能：密度 1.14g/cm³、漏斗黏度 42s、塑性黏度 16mPa·s、动切力 5Pa、失水 7mL、泥饼 0.5mm、含砂 0.3%、pH 值 9、固含 9%、膨润土含量 36g/L。

2. 事故发生经过

2006年2月14日14：20钻进至井深 2452m 循环，16：00 开始短起钻。第1柱无挂卡，第2柱起出 10m 即开始遇卡，悬重 950kN 提至 1050kN，下放正常后再提，反复上提下放，最大提至 1300kN。起出1整柱仍有挂卡，甩上单根，再提出1根后下放钻具接单根卸立柱，使下1柱有 10m 左右的活动空间。如此又起出了第3柱。第4柱中单根反复上下活动无法提出，卸单根接方钻杆开泵反复上提下放，在开泵（双泵排量 45L/s）的情况下上提仍很困难。15日1：15起至井深 2249m 钻头已进入上次短起井段，卸掉方钻杆起立柱。2：20 起至 2229m，此时提出的钻具为立柱，准备卸扣，但仍有挂卡，决定下放钻具接单根卸立柱，下放钻具至 2239m 遇阻（悬重 900kN 压至 800kN）再上提遇卡，1300kN 至 400kN 反复活动无法解卡。卸掉双根接方钻杆开泵上提，最后提至 1700kN 无法移动，发生卡钻。

3. 事故处理过程

（1）于15日15：30～15：45打解卡剂15m³，替浆15m³。24：00浸泡；30min上下活动一次（1600kN至400kN），2h顶通一次水眼，未解卡。16日0：00～4：00循环替出解卡剂。

（2）第2次打解卡剂17m³（配方：柴油10m³，PipeLax 2t，KT2t，重晶石粉5t，清水），于16日4：00～4：30打解卡剂17m³，替浆15m³。17日0：30浸泡，30min上下活动一次（1700kN～500kN），2h顶通一次水眼，未解卡。9：00循环替出解卡剂。

（3）第3次打解卡剂26m³（配方：柴油17m³，PipeLax 3t，KT3t，重晶石粉10t，清水），17日9：00～9：30打解卡剂26m³，替浆12m³。18日14：00浸泡，30min上下活动一次（1700kN～500kN）；2h顶通一次水眼，未解卡。

（4）于18日14：00～16：00测卡点，卡点深度：2107m。18：00～19：00爆炸松扣，19日4：00起钻完。起出钻具：ϕ127mm钻杆×201根+ϕ127mm加重钻杆×15根+ϕ177.8mm钻铤×4根；起出总长：2107.55m；落鱼长度：131.96m。9：00接ϕ177.8mm开式下击器下钻；钻具组合：ϕ178mm 411mm×410mm安全接头+411×520+ϕ177.8mm下击器+521×410+ϕ177.8mm钻铤×4根+5″HWDP×15根+5″DP×200根+5″DP短钻杆9：50对扣；转盘转动15圈紧扣，10：00上提至1600kN下放至600kN震击解卡。

事故损失时间：103小时40分钟。

4. 事故原因分析

（1）AT1－7H井所处地区康村组和吉迪克组上部有400m左右的泥岩，特别是康村组的泥岩中含有分散状石膏，井眼易缩径。

（2）ϕ311.15mm大井眼，在目前机泵条件下排量不足，不能对井壁进行有效冲刷。

5. 经验及教训

（1）在易缩径井段要加密短起，缩短短起间距，保证井眼畅通。

（2）ϕ311.15mm大井眼，尽可能提高排量，有利于井壁冲刷。

## 案例4 S117井盐层缩径卡钻事故

1. 基本情况

设计井深：6350.00m，进入奥陶系中、下统243.00m完钻。

井身结构：ϕ660.4×307.5+ϕ508×306.32+ϕ444.5mm×3000m+ϕ339.7mm×2999.46m+ϕ311.2mm×5123.85m。

钻井参数：钻压40～80kN、排量28L/s、转速65～80r/min、泵压20MPa。

钻井液性能：密度1.64g/cm³、漏斗黏度62s、失水15L、pH值10、氯根含量（16.2～16.8）$\times 10^4 \mu L/L$。

岩性：录井提供地质预报可能为灰白色石膏岩夹膏泥岩。

钻时：从5103.50m至5122m钻时由15～13min/m降至8min/m。

扭矩：扭矩从10kN·m上升到45kN·m。

2. 事故发生的经过

S117井，经过承压堵漏后于2004年4月17日8：30开始钻进盐膏层，层位$C_1b$；14：39钻进至5122.70m，在上提钻具划眼无阻卡情况下接单根，15：07～15：16钻进至5123.85m，进尺1.15m，钻时加快（13min/m下降至8min/m），上提钻具准备划眼时有挂卡现象，15：22～15：24 下放钻具启动转盘，2min 内扭矩从 10kN·m 上升至 45kN·m 后扭矩消失，钻具瞬间上行使水龙头轴承压盖损坏并与大钩脱离，方钻杆水龙头中心管与连接水龙带悬在空中，水龙头掉在转盘面上。停泵挂水龙头上提方钻杆发现悬重降至 160kN，上提钻具发现方钻杆保护接头与 520×411 配合接头处倒开，钻具全部落入井内。落鱼结构为：ϕ311.15mm 钻头 0.30m+630×730 接头 0.64m+ϕ244.4mm 钻铤×3 根 26.56m+731×630 接头×0.48m+ϕ203mm 钻铤×13 根 112.62m+ϕ203mm 震击器×9.9m+ϕ203mm 钻铤×1 根 8.69m+631+×410 接头×0.5m+ϕ177.8mm 钻铤×6 根 54.01m+ϕ127mm 钻杆×4906.14m+411×410 接头×0.47m。落鱼长度 5120.31m。更换接头后对扣成功，上提钻具，悬重从 160kN 上升至 190kN，上提钻具，起出钻杆 14 根，发现第 14 根钻杆外螺纹损坏。继续下钻对扣，对扣成功后上提钻具，悬重从 190kN 上升至 1800kN，再上提至 2300kN 遇卡，下放遇阻，经多次活动无效，井内钻具被卡。

3. 事故处理经过

由于水龙头损坏，不能用方钻杆循环。19：15 采用井口接简易循环头建立循环。同时更换水龙头及方钻杆。建立循环判定是否短路循环。经验证，循环泵压与发生事故前泵压相同。经多次上提下放钻具后，没有解除卡钻。考虑到第 14 根钻杆以下事故头的隐患，先对事故头进行处理。倒扣起出 14 根钻杆，下入卡瓦打捞筒（LT－T206mm）打捞成功后上提钻具，悬重 190kN 上升至 1800kN。开泵顶通水眼后下放至 760kN、600kN 倒扣均未成功。为了尽快倒扣，4 月 18 日 18：35 下入爆破工具至井深 1032.08m，下放钻具至悬重 440kN，反扭钻具 4 圈后爆炸松扣未成功。20：45 上提钻具至悬重 510kN 倒扣 13 圈后倒扣成功（悬重由 510kN 下降至 440kN）。19 日 0：55 起出钻具 1032.08m，倒出井下部分钻具，下钻对扣成功。4：04 开泵大排量循环，同时，间断泵入淡水泥浆，钻具在 1500～2380kN 之间活动，7：35 上提钻具至 2100kN 震击时悬重降至 1800kN，上提钻具，恢复原悬重 1800kN，事故解除。

事故损失时间：40 小时 15 分钟。

4. 事故原因分析

（1）钻时加快、2min 内扭矩从 10kN·m 上升到 45kN·m，而操作者没有及时采取应急措施，导致钻具脱扣释放拉力，使水龙头损坏及钻杆损坏；录井队在钻时加快时没有及时通知井队，提示井队有可能进入盐层进行冲孔证实。

（2）地层因素：从事故发生的经过分析，已钻入盐层，刚揭开盐层时，盐层强烈的应力释放，发生地层蠕变包死钻头，从而导致卡钻。

5. 经验教训

（1）施工方第一次在盐膏地层施工，对盐膏地层的认识不够，经验不足，在钻时加快时没有及时上提观察井下情况，对井下做出正确的判断后再继续钻进。

（2）在井下刚出现扭矩增大时，应立即停转盘，上提钻具，释放扭矩。

## 案例 5　沙 115 井盐层缩径卡钻事故

1. 基本情况

沙 115 井是一口盐下探井。该井自 2004 年 1 月 2 日开钻，设计完钻井深 6212m。事故前经承压堵漏后，正在进行盐层钻进。所钻地层 $C_1b$。

井身结构：ϕ660.4mm×305.1m+ϕ508mm×304.65m+ϕ444.5mm×3200m+ϕ444.5mm×

3196.61m + $\phi$311.15mm×5262.74m（未完）。

钻井液性能：密度1.65g/$cm^3$、漏斗黏度50s、失水4mL、高温高压滤失10mL、塑性黏度30mPa·s、动切力7Pa、切力215Pa、固含11%、含砂0.2%、摩阻系数0.08（45min）。

2. 事故经过

该井钻盐层施工中，当钻至5262.74m准备进行划眼时，上提遇阻严重，下放困难，转盘打倒车严重，发生盐层卡钻。

3. 事故原因分析

（1）井内盐层塑性蠕变速度快是导致卡钻的直接原因。

（2）现场操作人员责任心不强，未能及时发现岩屑中出现盐颗粒，发现后又没有及时采取相应措施。

（3）钻盐膏层经验不足，没有严格执行钻盐技术措施。

4. 事故处理经过

第一次注入密度1.17g/$cm^3$的淡水胶液10.0$m^3$，4月29日9：30替井浆42.4$m^3$，浸泡至13：15无效。4月29日16：30第二次打入淡水配制的胶液13.6$m^3$替浆38.8$m^3$，停泵浸泡。至4月30日10：00共顶浆8.4$m^3$，浸泡17.5h未解卡。4月30日19：05第三次打入密度为1.45g/$cm^3$的淡水浆30.0$m^3$，替浆28.3$m^3$，浸泡至5月1日9：58解卡。损失时间共计50小时48分钟。

5. 经验教训

（1）穿盐层钻进的井要时刻注意地层变化，本井就是已进入盐层井段，发现不及时，发现后又没有立即采取有效措施。

（2）钻进中遇钻时加快、扭矩增加等现象应立即提起划眼，防止盐层卡钻。

（3）要制定有效的穿盐层钻进技术措施，并认真执行。

## 案例6　TK1239井盐层卡套管

1. 基础资料

井号：TK1239。

事故发生时间：2008年4月4日10：30。

事故井深：6181m。

事故地层：$O_3s$。

事故类型：卡套管事故。

井身结构：$\phi$660.4mm×100m + $\phi$508mm×99m + $\phi$444.5×2600m + $\phi$339.7mm×2598m + $\phi$311.15mm×5658.50m + $\phi$244.5mm×5656.22m + $\phi$215.9mm×6181m +（$\phi$206.4mm + $\phi$177.8mm）×6134.65m（设计6179.06m）。

盐层段：5658～5744m。

最大蠕变速度：2.12mm/h。

扩孔段：5660～5764m（扩径279.4mm）。

入井管串结构：$\phi$177.8mm浮鞋 + $\phi$177.8mm套管2根 + $\phi$177.8mm浮箍 + $\phi$177.8mm套管2根 + $\phi$177.8mm浮箍 + $\phi$177.8mm套管2根 + $\phi$177.8mm球座 + $\phi$177.8mm套管32根 + $\phi$206mm套管17根 + 悬挂器 + $\phi$127mm送入钻具（$\phi$177.8mm套管段长417.42m，$\phi$206mm套管段长164.59）。

177.8mm 浮鞋下深：6134.65m；$\phi$177.8mm 球座下深：6068.67m。

244.5mm×206mm 悬挂器顶深：5548.78m。

206mm×177.8mm 变径短节下深：5717.23m。

钻井液性能：密度 1.74g/cm$^3$、漏斗黏度 57s、塑性粘度 35mPa·s、动切力 7Pa、失水 2.8mL、泥饼厚度 0.5mm、含砂 0.2%、pH 值 9.5、摩阻系数 0.0437。

2. 施工经过

TK1239 井于 2008 年 4 月 2 日开始下 $\phi$177.8mm+$\phi$206mm 套管，于 4 月 4 日 10：30 套管鞋下至 6134.65m 处，发生卡套管，$\phi$206mm 套管差 27.62m 漏封盐层。经过两次泡解卡剂，多次活动钻具无效（上提最大吨位 2500kN，下压 850kN）；经现场决定，封固 $\phi$177.8mm 套管鞋以上 400m（6134～ 5744m）。根据井径数据计算，环空为 4.7m$^3$，水泥塞为 1.2m$^3$，合计为 5.9m$^3$，现场决定注入水泥浆 6m$^3$。其余按固井设计执行。

3. 事故原因分析

(1) TK1239 井下 $\phi$177.8mm+$\phi$206mm 套管串并带有套管扶正器，下套管中破坏了井壁泥皮，裸露的盐层快速蠕变可能形成盐层缩径卡钻；

(2) 本开次由于钻进穿盐，钻井液密度高（1.74g/cm$^3$），在盐层下部渗透性砂岩段产生大的压差，可能造成套管下至 6134.65m 时发生压差卡钻。

4. 事故处理方案

接循环头循环，泡解卡剂浸泡 6134.65～5744m 井段；如解卡后继续下套管作业，如不能解卡就地固井（封固 $\phi$177.8mm 套管鞋以上 400m）。

5. 事故处理经过

事故发生后，施工方中原固井队及钻井队均及时与主管处室联系。得到批复后，泡解卡剂。4 月 4 日 15：58 泵入解卡剂 8.5m$^3$，浸泡井段 6134～5744m；至 22：00 活动套管无效，后于 4 月 5 日 1：28～4 月 5 日 10：00 降环空液柱压力 6MPa 解卡剂到位浸泡 9h 并多次定时间隔活动钻具无效（上提最大吨位 2500kN，下压 850kN 均无效）经工程技术处研究决定就地固井。21：55～22：00 试压 25MPa，22：05 注隔离液 3m$^3$，22：25 打水泥浆 6m$^3$，平均密度 1.89g/cm$^3$，22：30 注压塞液 3m$^3$，23：50 替井浆 59.5m$^3$，排量 1.12m$^3$，压力 0～21MPa，未碰压。

事故损失时间 37 小时 20 分钟；消耗材料：解卡钻井液 17m$^3$。

6. 经验与教训

本次事故使 $\phi$206mm+$\phi$177.8mm 尾管未下到设计深度，水泥封固段减少，未达到封固盐层的目的，为下一步钻井和固井施工作业留下了巨大的安全隐患，并增大了施工风险。

钻井队风险意识差，下套管进入裸眼后，发生遇阻情况时，钻井队不按固井前协调会遇阻下压不得超过 150kN（正常摩阻除外）的要求，下压吨位过大（下压 500kN），导致套管中途卡死事故，无法有效处理，造成厚壁 206mm 套管漏封 27.62m 盐层。

## 第二节 压差卡钻

### 一、压差卡钻的原因

井壁上有泥饼的存在是造成粘吸卡钻的内在原因，泥饼的形成有三种原因：第一是吸附，钻井液中的固相颗粒吸附在岩石表面，无论砂岩、泥岩都有这种特征；第二是沉积，钻井液在流动过程中，靠近井壁处流速几乎等于零，钻井液的颗粒便沉积在井壁上；第三是滤失作用，它加速了钻井液中固相颗粒在渗透性岩层表面的沉积。

地层孔隙压力和钻井液液柱压力的压差存在，是形成粘吸卡钻的外在原因。井内地层的孔隙压力梯度不会是同一的，而钻井液液柱压力总是要平衡该井段中的最高地层孔隙压力，对那些压力梯度相对低的地层必然会形成一个正压差。当钻柱被井壁泥饼粘吸之后，紧靠井壁一边钻柱的一侧（粘吸面上）所受的是通过泥饼传来的地层孔隙压力，另一侧所受的是钻井液液柱压力，如果后者大于前者就有正压差存在，可把钻柱压向井壁，增强了吸附力，并且加大了钻柱与井壁之间的摩阻力。粘吸卡钻的初期阶段，可用提、压、转、震击等办法争取解卡。如果解不了卡，同时发现卡点有上移的情况，就不必再用强力进行活动了。

**二、压差卡钻的特征**

（1）粘吸卡钻是在钻柱静止的状态下发生的，因此，卡钻前钻具上下活动、转动均不会有阻力（正常摩阻力除外），至于静止多长时间才会发生粘卡，这和钻井液体系、性能、钻具结构、井眼质量，特别是压差有密切关系，少则二三分钟，多则几十分钟，但必须有一个静止过程。

（2）粘吸卡钻后的卡点位置不会是钻头，而是在钻铤或钻杆位置。粘吸卡钻前后，钻井液循环正常，进出口流量平衡，泵压没有变化。

（3）粘吸卡钻后，如活动不及时，卡点有可能上移。

**三、压差卡钻的预防**

（1）选择使用合理的钻井液体系，要具有较好的润滑性、较小的滤失量、适当的黏度和切力。

（2）要求设备必须正常运转，如果部分设备发生故障，不能转动时要上下活动；不能上下活动时，要争取转动。每次活动都要达到无阻力为止。钻柱静止时间不许超过 3min。

（3）只要没有高压层、坍塌层存在，要使用近平衡压力钻进。钻井液柱压力超过地层压力 3.5MPa 以上时，卡钻的风险性增大。

（4）搞好钻井液的固控工作，把无用固相尽量清除干净，使泥饼得到改善。

（5）钻井液加重时要用优质的加重材料，并要均匀加入，不准加重过急，也不要没循环均匀就进行起钻。

（6）要有良好的井身质量，因为井斜或方位变化大的井段钻柱靠向井壁一边，增加了粘吸卡钻的可能性。

（7）要有合理的钻具组合，带上随钻震击器粘吸卡钻的初期阶段，震击解卡是很有效果的。

**四、压差卡钻的处理**

粘吸卡钻发生后，可采取以下常用的方法处理：

（1）强力活动：粘吸卡钻随着时间的延长而益趋严重，所以在发现粘吸卡钻最初阶段，就应在设备（特别是井架和悬吊系统）和钻柱的安全负荷以内尽最大的力量进行上下活动和转动。如果强力活动几次后（一般不超过 10 次）无效，就采取别的方法了。

（2）震击解卡：如果钻柱上带有随钻震击器，应立即启动上击器。

## 案例 7　S3－7H 井压差卡钻事故

1. 基础资料

基础数据：本井三开 4760～5757.78m 设计使用聚磺混油非渗透钻井液，密度 1.25～

1.28g/cm³，漏斗黏度为50～70s，三开井段预测地层压力为1.14g/cm³。

钻井参数：钻压20～40kN、转速为螺杆转速、压力18MPa、排量26L/s。

井身结构：ϕ444.5mm×800m+ϕ339.7mm×798.76m+ϕ311.2mm钻头×4000m+ϕ244.5mm套管×3996.2m+5497.67m。

钻具结构：ϕ215.9mm钻头+ϕ172mm（1.5°）螺杆+431mm×410mm接头+4A0×411mm接头+4A1×410mm回压阀+ϕ169mm无磁钻铤2根+MWD短节+ϕ169mm无磁承压钻杆1根+ϕ127mm斜坡钻杆25柱+ϕ127mm加重钻杆12柱+411mm×4A0接头+屈性长轴+ϕ159mm震击器+ϕ127mm加重钻杆5柱（4418.09～4282.71m）+ϕ127mm斜坡钻杆。

钻井液性能：密度1.27g/cm³、漏斗黏度55s、塑性粘度18mPa·s、动切力14Pa、失水4.6mL、泥饼0.5mm、固含11.6%、黏附系数0.0612、含油11%。

岩性描述：岩性：4938～5142m中粒长石石英砂岩；5142～5222m粉砂质泥岩；5222～5495m细粒、中粒岩屑长石砂岩。

2. 事故发生经过

S3-7H井2007年8月9日11：30因MWD仪器信号传输困难，起钻更换螺杆、钻头、仪器，于2007年8月11日0：00下钻到底，循环至0：30开始定向钻进。2：00定向钻进至井深5497.67m，井队进行正常上提划眼（每钻进0.3m上提划眼一次）上提钻具5.5m，后下放遇阻100kN，上提300kN（震击器工作）无效，强扭转盘15圈无效。井队上下活动钻具，原悬重1530kN，在1000～1800kN之间活动钻具，强扭转盘15～18圈，期间配解卡剂。

事故发生后，立即组织进行以下的工作：井队立即上报指挥所、项目组并积极协调运解卡剂等材料，随即召开碰头会，分析事故原因并提出了切实可行的措施。

3. 事故处理方案

泡解卡剂。

4. 事故处理经过

2007年8月11日11：05井队配制好解卡剂（密度1.25g/cm³，漏斗黏度63s），11：05～11：35向钻具内注入解卡剂29.2m³，11：35～12：15替入钻井液33.5m³（密度1.27g/cm³，漏斗黏度55s），其中环空注入解卡剂15m³（环空解卡剂高度495m，井深5002.67m），钻具内预留解卡剂14.2m³（钻具内解卡剂高度1583.05m，井深在3914.62m），12：15～19：00采取开转盘强扭20圈，最大上提至400kN，下放至200kN数次均无明显效果（期间每30min向环空内顶入解卡剂1m³共计向环空内顶入解卡剂29m³，环空内解卡剂高度957m），19：00强扭22圈，下压200kN浸泡解卡剂。20：00悬重从1330kN↑1450kN，转盘释放完扭矩后上提钻具解卡，钻具恢复原悬重1530kN，事故解除。

5. 事故损失

时间：8月11日2：00钻具卡死，至20：00解卡，共计损失时间18小时。消耗材料：快T 0.8t、SR-301固体解卡剂3t、SP-80 0.6t、DJS-3 2.4t、BYJ-1重晶石14t、原油10m³、柴油20m³、清水3m³柴油由井队提供，其他材料由钻井液服务方提供。

6. 事故原因分析

（1）由于设计钻井液密度为1.25～1.28g/cm³，井浆实际密度为1.27g/cm³，而地层压力当量密度为1.14g/cm³，井浆与地层压差偏大。

（2）4938～5142m中粒长石石英砂岩；5142～5222m粉砂质泥岩；5222～5495m细粒、

中粒岩屑长石砂岩。本井段岩性基本以砂岩为主，渗透性较强，易形成虚厚泥饼，水平段钻具与井壁接触面积大（并且螺杆定向钻进钻具不转动），在钻井液压差下造成粘附卡钻。

7. 经验教训

在保证井控安全的前提下，控制钻井液密度，改善泥饼质量是避免形成压差粘附卡钻的有效方法。

## 案例8 都护2井压差卡钻后断钻具

1. 基础资料

井号：都护2井。

事故井深：5492.91m。

工程基础数据：钻压60kN，转速：螺杆+60r/min，排量24L/s，泵压17.8MPa。

扭矩记录：27～28kN·m。

井身结构：ϕ444.5mm×604.92m+ϕ311.2mm×4497+ϕ215.9mm×5492.91m。

入井钻具结构：ϕ215.9mm PDC钻头+ϕ172mm螺杆+ϕ158.75mm钻铤1根+ϕ213mm扶正器+ϕ158.75mm钻铤23根+ϕ127mm钻杆。

钻井液性能：密度1.31g/cm$^3$、漏斗黏度50s、塑性黏度21mPa·s、动切力10Pa、含砂0.2%、失水2.8mL、泥饼0.2mm、pH值9.5、膨润土含量35%、高温高压失水9.2mL、固含13%。

地层及岩性描述：$K_1s$；棕褐色、褐灰色泥岩夹浅灰色泥质粉砂岩、细砂岩。

2. 事故发生经过

2008年1月19日16：47加完单根开泵（井深：5492.91m），泵压17.8MPa，发生高压立管与泵房高压闸门组连接弯管憋裂，故决定起钻进套管后维修高压弯管，至18：20起出11柱钻杆（井深5166m），卸立柱后活动转盘扭矩增加（起钻过程中无遇阻显示），接方钻杆继续活动钻具，23：00建立循环后继续活动钻具，至20日6：00钻具失去活动空间，发生卡钻事故。

3. 事故处理经过

发生卡钻事故后接方钻杆循环钻井液，同时上下活动钻具，吨位：2100～1000kN，正转20～30圈，无法解卡。于20日配解卡剂13m$^3$，10：50打解卡剂10.5m$^3$，至17：05间断活动钻具，吨位1900～600kN、转盘转30～35圈、顶浆0.3m$^3$/h，随着时间增加，逐步增大活动吨位，18：20活动钻具上提至2400kN时悬重突然降至1400kN（原悬重1600kN），判断为钻具断，下探鱼头后起钻，21日12：00起完钻发现第8柱钻铤中部单根钻铤外螺纹断，下部钻具落井。落鱼结构：ϕ215.9mm PDC钻头（0.35m）+ϕ172mm螺杆（8.01m）+ϕ158.75mm钻铤1根（9.02m）+ϕ213mm扶正器（1.75m）+ϕ158.75mm钻铤21根（186.69m）。落鱼总长205.82m，鱼顶位置4968.54m。

23日13：00下入ϕ200mm卡瓦打捞筒+ϕ127mm钻杆组合，打捞后上提至悬重1600kN时落鱼滑脱，未能捞住落鱼，16：20原悬重1400kN正转15圈，突然扭矩释放，落鱼下行。井队开始循环替出井内解卡剂，循环处理钻井液（补充NaOH 0.2t、KPAM 0.1t、SMP-2 0.2t、SPNH 0.2t、GLA 0.2t、QS-2 0.2t、AT-1 0.05t）。钻井液性能：密度1.28g/cm$^3$，漏斗黏度68s，失水4mL，泥饼厚度0.3mm，初切力/终切力3/9Pa，pH值9.5。起钻后发现篮状卡瓦破裂。

24 日 23：30 更换卡瓦后再次下入 ϕ200mm 卡瓦打捞筒，打捞钻具组合：ϕ200mm 卡瓦打捞筒（螺旋卡瓦 ϕ148mm）+ ϕ127mm 钻杆 1 根 + ϕ159mm 震击器 + ϕ159mm 钻铤 3 根 + ϕ159mm 加速器 + ϕ127mm 钻杆组合，25 日 00：00 实探鱼顶位置 5291.09m，循环钻井液冲洗鱼头后开始打捞，捞住落鱼，活动钻具，上提钻具至 2000kN，悬重降至 1700kN（打捞钻具悬重 1500kN），确认抓捞落鱼后 2：00 开始起钻，5：30 起出 9 柱双根（井深：5207m）在上提未发现遇阻的情况下，卸立柱后挂吊卡上提单根时再次发生卡钻，11：20 向井内打入 $25m^3$ 清水，放回水回吐出 $10m^3$ 清水降低井内液柱压力，22：00 活动钻具 1900～600kN，无效后于 26 日 0：30 循环替出清水，配置解卡剂，7：00 注入相对密度 1.26 的解卡剂 $20.15m^3$，期间间断活动钻具，吨位 1800～800kN，至 13：00 活动钻具，下压至 800kN 时，突然悬重回升至 1600kN 正常悬重，卡钻事故解除，恢复起钻作业。

27 日 8：30 起钻完发现扶正器上部钻铤外螺纹断，并且钻铤台阶处有挤压痕迹，判断钻铤与扶正器发生倒插。井内落鱼结构：ϕ215.9mm PDC 钻头（0.35m）+ ϕ172mm 螺杆（8.01m）+ ϕ158.75mm 钻铤 1 根（9.02m）+ ϕ213mm 扶正器（1.75m）。落鱼总长：19.13m。根据上部井眼状况，为了确保顺利打捞，经研究决定先通井，修整井壁，调整钻井液性能，然后下卡瓦打捞筒进行打捞。

28 日 5：30 井队倒完大绳，全面检修地面设备后组配通井钻具下钻至 5220m 循环替出解卡剂（钻具组合：ϕ215.9mm PDC 钻头 + ϕ158.75mm 钻铤 4 柱 + ϕ127mm 钻杆），同时处理钻井液（补充 KPAM 0.025t、Smp－2 0.2t、SPNH 0.2t、WFT666 0.3t、PB－1 0.5t）。钻井液性能：密度 $1.26g/cm^3$、漏斗黏度 50s、塑性黏度 21mPa·s、动切力 11.5Pa·s、粘滞系数 0.07、失水 4.6mL、泥饼厚度 0.3mm、初切力/终切力 2.5/5Pa、pH 值 9.5。钻井液性能调整完毕后进行短起，23：00 短起完 5 柱没有显示，第 6 柱在上提过程中有 100kN 左右遇阻显示，于是下放这一柱，下放过程正常，转角度后上提仍然有遇阻显示，于是又下放转角度再次上提至 1650kN 时悬重不降（正常悬重 1500kN），下放再次上提仍然通不过，抢接方钻杆转动钻盘，最大 30 圈，扭矩不回，再次发生卡钻事故（卡钻时钻头位置：5065m），立即循环钻井液，同时配解卡剂，29 日 6：00 打入相对密度 1.26 的解卡剂 $6.9m^3$，替浆 $42.9m^3$，进行 800～1800kN 间断活动钻具，顶浆 $0.4m^3/h$，随着时间增加，逐步增大活动吨位，最大活动范围 1900～400kN，转 30 圈，未解卡。30 日 2：30 循环替出井内解卡剂，3：10 打入 $1.26g/cm^3$ 解卡剂 $14.85m^3$，替浆 $37.15m^3$，5：40 活动钻具下放至 800kN 解卡。继续下钻探鱼顶，当下至井深 5280m 时遇阻，开始划眼，划眼井段 5280～5310m、5450～5473m，15：40 探到鱼顶，鱼顶位置 5477.6m，23：00 打入 $1.26g/cm^3$ 封闭液 $28m^3$，封闭 4900～5477m 井段，31 日 4：30 憋压 17MPa 憋入井浆 $1.65m^3$，2 月 1 日 3：30 起出通井钻具。

1 日 23：20 下入卡瓦打捞筒探到鱼头（打捞组合：ϕ206mm 卡瓦打捞筒（篮状卡瓦 ϕ148mm）+ ϕ127mm 钻杆 6 根 + ϕ159mm 震击器 + ϕ159mm 钻铤 3 根 + ϕ159mm 加速器 + ϕ127mm 钻杆组合），循环冲洗鱼头进行打捞，未捞住落鱼。17：30 起出打捞工具发现引鞋磨平（为了在紧急情况下捞筒能从鱼头处退出，井队对引鞋进行了特殊加工）。

3 日 13：40 组下公锥探到鱼头（打捞组合公锥（45～70mm）+ 211×310 + 311×410 + 5″钻杆），至 19：30 转动转盘在不同方位，改变不同排量下插公锥进鱼头，无效后起钻，4 日 11：00 起出公锥发现公锥无法锥进落鱼。经请示西北分公司工程处同意，井队放弃打捞作业、回填侧钻，事故解除，进行下部施工作业。

4. 事故损失

时间：247 小时 10 分钟；报废进尺：65. 91m；报废管材：$\phi$215. 9mm PDC 钻头 1 只，$\phi$172mm 螺杆 1 根，$\phi$159mm 钻铤 1 根，$\phi$214mm 扶正器 1 只；使用工具：卡瓦打捞筒、公锥；消耗材料：柴油 40t，解卡剂 80t，快 T 2t，加重剂 80. 5t。其他消耗材料：卡瓦捞筒、公锥。

5. 事故原因分析

本井在井段 5000～5200m 属白垩系舒善河组，该井段岩性综述为：绿灰、棕褐色粉砂质泥岩，泥岩与绿灰、浅绿色细粒长石岩屑砂岩、粉砂岩略等厚互层。砂岩物性较好，属异常低压地层。在井段 5200～5300m 井段钻进过程中，井内掉块严重，井队为满足录井捞取准确砂样的需要，进行了钻井液性能调整，大量补充防塌护壁钻井液药剂，但效果不明显，决定调整钻井液密度，取设计密度上限值 1. 31g/cm$^3$，经过调整后钻进过程中掉块明显减少。但在起下钻过程中，发现该井段遇阻卡严重，进行了上下提拉、划眼等修整井壁的工作，但是收效不大。井队采取了尽量勤活动钻具的方法（即在加单根和起下钻过程中使用转盘活动钻具的方法，保证钻具在井内静止时间不超过 1min），钻井液上采取大量补充单封、护壁、润滑剂等方法，效果不是很明显。

此次卡钻事故发生在起钻过程中，井队在操作上坚持每起一柱钻具，都利用转盘活动井内钻具，在上提无明显遇阻的情况下，无法开动转盘，上提下放均有阻卡现象，现场进行了认真的分析和判断，认为压差是造成此次卡钻事故的主要原因。

在第一次注入解卡剂活动钻具过程中，由于解除卡钻事故心切，活动钻具时幅度过大，导致钻具疲劳是造成断钻具事故的主要原因。

在第二次卡钻的处理过程中，井队采取了对卡点以上井内钻井液密度下调的措施，下调至 1. 28g/cm$^3$，再注入解卡剂的方法，在短时间内解除了卡钻。再次说明压差是此次卡钻事故的主要原因。

根据第三次卡钻情况，在刚刚通过的位置转动不同角度就发生卡钻，可能在该段有键槽的存在，因为本井白垩系舒善河组地层砂泥岩互层，地层倾角大，使井斜变化，可能存在狗腿度严重问题，造成钻具贴井壁严重，进一步增加了压差卡钻的几率。

6. 经验教训

（1）施工中没有针对异常低压地层的复杂性及时采取封堵措施（如果进行一次承压堵漏使内外压差隔离），压差卡钻的复杂情况可能要减轻。

（2）第一次注解卡剂量太少，只注了 10. 5m$^3$解卡剂未发挥作用，活动吨位过大，原悬重 1600kN 上提至 2400kN 造成断钻具。

（3）打捞钻具后第二次注解卡剂 20. 15m$^3$活动解卡后，起钻发现钻铤外螺纹断，说明钻具使用管理上（或质量上）存在不足，须加强检测和管理 .

（4）井身质量不好，可能存在键槽，后期打捞过程中对不上鱼头说明井径大或存在严重的“狗腿严重度”。打捞困难只能放弃打捞作业、回填侧钻。

## 案例 9　TK479 井压差卡钻事故

1. 基本情况

井号：TK479。

事故井深：3082. 58m。

事故地层：吉迪克组（$N_1j$）。

基础数据：TK479 井于 9 月 27 日钻至井深 3082.58m，21：00 时短起于 21：45 短起至 2835.90m 遇卡。

井身结构：444.5mm×1202m＋241.3mm×3082.58m。

入井钻具结构：241mm FS2563BG 钻头＋203mm 钻铤×3 根＋177.8mm 钻铤×9 根＋127mm 钻杆。

钻井液性能：密度 1.12g/cm$^3$、漏斗黏度 42s、失水 7.2mL、泥饼 0.5mm、塑性黏度 14mPa·s、动切力 5.5Pa、膨润土含量 40g/L、固含 6%、静切 1.5/3Pa、含沙 0.3%、pH 值 9、摩阻系数 0.06。

地层及岩性描述：棕、褐色泥岩。

2. 事故发生经过

TK479 井于 9 月 27 日钻至井深 3082.58m，21：00 时短起并进行投测斜仪，然后边起钻边等测斜仪浮出，起钻过程较为畅通，21：45 短起至 2835.90m 测斜仪浮上来，距钻杆台阶面 0.5m，班组安排给钻具水眼灌一桶水后测斜仪器浮出水眼，并取出仪器，因长时间未按要求活动钻具，然后上提钻具时发生卡钻。

3. 处理方案

先上提下放活动，同时准备解卡液的配制，如无法活动开则实施油浴。

4. 事故原因分析

本次发生钻具卡钻的主要原因：在短起下过程中，井队在取测斜仪时钻具静止时间过长，未按要求活动钻具，因而造成粘附卡钻。

5. 事故处理经过

发生卡钻后接方钻杆大排量循环钻井液，同时上提下放活动，钻具上提至 1234kN，下放至 80kN，强扭 15～20 圈，经多次实施后无效，决定实施油浴，配解卡液。28 日 11：30 注入解卡液 13.8m$^3$，并每 10min 活动钻具一次，以向下活动为主，上提最大吨位 1300kN，下放至零吨位，并配合强扭处理，13：00 强扭钻具 20 圈时钻具活动开，替出解卡液后，事故解除，恢复短起下作业，下钻到底恢复钻井。

事故损失时间：15 小时 15 分钟；消耗钻井液材料：损失 10m$^3$ 柴油，3t SR301 粉状解卡剂，2 桶快 T。

6. 经验与教训

（1）在该井段钻井过程中，短起钻非常顺利，致使在操作中存在麻痹大意的思想，在取出测斜仪的过程中，未活动转盘，致使钻具静止时间过长，发生粘吸卡钻。

（2）施工中任何情况下都要严格执行操作规程，钻具在井内静止时间不能超过 3min，防止压差粘吸卡钻的发生。

## 案例 10　TK1234 井压差卡钻事故

1. 基本情况

井号：TK1234。

事故井深：6186.00m（钻头位置）。

事故地层：$D_3d$。

井身结构：$\phi$660mm×55m＋$\phi$508mm×55m＋$\phi$444.5mm×508m＋$\phi$340mm×505.25m＋

$\phi$311mm×4500m+$\phi$245mm×4496.06m+$\phi$216mm×6204.63m。

钻具组合：215.9mm钻头+430×4A10配合接头+158.75mm钻铤×23根+4A11×410配合接头+127mm加重钻杆×4根+411×520配合接头+139.7mm钻杆×321根+521×410配合接头+127mm钻杆。

钻井液性能：密度1.33g/cm$^3$，漏斗黏度55s、失水3.4mL、泥饼0.4mm、静切3/7Pa、含砂0.2%、pH值9、塑性黏度23mPa·s、动切10Pa、膨润土含量35g/L、固含13%。

地层及岩性描述：$D_3d$；主要岩性：灰色细砂岩。

2. 事故发生经过

三开中完井深6204.63m，电测井顺利测完。2008年2月12日06：30时下钻通井至6186.00m（钻头位置），下钻过程中无挂卡现象，此时钻具原悬重为2060kN，接方钻杆后启动转盘，扭矩逐渐增大，停转盘后打倒车严重，立即活动钻具，上提钻具2800kN，下压钻具到400kN，仍无法解卡，发生卡钻事故。

3. 处理经过

大排量循环钻井液并活动钻具，准备解卡液，至13：30配制解卡液17m$^3$，密度1.33g/cm$^3$，漏斗黏度：60s。至14：40往井内注入解卡液17m$^3$，其中环空7m$^3$、水眼内10m$^3$；至15：10泡解卡液、下压钻具500kN解卡。

4. 卡钻原因

由于电测井顺利、施工方在操作上麻痹大意，在接方钻杆时，未转动转盘，使钻具在井下静止时间达14min之久，造成粘吸卡钻。

5. 经验教训

（1）加强净化并按照设计要求加入润滑剂及防塌剂材料处理、控制泥饼粘滞系数。

（2）严格执行起下钻操作规范，钻具在井内静止不准超过3min，防止粘吸卡钻事故。

## 案例11　TK1225井压差卡钻事故

1. 基础资料

井号：TK1225井。

事故井深：6156.00m。

事故地层：$D_3d$。

工程参数：钻压40～60kN，转速90r/min，排量25L/s，泵压20MPa。

井身结构：$\phi$660.4mm×307m+$\phi$508mm×306m+$\phi$444.5mm×3200m+$\phi$339.7mm×3106m+$\phi$311.15mm×5784.65m+$\phi$215.9mm×5781.46m。

入井钻具结构：215.9mm HM655GS钻头（0.36m）+430×4A10配合接头（0.59m）+158.75mm钻铤×18根（161m）+4A11×410配合接头（0.49m）+127mm加重钻杆×14根（133.02m）+127mm钻杆。

钻井液性能：密度1.76g/cm$^3$、漏斗黏度53s、切力2/14Pa、屈服值7Pa、失水2.8mL、泥饼0.5mm、$Cl^-$ 156000$\mu$g/g、含砂量0.2%、固相含量27%、pH值9.5。

2. 事故发生经过

2008年3月9日22：30钻至井深6156.00m，上提钻具划眼至井底正常，卸扣后转动转盘。接完单根下放钻具遇阻200kN（原悬重1800kN），上提钻具至2200kN未开。甩掉单根后接方钻杆大幅度活动钻具，活动范围374～2900kN未解卡，钻头位置6144.00m。

3. 事故原因分析

该井四开钻井液密度为1.70g/cm³（原设计为1.65～1.80g/cm³，补充设计要求控制在1.68g/cm³以内），在实钻盐层过程中由于起下钻及短起下有阻卡现象，后经申请工程处同意将密度控制在1.77g/cm³内，井队将钻井液密度调整控制为1.76～1.77g/cm³，井下正常。顺利钻穿盐层，盐层厚度79m（5784～5863m），起下钻正常。事故发生时井深6156.00m进入东河塘砂岩72.00m，接完单根后发生卡钻。分析原因为盐层压力高，东河塘地层压力系数过低，形成压差40.5MPa。高压差造成此次粘附卡钻。

4. 事故处理经过

2008年3月9日22：30～10日10：00间断活动钻具，活动钻具范围200～2400kN，清罐、配解卡剂20m³；10：15注解卡剂15m³（密度1.76g/cm³），11：00替钻井液45m³，浸泡井段5781～6144m；16：00浸泡解卡剂，间断活动钻具，活动范围200～2200kN，施加转盘扭矩11圈，每半小时顶通钻井液一次；16：30浸泡解卡剂，上提钻具至2200kN，下放钻具至200kN，钻具恢复原悬重解卡，事故解除。

事故损失时间：18小时00；消耗材料：WFA－1 1.4t，重晶石25t，柴油8m³，快T 0.4t。

5. 经验与教训

（1）接单根速度要快，减少钻具静止时间。

（2）改善钻井液性能，在井下安全的前提下适当降低钻井液密度。

（3）加强短程起下钻，保证上部井眼畅通。

## 第三节　垮塌卡钻

垮塌卡钻是井壁失稳造成的，是卡钻事故中最严重的一种事故。因为处理这种事故的工序最复杂，耗费时间最多，风险性最大，甚至有全井或部分井眼报废的可能。

### 一、地层垮塌的原因

造成井壁失稳有地质方面的原因、物理化学方面的原因和工艺方面的原因。

（1）地质方面的原因：原始地层应力的存在；地层的构造状态；岩石本身的性质；泥页岩孔隙压力异常；高压油气层的影响等。

（2）物理化学方面的原因：水化膨胀；离子水化；渗透水化；毛细管作用；流体静压力等。

（3）工艺方面的原因：钻井液液柱压力设计不当；钻井液的性能和流变性和地层不相适应；井斜与方位的影响；钻具组合不当；钻井液液面下降；压力激动；井喷引起井塌等。

### 二、井壁垮塌的特征

（1）钻进过程中发生井塌：如果是轻微垮塌，钻井液密度、黏度、切力、含砂要升高，返出钻屑增多，可以发现许多棱角分明的片状岩屑。如果是新钻地层垮塌，钻进困难，泵压上升扭矩增大，上提钻具泵压恢复正常，但下放不能到底。如果垮塌层在上部，泵压升高，上提钻具泵压不降，上提遇阻下放也遇阻，井口返浆减少或不返。

（2）起钻时发生井塌：发生井漏后，或在起钻过程中未灌钻井液或少灌钻井液，则随时有发生井塌的危险。井塌后，上起、下放都遇阻，而且阻力越来越大，但阻力不稳定，忽大忽小。钻具也可以转动，但扭矩增加。开泵时泵压上升，悬重下降，井口流量减小甚至不返，停泵时有回压，起钻时钻杆内反喷钻井液。

（3）下钻前发生井塌：井塌发生后下钻可能不遇阻，井口不返浆，或者钻杆内反喷钻井液。当钻头进入塌层以前，开泵正常，进入塌层以后，则泵压升高，悬重下降，井口返出流量少或不返；当钻头一提离塌层，一切恢复正常。向下划眼时，阻力不大，扭矩也不大，但泵压忽大忽小，有时会突然升高，悬重也随之下降，井口返出的流量也忽大忽小，有时甚至断流。返出岩屑中有带棱角的岩块和长期研磨失去棱角的岩屑。

（4）划眼困难：如果是缩径造成的遇阻（岩层蠕动除外）一次划眼即恢复正常，如果是垮塌造成的遇阻，划眼时经常憋泵。钻头提起后放不到原来的位置，越划越浅，比正常钻进要困难得多。搞得不好，还会划出一个新井眼，丢失了老井眼，使井下情况更加复杂化了。

**三、井壁垮塌的预防**

（1）采取适当的工艺措施：合理的井身结构；调整钻井液性能使其适应钻进地层；保持钻井液液柱压力；减少压力激动；对于结构薄弱或有裂缝的地层要限制循环压力，以免压漏地层等。

（2）使用具有防塌性能的钻井液。塔河油田坍塌压力及地层特征变化大。侏罗系、三叠系、石炭系硬脆性泥岩存在严重的垮塌问题，威胁井下安全，需要适当高的钻井液密度才能平衡下部井段的高地层坍塌压力，而较高的钻井液密度会使上部裸眼井段液柱压差变大、高渗透性地层泥饼变厚，易造成上部井段粘附卡钻和起下钻遇阻卡。钻井液技术上针对二叠系、石炭系应力大，易坍塌、掉块，除采取相应防塌措施外，将 API 失水控制在 5mL 以内，并根据地层应力防塌需要，调整钻井液密度至 1.32～1.34g/cm$^3$，采用聚合醇、沥青质防塌剂、有机硅护壁剂等防塌材料复配，解决侏罗系、三叠系、二叠系、石炭系硬脆性泥岩的垮塌问题，保证井下安全。

**四、井塌的处理**

（1）下钻过程，如果发现井口不返浆，或者钻杆内反喷浆，应立即停止下钻。开泵循环通井或划眼，待井下正常后，再恢复下钻。

（2）起钻过程如发现井口液面下降，或钻杆内反喷，应立即停止起钻。开泵循环，泵压正常，井下畅通无阻，管柱内外压力平衡后再恢复起钻。如果恢复循环无望，而钻具尚能活动，应当机立断立即起钻。虽然此时起钻有不少阻力，钻杆内依然喷浆，也丝毫不能等待，只要在设备和钻具的安全负荷以内，就应尽最大的可能上起。

（3）井塌后循环岩屑带不出来，可采取如下办法：使用高屈服值钻井液使环空保持平板层流状态；使用高浓度携砂液洗井；加大钻头水眼提高排量；起钻前在垮塌井段注入高黏高切钻井液进行封闭。

**五、垮塌卡钻的处理**

（1）如果小排量能循环在控制进口流量与出口流量的基本平衡，循环稳定之后，逐渐提高钻井液的黏度和切力，以提高它的携砂能力，然后逐渐提高排量，争取把垮塌的岩块带到地面。

（2）如果是石灰岩、白云岩垮塌形成的卡钻，并且垮塌井段不太长，可以考虑泵入抑制性盐酸来解卡。

（3）如果失去循环，只有进行套铣倒扣。

## 案例12　TK1263井垮塌卡钻

1. 基础资料

事故井深：5916.39m。

事故地层：$O_{1-2}y$。

划眼参数：钻压10～20kN，转速45r/min，泵压18MPa，排量11L/s。

钻井液性能：密度1.26g/cm$^3$、漏斗黏度57s、塑性黏度23mPa·s、动切力7.5Pa、失水5.6mL、高温高压失水12.2mL、初切/终切2.5/8Pa、摩阻系数0.0699、膨润土含量28g/L、固含7%、含砂0.1%、pH值10。

井身结构：导管：660.4钻头×56.13m；一开：346.1mm钻头×1200m，273.1mm套管×1199m；二开：241.3mm钻头×5906.05m，177.8mm套管×5893.1m；三开：149.2mm钻头×5916.39m。

钻具结构：$\phi$149.2mmHA517G钻头×0.17m＋310×330配合接头×0.75m＋$\phi$120.6mm钻铤23根×206.67m＋$\phi$88.9mm钻杆594根×5696.18m。

地层及岩性描述：$C_1b$砂砾岩、$O_{1-2}y$岩屑未返出地面。

2. 事故发生经过

2008年7月9日5：22钻进至井深5906.05m时，钻时加快，循环观察，至5：30发现井漏，测漏速10.5m$^3$/h，降排量观察测漏速8.25m$^3$/h，至7月12日13：00施工期间共漏失钻井液270m$^3$。7月11日06：30电测完，由于下部漏失经工程处、开发处批示进行打水泥塞作业封堵5706.91～5906.05m漏失层段，扫水泥塞至井深5896.05m之后下入$\phi$177.8mm套管，$\phi$177.8mm套管下深5893.1m。

2008年7月24日04：00三开扫水泥塞至井深5905m开始出现憋泵、蹩转盘、上提遇阻提至1600kN提脱，起钻发现两个水眼和双母接头水眼堵死，清洗后发现填充物为黄豆般大小的砂砾石，钻头及钻具无其他硬物磨痕，无水泥块。

7月25日20：00三开开钻，井队先后将钻井液密度由1.15g/cm$^3$逐步提至1.26g/cm$^3$及打水泥塞作业再次封堵裸眼段，期间再次反复出现憋泵、蹩转盘、遇阻现象，上提吨位仍然很大，最大提拉吨位至1800kN（原悬重1260kN），井口返出大量砂砾岩，同时间断返出稠油，上提后划眼及静放不到底并出现憋泵、蹩转盘、遇卡现象。

针对前期施工过程中的难点和风险，井队及时上报工程处、开发处，甲方要求继续钻进，8月11日8：30钻进至井深5916.39m，期间井口多次返出大量稠油；井队再次上报，甲方要求继续向下钻进，2008年8月12日6：01，在划眼至井深5914.39m突然出现憋泵、蹩转盘严重，反复上提下放活动钻具无效，发生埋钻事故。

3. 事故原因分析

（1）石炭系巴楚组底部砂砾岩胶结松散；

（2）钻井液密度低砂砾岩坍塌埋钻。

4. 事故处理方案

（1）间断强扭转盘，上提下放活动钻具；

（2）倒扣起钻。

5. 事故处理过程

2008年8月12日6：04上提钻具遇卡，遇卡井深5914.39m，悬重1260kN↑1760kN，

活动无效，间断蹩转盘 25 圈无效。6：01～15：32 上提下放活动钻具，15：32 停泵回压 7MPa，之后打 $3m^3$ 重浆，停泵后回压缓慢降至 3MPa，15：46～16：33 倒扣，反转 45 圈倒开，上提钻具悬重上升至 1400kN 瞬间恢复至悬重 1260kN（挂扣所致），随后井队起钻检查钻具，8 月 13 日 04：12 起钻完发现下部钻具 8 根钻铤倒脱。落鱼组合：149.2mm HJ517G 钻头 ×0.17m + 双母接头 ×0.75m + 120.6mm 钻铤 ×71.27m。04：12～11：30 下光钻杆至井深 3327m，待下步施工方案。

8 月 14 日 03：00 接到下步下油管测试方案，起光钻杆，11：00 开始下油管转入测试工作（备注：测试中油气显示情况不好，测试效果不理想。接甲方起油管、继续打捞落鱼的通知后。经二次打捞，井内砂砾岩垮塌严重处理难度大，甲方要求对本井进行开窗侧钻，此后转入开窗侧钻作业，于 9 月 27 日 4：00 钻至原井深 5916.39m）。

6. 事故损失

报废管材：149.2mmHA517G 三牙轮钻头一只、310 × 330 双母配合接头一只、120.6mm 钻铤 8 根；消耗钻井液材料：SMP－1 1.6t、XTY－2 1.6t、SHC 1.2t、JBF 0.5t、CMC－HV 0.5t、NaOH 0.3t。

7. 经验教训

TK1263 井钻遇石炭系下部较为疏松的砂砾岩地层，且粒度大无胶结并伴有井漏和稠油块返出，在塔河油田区块罕见。石炭系地层压力系数为 1.24，而三开用 1.15～1.17g/$cm^3$ 的钻井液无法平衡地层而垮塌，钻井液密度由 1.15g/$cm^3$ 缓慢上提至 1.26g/$cm^3$，砾石层仍出现多次垮塌。今后在钻遇该类似地层前设计钻井液密度应足以平衡地层压力，一次提密度到位后再揭开这种胶结差的疏松的砂砾岩地层。录井实时曲线如图 3－1 所示。

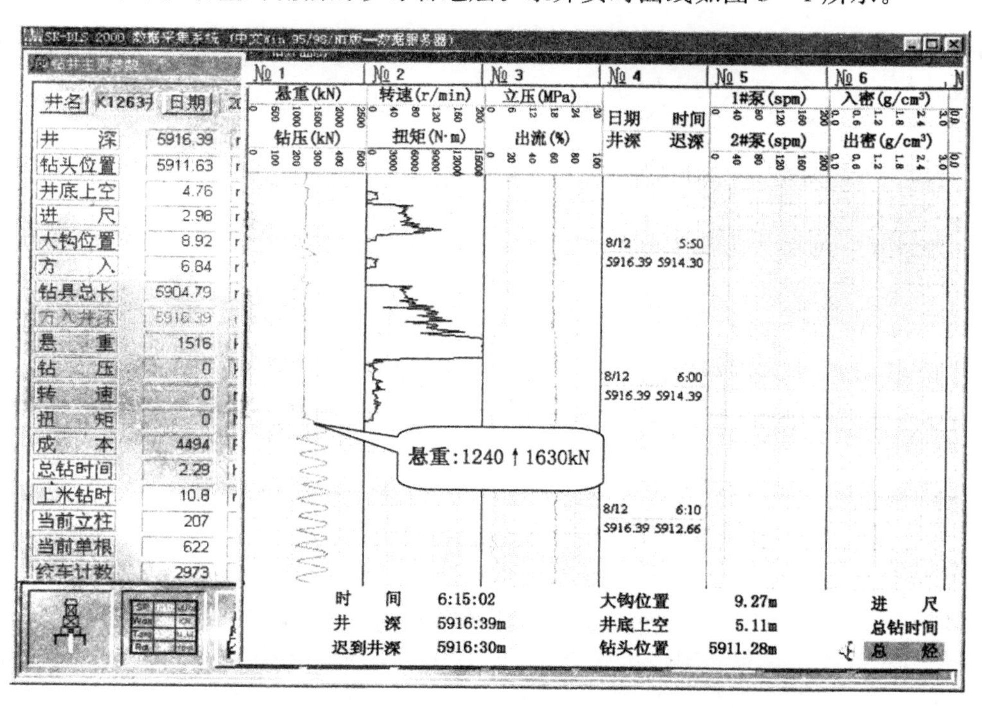


图 3－1　TK1263 井录井实时曲线

## 案例13　TK1048井垮塌卡钻

1. 基础资料

事故井深：3940.11m。

事故地层：$K_1bs$（巴什基奇克组）。

井身结构：ϕ346.1mm×1205m+ϕ273.1mm×1203.41m+ϕ241.3mm×3940.11m。

钻井参数：钻压40kN、钻盘转速螺杆+40r/min、泵压19.5MPa、排量40L/s。

钻具组合：ϕ241.3mm钻头×0.37m+203mm螺杆×8m+631×NC56B配合接头×0.9m+ϕ203.2mm钻铤1根×8.84m+NC56P×410配合接头×0.77m+411×631配合接头×0.28m+ϕ241.3mm双母扶正器×0.95m+ϕ177.8mm钻铤6根×54.39m+411×NC46B配合接头×0.48m+ϕ165mm钻铤13根×119.13m+410×NC46P配合接头×0.44m+ϕ127mm钻杆358根×3471m。

钻井液性能：密度1.12g/cm³、漏斗黏度50s、失水5mL、泥饼0.2mm、静切2/5Pa、含砂0.2%、pH值9、MBT 28、塑性黏度20mPa·s、动切5Pa、固含9%、摩阻系数0.0699。

2. 事故发生经过

2007年11月05日15：30钻进至井深3940.11m，循环测斜，17：00开始短起钻，起出钻具11个立柱（井段：3940.11～3618.38m），下钻至18：50接第二柱下放至3670.50m遇阻，钻具悬重1400kN，第一次遇阻时由1350kN上提正常。第二次下放至1240kN遇阻，上提至1700kN活动开，继续下放遇阻，接方钻杆开泵泵压↑25MPa，至19：20上提下放活动钻具未开（活动范围500kN↑2200kN），钻具卡死。

3. 事故原因分析

钻井液密度偏低，地层压力在1.14g/cm³，实际钻井液密度1.12g/cm³，不能平衡地层压力造成井壁垮塌，是事故的主要原因。

4. 事故处理方案

（1）注入解卡剂解卡。

（2）如不能解卡则配合震击、套铣等方法处理。

（3）如震击、套铣等方法不能解卡，采用回填水泥后侧钻的方法处理。

5. 事故处理过程

11月6日9：15打入解卡剂9m³浸泡，至11月7日16：30浸泡无效，测卡点3567m，准备爆炸松扣，23：00爆炸松扣，倒获钻具悬重1330kN，11月8日9：00起钻完，从第9根ϕ165mm钻铤外螺纹端炸开，井内落鱼总长111.67m，鱼顶井深3563.25m。11月12日第二次爆炸松扣，倒出ϕ165mm钻铤一根，鱼头位置3562.70m，下套铣筒套铣，11月22日第二次爆炸松扣，倒出ϕ165mm钻铤一根，鱼头位置3572.64m，经开发处同意回填测钻。至12月1日14：00侧钻至原井深3940.11m，事故解除。

6. 事故损失

事故损失时间618小时40分钟（计25.78天）；报废进尺486.16m；报废材料241.3mm PDC钻头1一只、203mm螺杆一只、631×NC56B接头一只、203.2mm钻铤一根、NC56P×410接头一只、411×631接头一只、241.3mm双母扶正器一只、177.8mm钻铤一根、411×NC46B接头一只、165mm钻铤两根；使用工具：ϕ177.8mm加速器一套、ϕ177.8mm超级震击器一套、ϕ177.8mm下击器一套、236mm铣鞋1只、220mm铣鞋1只、

220mm 套铣筒 6 根。

7. 经验与教训

应严格按设计施工。本井未按设计要求提高钻井液密度大于 1.14g/cm³，而是使用 1.12g/cm³ 密度的钻井液，不能平衡地层的坍塌压力造成井壁垮塌。

## 案例 14　TK918 井固井垮塌憋泵

1. 基础资料

井号：TK918 井。

事故井深：5563.12m。

事故地层：$O_3s$。

井身结构：$\phi$444.5mm 钻头×500m+$\phi$339.7mm 表层套管×498.46m+$\phi$311.15mm 钻头×4000m+$\phi$244.5mm 技术套管×3997.41m+$\phi$215.9mm 钻头×5563.12m+$\phi$177.8mm 技术套管×5560.9m。

入井管串结构：浮鞋+$\phi$177.8mm 套管 3 根+1#浮箍+$\phi$177.8mm 套管 2 根+2#浮箍+球座+$\phi$177.8mm 套管 15 根+1#定位短节+$\phi$177.8mm 套管 71 根+2#定位短节+$\phi$177.8mm 套管 59+悬挂器+送入工具+钻杆。

钻井液性能：密度 1.31g/cm³、漏斗黏度 67s、塑性粘度 28mPa·s、动切力 8Pa、失水 4.5mL、泥饼厚度 0.5mm、含砂 0.2%、pH 值 9.5。

2. 施工经过

（1）TK918 井是由华北 60816HB 钻井队承钻，由华北固井队承包固井。该井于 2005 年 3 月 19 日 15：30 开始下 $\phi$177.8mm 套管，20 日 19：00 送放到位。验通正常后投球，泵送球到位，11MPa 坐挂成功，19.5MPa 憋通球座，倒扣 20 圈，丢手成功，下压 170kN，循环钻井液，排量 0.9～1.2m³/min，泵压 15MPa。

（2）在井眼循环干净后于 21 日 2：25 开始实施固井作业，注水泥浆正常，最高密度 1.89g/cm³，最低密度 1.75g/cm³，平均密度 1.83g/cm³。替浆差 15.5m³ 时，压力突然从 10↑16↑20.5MPa，井口失返，改用水泥车替浆，第一次替进 475L 压力 0↑21MPa，第二次替进 400L 压力 0↑27MPa，两次井口均不返浆，放回水全部回吐。

3. 事故原因分析

井壁垮塌，环空阻塞致使替浆泵压升高，井口失返。

4. 事故处理方案

扫水泥塞、测声幅检查环空是否有水泥、套管试压检查有无异常。

5. 事故处理经过

事故发生后，施工方华北固井队及钻井队均及时与工程处联系。钻井队与桑塔木项目组钻井监督及固井工具厂家一起讨论制定了扫水泥塞方案，并严格执行钻扫水泥塞安全技术措施，以防止套管磨损。于 2005 年 3 月 23 日 15：30 下钻探上塞面 4262.81m 后开始扫塞，3 月 29 日 8：00 时扫到 5550.90m（球座位置 5490.88m），扫塞总用时 136 小时 30 分钟，扣除下钻探塞和中间循环及设计内正常扫塞时间，比设计额外多扫塞 844m，额外多耗时 37 小时 10 分钟（纯钻塞时间）。

现已完成回接固井。

6. 事故损失情况

事故损失时间：136小时30分钟。

使用工具：ϕ148.2mm HA517L钻头2只。

消耗钻井液材料：膨润土20t、纯碱2t、烧碱0.8t、KPAM 1.5t、SMP－1 2t、ST－180 2t、BYJ－1 15t。

7. 经验与教训

本井井径不规则，平均井径248.3mm，平均井径扩大率15%，最小井径203.2mm，最大井径330.2mm，另前置液为5m³，按照203.2mm井眼计算所占环空高度达到了600多米，对井壁有一定的冲刷破坏作用，再加上大小胶塞复合后销钉剪断压力异常，也会造成压力激动导致井壁失稳。

## 第四节　落物卡钻

### 一、落物卡钻的原因

井内落物有从井口落入，如井口工具、手工具等；有从井下落入，如钻头、牙轮、刮刀片、电测仪器等；也有从井壁落入，如砾石、岩块、水泥块及原来附在井壁上的其他落物。由于井眼与钻柱之间的环形空间有限，较大的落物会像楔铁一样嵌在钻具与井壁之间，较小的落物嵌在钻头、磨鞋或扶正器与井壁的中间，使钻具失去活动的能力，造成卡钻。

### 二、落物卡钻的特征

（1）钻进中会有蹩钻现象发生，上提钻具有阻力，小落物有可能提脱，大落物则越提越死。

（2）起钻过程遇有落物则会突然遇阻。只要上提力量不大，下放比较容易。若落物所处的位置固定，则阻卡点也固定。若落物随钻具上下移动，则钻具只能下放不能上提，阻卡点随钻头的下移而下移。在下放无阻力时钻具可以转动，在上提有阻力时则很难转动。

（3）落物卡钻的卡点一般在钻头或扶正器位置。

（4）落物造成遇阻遇卡的情况下，开泵循环正常，泵压、排量、钻井液性能均无变化。

### 三、落物卡钻的预防

（1）起下钻时把井口围盖好，防止工具落入井内，检查好井口工具和入井钻头、工具必须稳固可靠。

（2）要保证套管鞋处的固井质量，套管鞋以下的口袋尽量留少一些，防止掉水泥块卡钻。

（3）在悬重和泵压不正常时，不可从钻杆内投入测斜仪、钢球等物。

（4）如果知道是落物卡钻，禁止硬提，应下放钻具，当落物处于大井径井段时转动很轻松，甚至可以把钻具起出。如无下放余地，就在原地转动，以便扩大井眼，当无蹩劲时，在上提1～2cm，继续转动。如此耐心地操作，争取把落物挤入井壁。

（5）磨铣井底落物时，要定期提起钻具活动，一方面防止磨碎的落物翻到磨鞋上面，另一方面再将已经翻到磨鞋上面的碎物压到磨鞋下面去。

（6）在裸眼中选用比钻头小10～20mm磨鞋来磨铣落物，而在小套管中要选用比套管内径小3～4mm的磨鞋磨铣。

（7）有时落物在井眼中途大井径的井段，有时又坐落在井壁台阶上，下钻经撞击或波动就滑下来卡钻，要设法把它拨入井底消除后患。

## 四、落物卡钻的处理

1. 钻头在井底时发生落物卡钻

（1）争取转动解卡，强行正转，如果无效也可倒转试一下。

（2）在安全的条件下，尽量上提。

（3）用震击器上击，可能解卡。

2. 起钻过程中发生落物卡钻

（1）猛力下压，可以把全部钻具重量压上去，但不许多提。

（2）用震击器下击（钻柱中有随钻震击器）；如果没有，可接地面震击器下击。或者倒扣后把震击器接到离卡点近的位置向下震击。

（3）倒扣，如果下压和震击都没起作用，应立即倒扣，有时倒扣产生的冲击力可能解卡，另外可以倒出尽可能多的钻具，为下一步处理打下良好的条件。

（4）如果是水泥块卡钻，可考虑用盐酸来溶解，并配合震击解卡。

（5）如果是水泥块或地层掉块造成的卡钻套铣后是容易解卡的，如果套铣到钻头仍未解卡，那就倒扣震击。

## 案例15　S1101井水泥块卡钻

1. 基础资料

井号：S1101。

事故井深：4233. 07m。

工程施工参数：钻压40/60kN、转速为复合钻进（螺杆+转盘70/80r/min）、压力19/20MPa、排量34L/s。

井身结构：$\phi$444. 5mm钻头×1200m+$\phi$339. 7mm套管×1119. 67m+$\phi$215. 9mm钻头×4233. 07m。

钻井液性能：密度1. 24g/cm$^3$、漏斗黏度43s、pH值8. 5、含砂0. 2%、泥饼0. 5mm。

地层及岩性描述：$T_3h$—深灰色泥岩。

2. 事故发生经过

2006年1月7日12：00钻至井深4233. 07m，因螺杆发生滞动，洗井后起钻改变钻具组合，8日0：10起钻至井深1195m遇阻，悬重增至1400kN（原悬重680kN），下放悬重至100kN未脱。在1000～100kN之间活动无效，钻具卡死（钻头位置1195m，套管鞋井深1119. 67m）。

3. 事故原因分析

根据后期套铣情况判断，是上部水泥块掉入裸眼内造成起钻至井深1195m突然遇阻，由于是水泥块硬卡待操作者反应刹住车后（游车由于惯性作用依然要上行一段距离）吨位已达到1400kN造成卡钻，上提卡死后由于钻具贴边继而造成粘吸卡钻。

4. 事故处理方案

泡油—泡酸—套铣—对扣。

5. 事故处理经过

开泵顶通（5MPa、27L/s），因井内是螺杆钻具在开泵过程中钻具无反扭现象，根据此现象判断是扶正器被卡。6：10～6：22泵入解卡剂7m$^3$（解卡剂配方：柴油9t+解卡剂0. 8t+快T 0. 2t）替钻井液6. 6m$^3$，至21：30每间隔20min顶浆0. 2m$^3$钻具活动范围（100～

700kN)。22：40下入爆炸杆反扭4.5圈爆炸松扣未开，23：30仪器出井接循环头循环并定时活动钻具。9日10：40～11：50下入爆炸杆反扭4圈爆炸松扣成功，16：40起钻完。21：00接高峰KXJ80开式震击器对扣后间断震击至10日2：30，2：40注解卡剂10m³，替钻井液4m³每间隔20min顶浆0.2m³并间断震击。16：15～17：30注氢氟酸5m³，替清水1m³、钻井液9m³并间断震击。20：30替出氢氟酸后洗井、倒扣、起钻，11日12：30套铣管下到位因套不进落鱼起钻，19：30下光钻杆洗鱼头后对扣并实施分段紧扣，下入爆炸杆反扭3圈爆炸松扣成功，12日2：00起钻完，8：00套铣管下到位，13：00套铣至井深1166.61m放空，落鱼下沉，起钻后下钻至井深2378.8m探到落鱼对扣，23：30起钻。13日6：00落鱼全部出井。

事故损失时间：125小时50分钟。

使用工具：铣鞋两只、套铣筒6根。

6. 经验教训

在裸眼内严格控制起下钻速度，避免突发事件来不及刹车。

## 案例16　S1182井掉块卡钻

1. 基础资料

井号：S1182。

事故井深：4937.10m。

事故地层：$C_1kl$。

井身结构：ϕ660.4mm钻头×69m+ϕ508mm×69m+ϕ444.5mm钻头×1200m+ϕ339.7mm×1197.41m+ϕ311.15mm×4937.10m。

钻具结构：ϕ311.15PDC钻头×0.4m+630×610×0.6m+ϕ228mm钻铤×17.33+ϕ311mm扶正器×1.88m+ϕ228mm钻铤×8.33m+NC611×NC560配合接头×0.4m+ϕ311mm扶正器×1.88m+ϕ203mm钻铤×82.47m+NC560×410配合接头×0.47m+ϕ177.8mm×55.32m。

钻井液性能：密度1.30g/cm³、漏斗黏度59s、失水4mL、pH值9、塑性黏度25mPa·s、动切力11Pa、泥饼0.5mm、含砂0.5%、膨润土含量37g/L。

地层及岩性描述：卡拉沙依，浅灰色细砂岩与棕褐色泥岩不等厚互层。

2. 事故发生经过

2006年2月26日钻至井深4937.10m短程提钻，提钻第一柱、第二柱均正常，14：00提至第三柱下单根（当时在井深4850m）时，悬重从1880kN上升至2050kN，于是下放钻具至1200kN无效后继续上提钻具至悬重2220kN，下放至悬重1400kN无效，第三次上提钻具至悬重2300kN，下放至悬重1200kN无法放脱钻具，为了接方钻杆开泵循环又多次上提下放钻具，吨位在200～2800kN之间。于15：20接方钻杆开泵循环活动钻具。

3. 事故原因分析

（1）对井下情况分析不清，提钻遇卡后，未及时放脱遇卡吨位，而进行上提且上提吨位过大。

（2）钻井液防塌剂、润滑剂加量不足，经过认真分析认为由于上部掉块造成此次卡钻。

4. 事故处理经过

2006年2月26日23：00开始配解卡剂，27日4：30配完。泵入密度1.30g/cm³、漏斗黏度59s的解卡剂10.6m³，5：00开始浸泡，在泡卡期间每30min活动钻具一次，活动吨位在200～2600kN不等，活动完后，转动转盘15～20圈不等，并下放钻具至悬重200kN，间歇开泵顶1～2次，至下午17：30泡卡无效后，开泵循环排解卡剂，20：40泵入第二次解卡剂18.8$m^3$，密度1.29g/$cm^3$、漏斗黏度46s。在泡卡期间每30min活动钻具一次，活动吨位在200～2600kN不等，活动完后，转动转盘15～20圈不等，并下放钻具至悬重200kN，28日1：30悬重恢复正常，钻具解卡。

5. 事故损失

时间：35小时30分钟；消耗钻井液材料：柴油19$m^3$、SR301 4t、重粉22t、快T 2.19t、解卡剂1t；经济损失情况：约9万元。

6. 经验教训

（1）加强钻井液管理，要加足防塌剂保证井壁稳定防止掉块。

（2）起钻上提遇卡，原悬重1880kN提至2050kN，应以下压或下击为主，但下放至1400kN无效后，再次上提至2200kN、2300kN，造成钻具卡死。

## 案例17 TK1206井落物卡钻

1. 基础资料

事故井深：4200.81m。

事故地层：$K_1bs$。

井身结构：$\phi$346.1mm×1200m+$\phi$273.05mm×1198.79m+$\phi$241.3mm×4200.81m。

入井钻具结构：$\phi$241mm钻头+$\phi$177.8mm DC×2根+$\phi$241mm扶+$\phi$177.8mm DC×4根+$\phi$165mm DC×12根+$\phi$127mm加重钻杆×12根+$\phi$127mm钻杆。总长：4014.32m。

钻进过程中施工参数：钻压40kN、转速100r/min、泵压18MPa、排量37L/s。

钻井液性能：密度1.16g/$cm^3$、漏斗黏度43s、塑性粘度27mPa·s、动切力6Pa、失水5.6mL、泥饼0.5mm、含砂0.2%、固含8%、膨润土含量47g/L、pH值9。

地层及岩性描述：地层$K_1bs$、岩性为砂岩。

2. 事故发生经过

第一次卡钻：2006年11月17日8：00钻进至4200.81m，循环至9：50投测井斜，10：00开始短起下钻，16：00起钻至4009m上提遇卡，原悬重1600kN，上下活动钻具最大上提2100kN，活动多次起出挂卡点，上下对挂卡点拉3次正常后继续起钻，起钻至4015m（第7柱中单根）上提遇卡，上下活动钻具最大上提2050kN，立即接单根下冲至200kN无效，16：20接方钻杆循环活动钻具，最大上提2000kN，最大下压300kN无效，转动转盘最大至11圈仍不能解卡，钻具卡死。反复活动至18日7：00解卡。

第二次卡钻：18日7：00解卡后对4015～4025m井段划眼正常，9：00循环处理钻井液活动钻具，当活动至4008m遇阻卡，上提至1900kN，下放正常。再上提时，提至4004m悬重至1800kN，下放无效；多次大力下砸无效（最大下砸至悬重200kN），钻具卡死。

3. 事故原因分析

（1）第一次卡钻主要是操作不当多提450kN，另外地层是细砂岩极易吸水，导致井眼泥饼增厚而缩径，前一天钻井液密度由1.17g/$cm^3$降至1.16g/$cm^3$，导致液柱压力偏低（巡井监督已要求施工方提密度），短起前仍未加密度，地层当量密度为1.16g/$cm^3$。

（2）第一次卡钻解卡后循环活动钻具过程中当活动至4008m遇阻卡，上提至1900kN，下放正常，再次上提时，提至4010m由原悬重1600kN增至1800kN，下放无效，判断卡钻性质为落物卡；落物来自两个方面：一方面是在钻套管附件时钻压施加过大（80kN），导致套管附件碎块过大并存留在表套口袋中，在钻进过程中滑落井下（事故处理过程中钻头通井时带上两块附件碎块）；另一方面井下可能还存在另一种落物，在井深1650m处有两根钻杆轴向7～8m长刻痕和多道径向划痕，说明落物硬度大于钻杆（或套管附件）的硬度，在第一次套铣时套铣筒距铣鞋2m处也出现划痕。

（3）在事故处理过程中，在没有决定套铣前大力上提即2400kN多提800kN导致卡钻事故发生。

4. 事故处理方案

根据井下情况，第一次卡钻施工方决定组织原油浸泡；第二次卡钻施工方决定组织原油浸泡、测卡点、爆炸松扣、通井、震击、套铣、对扣。

5. 事故处理经过

11月18日04：00～4：30向井内打原油15m³、混柴油3m³，替钻井液21.2m³，至7：00浸泡原油活动钻具解卡，事故解除。18日9：10第二次卡钻后开泵正常，从返出的砂样中发现有水泥细粒。打原油17m³，混柴油3m³，替钻井液18.68m³，浸泡无效，替出原油，测卡点（扶正器卡3982.76m），20：45下入爆炸杆爆炸松扣成功（爆炸位置3973.40m）。

20日5：30起钻完（鱼长：31.21m，鱼顶：3973.40m），7：30接鹅颈管，22：00下钻（发现272号钻杆上有环形刮槽，254、255号钻杆上有拉出的直槽，经分析发生在井深1656～1666m处）。

21日2：30划眼，探鱼顶（3850～3973m），5：15循环处理钻井液，13：30通井起钻完（钻头上发现一块套管附件），15：30组合套铣钻具（1根铣筒）。

22日0：00下钻完，1：00探鱼头（3973.40m）成功套进鱼头，5：00套铣至扶正块位置（3984.84m，下移1.41m），套铣过程中返出大量的金属丝并有少量淡黄色橡胶，套铣至扶正块时，铣鞋已无法切扶正块（钻压20kN，套铣1h仅铣掉20mm），5：30打重浆，13：00起钻完（铣筒及铣鞋本体有大量的环形刮槽，最深的达3mm，最宽达40mm），22：40下$\phi$177.8mm随钻震击器到底，23：30循环冲洗鱼头。

23日6：00对扣不成功，9：00起钻未完，9：00～14：00起钻，23：40下$\phi$177.8mm随钻震击器完（外带铣鞋）。

24日0：00对扣成功（憋压10MPa水眼不通），2：10震击后泵开通（80min$^{-1}$，12MPa），15：10震击无效，15：50打解卡剂19.2m³，替浆20.7m³（20：00前每半小时替1m³，之后每半小时替0.5m³），23：10震击无效（上击627次，下击299次）。

25日1：00循环替解卡剂，1：10倒扣（从对接处倒开），10：10起钻完，22：00下钻完（$\phi$220mm铣鞋+$\phi$220mm铣筒2根（18.28m）+大小头转换接头+411×4A10+$\phi$159mm钻铤×12根（113.13m）+4A11×410配合接头+挠性短节+$\phi$177.8mm随钻震击器+$\phi$127mm加重钻杆×12根（109.50m）+$\phi$127mm钻杆），23：00冲洗鱼头。

26日6：45套铣扶正器（扭矩不回，无进展），8：00上提后不能放到底，钻完的扶正块仅放下去200mm，开转盘扭矩不回，17：00起钻完（铣鞋被磨短140mm，铣筒本体有大量环形刮槽，最深处达5mm，最宽处达73mm，从铣鞋内壁观察，铣鞋进扶正器180mm，铣鞋为克拉玛依打捞公司加工的产品），20：00等下部措施。

27日6：00下$\phi$177.8mm超级震击器，7：45循环钻井液，7：50对扣成功（泵未能开通），8：00震击成功（震击11次），事故解除。

6. 事故损失

时间：230 小时；其他消耗材料：原油 32m$^3$、柴油 9m$^3$、快 T0.3m$^3$；使用工具：测卡车、爆炸杆、$\phi$220mm 铣鞋、$\phi$220mm 铣筒×3 根、$\phi$177.8mm 随钻震击器、$\phi$177.8mm 超级震击器。

7. 经验和教训

（1）磨铣套管附件时应采取合适参数，防止套管倒扣或附件碎块过大埋下隐患。

（2）第一次卡钻原悬重 1600kN，上提至 2050kN，多提了 450kN，属于违章操作。

（3）第二次卡钻，比原悬重多提 300kN 下放钻具正常，下放后多提 200kN 就卡住，也是处理不当。应转动钻具或倒划眼处理。

## 案例 18　TK865 井落物卡钻

1. 基础资料

事故地层：$O_{1-2}y$。

井身结构：$\phi$444.5mm 钻头×1200m+$\phi$339.7mm 套管×1197.60m+$\phi$311.15mm 钻头×2687.72m+$\phi$241.3mm 钻头×6024m+$\phi$177.8mm 套管×6020.83m+$\phi$149.2mm 钻头×6206m。

钻井参数：钻压 80kN、转盘转速 60r/min、排量 12L/s、泵压 16MPa。

钻井液性能：密度 1.22g/cm$^3$、漏斗黏度 57s、塑性黏度 25mPa·s、动切力 9Pa、失水 6mL、pH 值 10、泥饼 0.5mm、含砂 0.2%、固含 12.5%。

2. 事故发生经过

该井 2004 年 12 月 29 日进行三开，在钻进至井深 6206m 时，发生井漏，所钻地层为 $O_{1-2}y$。2005 年 1 月 8 日接工程处指令要求起钻进行测井，于 14：40～17：50 环空内平推入 1.22g/cm$^3$ 钻井液 80m$^3$；钻具内平推入 1.22g/cm$^3$ 钻井液 24m$^3$。于 17：50 开始起钻准备测井，起钻时原悬重 1260kN，18：30 当起钻至第 11 柱中部单根出转盘面时，钻具突然遇阻，上提悬重 2600kN 时，钻具突然从上部单根母接头以下 0.93m 处断裂（落井钻具长度：5911.04m，落鱼顶深：294.96m），井内落鱼钻具结构：$\phi$149.2mm 钻头×0.18m+330×310 转换接头×0.47m+$\phi$120mm 钻铤 24 根×212.95m+$\phi$88.9mm 钻杆×5664.70m。

3. 事故原因分析

事故发生时钻具全部在套管内，而且将井下油气活跃情况处理稳定后，开井提至第 4 柱中部单根出转盘面时悬重突然从 1260kN 上升至 2600kN，钻具从第 4 柱上部单根母接箍以下 0.93m 处拉断。根据事故的发生现象，分析认为是井内落物卡钻。

4. 事故处理方案

（1）先采取有效的打捞手段进行打捞。

（2）在井内特别复杂无法打捞时采取填井侧钻方式解除事故。

5. 事故处理过程

1）事故发生后，现场经过分析决定先下卡瓦打捞筒打捞，第一次 1 月 8 日打捞，18：30～22：00 下 $\phi$143mmLT/T143 卡瓦打捞筒打捞落鱼，实探落鱼顶深 327.70m，打捞上提落鱼遇卡，最大上提悬重 1600kN（原悬重 1260kN），现场决定进行倒扣处理，倒出井底落鱼钻杆 27 根。第二次打捞至 9 日 4：00 下钻探到落鱼顶深 587.00m，开始对扣，正转 8 圈，对扣成功，上提遇卡，最大上提 1800kN（原悬重 1260kN）。至 10：00 上下活动钻具无效（活动范围 1200～1800kN 之间）。经现场决定下测卡仪器测卡点。23：00～10 日 11：00 测卡点，当仪器下至 5993m 时遇阻（在钻杆与钻铤之间），现场决定进行爆炸松扣。12：00 反扭钻具 14 圈时，下部钻具倒开，悬重 1210kN，起钻检查钻具，11 日 7：00 起钻完，钻杆全部出井，下部钻杆弯曲严重，另取出钻铤 4 根，更换弯曲严重的钻具后，第三次打捞 1 月 11 日 7：00 下钻对扣，测卡点 11 日 16：00 下钻至鱼顶处，探得落鱼顶深 6032. 89m，11 日 16：00～12 日 7：00 配置压井液，7：00～12：00 压井，环空内平推入 1. 25g/cm³ 压井液 60m³，钻具内平推入 1. 25g/cm³ 压井液 30m³。12：00～19：00 观察井口，无溢流。19：00～20：00 对扣成功。20：00～13 日 6：00 测卡点，测至井深 4900m 遇阻。现场分析遇阻原因为：钻具内钻井液太稠。6：00～8：00 钻具内推入 1. 25g/cm³ 低黏度钻井液 30m³。8：00～14：00 测卡点，当下至井深 3900m 测卡仪器坏，换测卡仪器。14：00～19：00 测卡点，卡点位置 6040. 95m，继续下至 6138. 33m 遇阻。倒扣提钻，井下落鱼钻具结构：ϕ149. 2mm 钻头 × 0. 18m + 330mm × 310mm 接头 × 0. 47m + ϕ120mm 钻铤 20 根 × 177. 67m。

2）现场分析井内钻具情况较复杂，决定请塔指技术服务部进行技术指导服务，并进行了以下打捞落鱼施工过程：

（1）第一次震击作业：

①震击组合：120mm 超级震击器×3. 77m + ϕ120mm 钻铤 3 根×26. 39m + ϕ120mm 加速器×3. 15m + ϕ88. 9mm 钻杆 209 柱×5995. 74m + 311×310 接头×0. 59m + 下旋塞×0. 35m。

②作业过程：16 日 13：00 下钻，23：00 下钻完，接方钻杆校悬重 1130kN，下放探鱼顶 6032. 89m，方人 2. 64m 遇阻；下放 10kN，正转 5 圈，释放回 2 圈；再正转 5 圈，释放回 2 圈；再次正转 5 圈，释放回 3 圈。上提悬重增加，判断对扣成功。上提至 1500kN 震击，至 17 日 5：00，震击 200 余次，钻具上移 4. 5m。根据此情况判断落鱼完整，未发生折断。至12：00，在 1100～1700kN 范围内活动钻具无效。上提钻具至 1350kN；正转紧扣，分两次正转 42 圈，倒回 29 圈；倒扣，第一次反转 22 圈，回 9 圈，第二次反转 19 圈，释放无扭矩；起钻，悬重增加 140kN，18 日 16：00 起钻完，打捞成功捞获钻铤 14 根 123. 36m。井下落鱼钻具结构为：ϕ149. 2mm 钻头×0. 18m + 330×310 转换接头×0. 47m + ϕ120mm 钻铤 6 根×53. 01m。

（2）第二次震击作业：

①振击组合：ϕ120mm 超级震击器×3. 87m + 120mm 钻铤 3 根×26. 39m + ϕ120mm 加速器×3. 14m + ϕ88. 9mm 钻杆 210 柱×6024. 39m + 311×310 接头×0. 61m + 下旋塞×0. 35m。

②作业过程：1 月 19 日 2：50 下钻到底，探鱼顶，至 6152. 63m 遇阻，分 7 次正转 43 圈对扣，倒回 28 圈，上提至 1310kN 悬重突然回落到 1200kN，悬重增加，起钻。1 月 19 日 19：00 起钻完，未捞获。

（3）第三次震击作业：

①震击组合：ϕ120mm 超级震击器×3. 87m + 120mm 钻铤 3 根×26. 39m + ϕ120mm 加速器×3. 14m + ϕ88. 9mm 钻杆 210 柱×6024. 39m + 311×310 接头×0. 61m + 下旋塞×0. 35m。

②作业过程：1 月 20 日 5：15 下钻完，接方钻杆探鱼顶至 6152. 63m 遇阻，上提校悬重 1160kN，下放校悬重 1080kN。下放 10kN，分 6 次正转 49 圈对扣，倒回 34 圈，上提悬重增加，判断对扣成功。开始震击作业，至 9：00 震击 180 余次，落鱼未动。至 11：00 在 1100～1700kN 范围内活动仍然无效，11：20 分 6 次正转 150 圈紧扣，倒回 133 圈。上提至

1250kN分4次反转91圈，倒回51圈，未能倒开；下放至1200kN，分次反转圈，扭矩突然释放，上提钻具悬重1240kN，增加80kN，12：20起钻。至1月21日19：00起钻完，打捞不成功，反而又将$\phi$120mm超级震击器×3.87m+$\phi$120mm钻铤1根×8.87m落入井内，井下落鱼钻具结构为：$\phi$149.2mm钻头×0.18m+330×310转换接头×0.47m+$\phi$120mm钻铤6根×53.01m+$\phi$120mm超级震击器×3.87m+$\phi$120mm钻铤1根×8.87m。总长66.4m，鱼顶深度6139.60m。

3）1月27日，经西北分公司批准，决定采取填井侧钻施工。

先后经5次填井侧钻至3月11日23：30钻进至原井深6206m，至此，事故解除。

前4次填井侧钻都回到老井眼没有侧钻出去，第5次侧钻施工过程如下：

第5次侧钻增斜钻具组合：$\phi$149.2mm PDC钻头×0.28m+$\phi$120mm×2.5°螺杆×4.88m+转换接头×0.37m（331×310）+$\phi$89mm加重钻杆×7柱+$\phi$89mm钻杆。

2月27日下入第5次侧钻增斜钻具组合，至16：00顺利下钻探底到6031.36m，缓慢上提、下放钻具，无遇阻，充分活动，使螺杆钻头处无扭矩，于16：20开泵，10cm/45min控时钻进。钻压0kN，泵压20MPa，悬重1190kN，钻井液密度1.12g/cm³，漏斗黏度50s。

至24：00，无钻压控时（0.1m/45min）进尺3.00m捞砂样，基本上为浅灰色泥微晶灰岩屑。

3月2日21：30无钻压控时钻进累计钻进14.69m，钻至6046.05m，返出岩屑全为浅灰色泥微晶灰岩屑。考虑到螺杆已累计在井下高温、聚磺钻井液体系下工作80h，现场停泵起钻。

3月3日下入稳斜钻具组合：$\phi$149.2mm钻头×0.18m+$\phi$146mm扶正器×1.1m+$\phi$89mm加重钻杆9柱2根单根+311×311配合接头×0.30m+$\phi$120mm下震击器5.65m+$\phi$89mm加重钻杆1根+$\phi$120mm上震击器×6.29m+$\phi$89mm加重钻杆2柱+$\phi$89mm钻杆。

3月4日14：40开泵，稳斜钻进，钻压60kN，转速65r/min，泵压17.5MPa，排量12L/s，悬重1240kN，钻井液密度1.12g/cm³，漏斗黏度50s。

3月5日钻进至井深6094.60m循环起钻准备下常规钻进组合，期间观察返出岩屑全为浅灰色泥微晶灰岩屑。

3月9日下入常规钻具组合：$\phi$149.2mm钻头+330×310配合接头+$\phi$89mm加重钻杆12柱+$\phi$89mm钻杆。

18：50开泵钻进，钻压80kN，转速65r/min，泵压18MPa，排量12L/s，悬重1240kN，钻井液密度1.12g/cm³，漏斗黏度：50s。

至3月11日23：30钻进至原井深6206m，至此，事故解除。

6. 事故损失

时间：1493小时；报废进尺：174.64m；报废管材：$\phi$143mm卡瓦打捞筒一只、$\phi$88.9mm钻杆120根、$\phi$120mm钻铤1根和井下填井遗留7根。使用工具：卡瓦打捞筒、超级震击器。

7. 经验与教训

钻具全部在套管内，起钻中突然遇卡，由于来不及刹车拉断钻杆。套管内突然发生卡钻实属偶然，不可预料。但这种偶然是由井口落物引起的必然结果，说明起下钻操作中井口发生落物没有及时发现，对井口工具管理不严，责任心不强，或者是有人发现落物隐瞒不报，这才发生了套管内卡钻的偶然事故。

# 第四章　井　　漏

## 第一节　井 漏 概 述

钻井过程中经常发生井漏，轻微的漏失会使钻井工作中断，严重漏失要耽误大量的生产时间，耗费大量的人力、物力和财力，如井漏不能及时处理，还会引起井塌、井喷和卡钻事故，导致部分井段或全井段的报废，所以及时的处理井漏恢复正常钻进是非常重要的工作。

**一、井漏的条件**

井漏的地层具备下列条件：(1) 地层中有孔隙、裂缝或溶洞，使钻井液有漏失的通道；(2) 地层孔隙压力小于液柱压力，在正压差的作用下才能漏失；(3) 地层破裂压力小于循环当量密度压力，把地层压裂产生漏失。

**二、井漏的原因**

地层因素：(1) 渗透性漏失，粗颗粒、未胶结或胶结很差的地层如粗砂岩、砾岩、含砾砂岩等；(2) 天然裂缝、溶洞漏失：石灰岩、白云岩的裂缝、溶洞及不整合侵蚀面、断层、地应力破碎带、火成岩侵入体等都有大量的裂缝和孔洞。

人为因素：(1) 油田注水开发后地层压力梯度和破裂压力发生了变化，为井漏制造了条件；(2) 施工不当造成了漏失：①密度高压漏、下钻速度快形成过高的压力激动、钻井液黏切高、开泵过猛、静止时间长、钻井液形成网状结构后开泵猛等都能造成漏失；②钻头或扶正器泥包、泵压升高、憋泵、砂桥使环空不畅压漏地层；③井壁坍塌使环空堵塞憋漏地层。

**三、井漏的预防**

(1) 要有合理的井身结构和套管程序设计，同一裸眼井段内，不允许有喷漏并存的地层存在。

(2) 在松软的表层中钻进，钻速很快而泵排量跟不上，会使岩屑浓度过大，憋漏地层，应控制钻速，或者打完一单根划眼 1～2 次，延长钻井液携砂时间。

(3) 控制钻井液密度做到近平衡压力钻井，同时要搞好钻井液性能和固控净化工作。

(4) 在易漏地层中钻进，排量和泵压要适当，要控制起下钻速度，防止产生大的激动压力压漏地层。

(5) 如果上部是低压层，下部是高压层，在钻开高压层前要进行承压堵漏后再钻开高压层。

(6) 在石灰岩地层有裂缝、溶洞时，钻井液密度稍高则井漏，稍低则井涌，要调整好液柱压力与地层压力的平衡。

(7) 在易漏地层要减小钻井液的黏度和切力，下钻中途要分段循环，每次开泵要先小排量后大排量，同时要转动钻具，防止把地层憋漏。

(8) 钻穿易漏地层时要加入适当的堵漏剂、暂堵剂等，封堵细小裂缝和孔洞。

(9) 下钻遇阻，必须循环划眼，不要在已知的漏层位置开泵。

(10) 下钻时三柱钻杆井口不返浆，起钻时三柱环空液面不降或钻杆内有反喷现象，都要立即开泵循环，正常后再恢复起下钻。

## 四、井漏的处理

1. 小漏失量的处理

漏失量小，属于渗漏地层，可采取如下办法处理：

（1）静止堵漏：停止钻进，上提钻头至一定高度，最好是进入技术套管，让下部钻井液静止若干小时，待井口液面不再下降时，再下钻恢复钻进。因为钻井液具有触变性，漏失到地层中的钻井液，随着静切力的增加，起到了封堵裂缝的作用。而且地层中的黏土遇水膨胀，也能起封堵作用。

（2）如漏失量不大，可继续钻进，穿过漏层，利用钻屑堵漏，有可能在漏失一定钻井液量之后不再漏失；如果还继续漏失，可提起钻头至安全位置，静止堵漏。

（3）调整钻井液性能，降低密度，提高黏度和切力，以减少或停止漏失。

（4）在钻井液中加入小颗粒及纤维物质如云母、石棉灰、石灰粉、暂堵剂等堵漏材料，在漏失的过程中进行堵漏。

2. 大漏，钻井液只进不出时的处理

遇到这种情况，如果裸眼井段很长，很可能会发生井塌，或在局部井段形成砂桥，在没有井喷危险的情况下，首先应考虑的是钻具的安全，此时应立即停钻停泵，上提钻头至技术套管内，如未下技术套管，应一直起完，中间不可停顿，更不可试图开泵循环。起钻的同时，要不间断地从环空灌入钻井液（钻井液不够也可以灌入清水），以维持必要的液柱压力，防止井壁过早坍塌。此时可能钻具内出现反喷，上提阻力也可能越来越大，这正是井塌的特征，越是出现这种情况，越要加快速度起钻，同时要加大井口的灌浆量。减少因坍塌造成埋钻具的损失。

处理大漏的方法，大致有以下几种：

（1）静止堵漏：有些漏失，虽然只进不出，但并非大的裂缝、溶洞所造成，是由于压差较大造成的。当钻井液漏入微细裂缝、孔隙之后，由于地层中黏土吸水膨胀和钻井液中固体颗粒的沉淀及漏失钻井液静切力的增加也会堵住漏层。

（2）微细颗粒和纤维物质堵漏：一些裂缝、孔隙的开口直径小于150μm，较大的颗粒进入不了，只有用微细物质如云母片、石棉粉、超细碳酸钙、氧化沥青粉等进行堵漏，在压差的作用下，随着漏失过程的进行，纤维物质在漏失点聚结，加之钻井液中各种粒子的充填，在裂缝中及井壁表面上形成非常致密的骨架结构，从而很快阻止了钻井液的漏失。

（3）单向压力封闭剂堵漏：单向压力封闭剂是采用短棉绒纤维或将某种木质纤维化学处理和机械加工而制成的自由流动粉末，表面可被水润湿，但不溶于水。在钻井液中加入该剂（加量不低于3%），在正压差的作用下，能有效地封堵砂岩、砾石层、破碎煤层及其他地层的微细裂缝和孔隙。但在负压差作用下，能自动解堵。

（4）桥接剂堵漏：主要是用固体颗粒堵塞缝隙孔道，其中刚性颗粒在漏失孔道中起架桥和支撑作用，改变刚性颗粒的大小，可以在不同的尺寸的裂缝孔道中起到架桥的支撑作用。最佳粒度范围为裂缝宽度的1/2～1/7，直径大于裂缝宽度的颗粒进不了裂缝，直径小于1/7裂缝宽度不易在裂缝中形成架桥骨架。柔性颗粒易于架桥和充填，又易变形，因而使用的粒度范围可大一些，最大粒度可以大于裂缝宽度。

桥接材料来源广泛，只要是不与钻井液起化学作用又有足够强度的固体颗粒，都可以用来做桥接材料。有颗粒状的：如核桃壳、橡胶粒、硅藻土、珍珠岩、石灰石、沥青等；有纤维状的：如合成纤维、锯末、棉纤维、石棉粉等；有片状的：如云母片、稻壳、玻璃纸等。

由于所用架桥材料不同，可有多种桥接堵漏剂的配制方法，简单介绍几种：①贝壳渣—聚丙烯酰胺钻井液，它既能堵漏，又能酸化解堵，有利于保护油气层，在裂缝发育的生物灰岩中取得了良好的效果。②柔性堵漏剂，橡胶粒和改性石棉、皮屑等复配，加入钻井液中，其中胶粒起架桥作用，改性石棉和皮屑起充填和固化作用，这种堵漏剂对付裂缝性漏失很有效。③膨胀型堵漏剂，种类很多，比如：聚胺脂泡沫膨体堵漏剂、TP－109、复合堵漏剂等。

（5）高失水浆液堵漏：这种浆液到达漏层后，水分迅速跑掉，固体物质可留在孔道或缝隙内，形成堵塞物。有不同的配方，如：高黏切高失水混合稠浆、DTR 堵漏剂、Z－DTR 堵漏剂、PCC 堵漏剂等。

（6）高炉矿渣—钻井液堵漏：在水基钻井液中加入高炉渣，可使钻井液固化，稠化时间和抗压强度可用强碱、盐或硅酸盐来控制。增加强碱的浓度可抵消木质素磺酸盐的缓凝效果。增加碳酸钠的浓度能改善早期的抗压强度。

（7）水泥浆堵漏：水泥浆堵漏有下列各种方法：①平衡法：注水泥后，井筒的液柱压力大于漏层压力，使水泥浆的 2/3 或 3/4 进入 漏层，随后井筒的液柱压力与漏层压力达到平衡，在平衡的状态下候凝，以实现堵漏的目的。②加压法：如水泥不易进入漏层，可以增加环空压力，促使水泥浆进入漏层。③混合法：桥接物质与水泥混合堵漏。在漏层连通性好漏速大的地层中，直接注水泥浆容易漏光。可先注桥塞剂，在裂缝中架桥，降低漏速，然后再注入水泥浆堵漏，彻底封住漏层喉道。

（8）柴油膨润土浆堵漏：柴油膨润土浆是由柴油、膨润土、纯碱、石灰石等按一定比例混配而成。其中膨润土属憎油性材料，每立方米柴油中可混入 700～900kg，配成固相浓度很高的混合物。再将配成的浆液顶替到漏失层位，只要漏失层有水，当油浆进入漏层后，就能使悬浮在油相中的膨润土颗粒水化，并从油相中分离出来，结成一团坚韧的油泥块。此外，当钻井液与油浆在井底以 1∶1～1∶3 的比例混合时，也能形成具有相当高的剪切强度的堵塞物达到堵漏的目的。

（9）重晶石塞堵漏：在发生上漏下喷的情况下，在喷、漏层之间注重晶石塞把两者分开，先处理井漏，再处理井喷，是经常采用的有效方法。同时重晶石在漏层中沉淀也能起到堵漏的作用。

3. 大裂缝大溶洞的堵漏

碳酸盐岩地层、盐层及石膏层，经千百万年地下水的溶蚀作用，会形成大大小小的地下溶洞和地下暗河，而强烈的地质运动，又会产生纵横交错的裂缝，其开口大小由几厘米到几十米不等。在钻进中钻具突然放空，一般都是遇到了溶洞或大裂缝，在这种情况下，往往会发生灾难性的大漏失很难处理。但是在地下水不太活动的情况下，还可以用以下的一些办法处理：

（1）充填与堵剂复合堵漏：从井口投入碎石、粗砂、水泥球等至井底进行充填，形成大的骨架，待能充填到溶洞或裂缝顶部以上时，再注入堵剂，充填于骨架之间，形成新的地层。

（2）采用钻井液—胶质水泥和水泥浆配制的堵漏混合物堵漏。应尽可能多的包含各种填料，颗粒大小可以从 1mm 至 40mm，要和裂缝开度大小相适应。重量浓度百分比可以从 3%～5%，使水泥混合物有很高的淤填能力。通过改变充填物浓度、颗粒组成和混合物填料的质量可以在很大范围内调节堵漏浆液的性能，因而能保证它沿着钻具到漏失层段的低温流动性。此种浆液可以在地面用混凝土混合器配制，并用混凝土泵向钻具中挤注，排量 30～65$m^3$/h，最大压力可达 6MPa。

（3）尼龙袋堵漏：用钻具把这种堵漏工具送到漏层，要求井底不能超过漏层底界1～1.5m，如果超过，应用水泥或砂石回填至这个深度。工具下入的深度应是距漏层底界有一个布袋长度的距离（一般为5～6m）。循环畅通后，先注入0.2～0.3$m^3$水泥浆，然后投入胶木球，再注入设计数量的水泥浆，用钻井液顶替。当胶木球坐于管鞋座上泵压达3.5MPa时，剪断上部销钉油管和布袋下行，从壳体内脱出。当活塞下行到达止动环时，泵压继续升高，达6.5MPa时，下部销钉剪断，管鞋与布袋一同掉到井底。水泥浆通过敞开的油管通道注入布袋，布袋则随井眼的形状而变化，紧贴井壁，但却能防止水泥浆的漏失。注完顶替液后，上提钻具，固定布袋的绳子被拉断，装满水泥浆的布袋就留在井下了。如果漏层井段较长，一个布袋不行，可下入第二个、第三个布袋，直至完全封住漏层为止。

（4）用网袋式封堵工具堵漏：把工具下到位后，循环通钻井液，投小球接着注水泥浆及带桥堵剂的水泥浆和顶替液，当小球到位时泵压升高，剪断销钉，水泥浆和桥堵剂进入网袋。在压力下，网袋胀大，紧贴井壁，一部分水泥浆通过网袋上的网眼进入井眼，含有桥堵剂的堵漏浆通不过网眼滞留在网袋内。使用网袋式堵漏工具时要注意：①网套的长度为漏层厚度的1.5倍以上，其直径应等于或大于封堵井段的最大井径。若该井段为大的溶洞或裂缝，则网套直径应为钻头直径的三倍以上。②顶替液密度应等于井浆密度，应保持管内液柱压力略大于地层压力，要使网套紧贴井壁，但又要保持网套内外最小的压差，不能把网套压坏。③施工后，整套工具是遗留在井下的，因此，制造工具各部件的材料应是可钻性好的材料。④倒开钻具起钻前，若钻柱内还有多余的水泥浆，应替至钻柱以外再起钻。

（5）清水强钻，下套管带着外封隔器封隔：对于大溶洞、大裂缝，如果连通性好，而且还有地下水活动，采用堵漏的办法往往难以奏效。如果水源充足，又没有井壁坍塌的危险，就应该在井口不返钻井液的情况下强行钻进。只要泵量跟得上，钻屑完全可以进入漏层，不必担心砂桥卡钻。待钻完漏失层段后，下套管带着外封隔器，采用“穿鞋戴帽”的方法固井，就可以彻底隔开漏层。

（6）降低井底压力进行钻进：不堵漏，而使钻井液液柱压力与地层压力相平衡的情况下进行钻进。在地层压力低于静水柱压力的情况下，只能采用泡沫钻井液、充气钻井液或空气进行钻进。要这样做，必须具备以下条件：①已下过技术套管，裸眼井段不长；②裸眼井段没有坍塌层，漏层本身也不具坍塌性质；③裸眼井段没有比漏层具有更高压力的产层；④漏层以下不能有比漏层更高压力的产层，否则，不能钻开。

## 第二节　二叠系井漏

根据2006年、2007年的统计，塔河油田共计有42井次在下套管中途、套管到位开泵提排量或者替浆结束后期发生井漏，漏失原因主要是因为二叠系地层承压能力低所致。固井时井漏带来的影响主要有：

（1）无法正常循环洗井和清洁井眼，强行固井易导致憋泵；

（2）环空返高不足，形成二次补救费用且存在较大风险；

（3）紊流顶替排量无法实现造成顶替效率低下，固井质量差；

（4）突然井漏导致钻井液补充不足和由此增加费用，同时井下停待时间长，易导致环空垮塌。

根据统计，塔河油田AD、十二区块含二叠系井固井质量优良率仅为31.03%，极大地影响了该区块的区域固井质量，该区块目前目的层位为奥陶系，采用裸眼完井方式，尽管上部地层油气显示较差，后期射孔上返求产可能性较小，但7″套管作为油层套管使用，封固质量差势必会影响到油井生产寿命。

## 案例19　TK1206井二叠系井漏

1. 第一次井漏经过

TK1206井于2006年12月12日钻进至井深5255.76m，地质录井认为5121～5236m为二叠系，经充分循环好钻井液后，12月12日21：30顺利起钻完。12月13日15：30下钻到底，小排量（49冲/min）开通后循环钻井液至16：45发现井漏，漏速15.65m³/h，到17：00井口失返，停泵后钻具内回压2MPa，立即起钻，迅速配补充浆和堵漏浆。18：45起出17柱钻杆后，环空内可以灌满钻井液，接方钻杆开通泵，泵冲30冲/min，泵压6MPa，仍然漏失，平均漏速为46m³/h，累计漏失钻井液69m³，19：30（6.5MPa，31冲/min）再次发现井口失返，漏失20m³，停泵后钻具水眼回压3MPa。决定起钻堵漏。12月14日6：00起完钻，起钻过程中漏失钻井液40m³。至此共漏失129m³钻井液，为满足钻井需要，前后共配新浆200m³。

2006年12月14日下入钢齿钻头分段循环通井，4700m后下钻遇阻，划至5080m，基本正常后下钻。16日23：30划眼到底，未见漏失，将泵冲从60冲/min提至80冲/min，亦未发生漏失。正常循环两周至17日4：00无岩屑返出时进行承压堵漏，注入堵漏浆20m³，替浆34.5m³，起7柱（5056m）关封井器，憋压3.2MPa 10min不降，挤入堵漏浆1.2m³，泄压、解封，17日20：30起钻完。

2. 第二次井漏经过

18日16：20下钻至井深5255.76m，低泵冲（20冲/min、泵压5MPa）开泵循环40min，提泵冲至70冲/min后井口漏失出现失返，迅速短起21柱出三叠系至4650m，低泵冲（20冲/min、泵压5MPa）开泵，井口排量仍不正常，强行循环2h后恢复正常，漏失钻井液145m³，平均漏速为49m³/h。钻井液性能：密度1.33～1.31g/cm³，漏斗黏度56～77s，塑性黏度28mPa·s，动切力9Pa，失水3.1mL，泥饼0.5mm，含砂0.2%，pH值9，静切力4/11Pa，膨润土含量37g/L，固含12%。为满足钻井需要共配新浆170m³。

20日22：00下牙轮钻头到底，21日23：00钻进至5270.91m，打堵漏浆20m³，替浆40m³，起钻至4650m，关防喷憋压堵漏（憋入堵漏浆5.7m³稳压5.2MPa，30min不降），24日14：00起钻完。

3. 第三次承压堵漏

电测井后，为保证下技术套管和固井的需要，2008年1月22日21：00在下套管之前下入光钻杆带钻头进行全井承压堵漏，24日1：30下牙轮钻头（241mmHAT127）到底（分段顶泵或循环3200m、4500m、5300m），循环钻井液至5：00，起钻至5300m，打入堵漏Ⅱ号浆27m³，替浆42m³，后起钻至4600m，再泵入Ⅰ号浆82m³，替浆36m³，关防喷器憋压堵漏（憋入堵漏浆3.4m³，稳压10.2MPa，30min不降），25日2：00起钻完。

4. 井漏损失

该井二开施工过程中二叠系三次井漏处理，损失时间335.17小时（合计13.96天），漏失钻井液共计274m³，配制堵漏浆220m³。井漏额外增加消耗材料如表4-1，三次堵漏额外增加材料消耗如表4-2。

表 4-1　井漏额外增加消耗材料

| 材料名称 | 数量，t | 材料名称 | 数量，t |
|---|---|---|---|
| 土粉 | 57 | KPAN | 2 |
| 纯碱 | 4.4 | WFT-666 | 5 |
| 烧碱 | 1.8 | GLA | 6 |
| KPAM | 1.1 | BGH-1 | 120 |
| SMP | 3.5 | SHC | 3.2 |
| SMC | 4 | ST-180 | 1.8 |
| RH-3D | 4 | SPNP-2 | 3 |
| FT-1 | 4 | HV-CMC | 1.0 |
| JMP-1 | 0.2 | / | / |

表 4-2　三次堵漏额外增加材料消耗

| 材料名称 | | 数量，t | 材料名称 | | 数量，t |
|---|---|---|---|---|---|
| 土粉 | / | 20 | SMC | / | 1 |
| 纯碱 | / | 1.8 | 云母（粗） | / | 1 |
| 复合堵漏剂 | 堵漏剂 | 4 | 锯末 | / | 4.4 |
| 核桃壳（粗） | 堵漏剂 | 2 | BGH-1 | 油保加重剂 | 60 |
| SQD-98（粗） | 堵漏剂 | 5 | QS-2 | 超细碳酸钙 | 35 |
| CXD | 堵漏剂 | 6 | 云母（细） | 堵漏剂 | 1 |
| PB-1 | 堵漏剂 | 5 | RH-3D | 润滑剂 | 2 |
| 核桃壳（细） | 堵漏剂 | 3 | GLA | 页岩稳定 | 2 |
| SQD-98（细） | 堵漏剂 | 3 | SMP | 磺化酚醛树脂 | 0.5 |
| NaOH | 烧碱 | 0.3 | FD | 堵漏剂 | 1 |

## 案例 20　TP7-3 井二叠系堵漏

TP7-3 井 2008 年 6 月 26 日钻至井深 6392.89m 三开中完。6 月 28 日电测完，因在钻进期间二叠系发生漏失四次，共漏失钻井液 245.62m³，决定堵漏。按要求进行承压堵漏，待地层承压试验合格后进行下套管固井作业。本井二叠系地层井段为 4871～5020m。根据固井设计计算得地层承压能力为 6MPa。

1. 常规堵漏

2008 年 6 月 28 日 13：00 下光钻杆至井深 5030m，打入堵漏钻井液 19m³，替钻井液 45m³，起钻至 4476m，关井憋压 10 小时 50 分钟，共挤入井内钻井液 10m³，压力由 10MPa↓5MPa。开井后下钻至 5092m，循环出堵漏钻井液后，起钻至 4476m，关井憋压试漏，压力稳定在 4.6MPa。因不能满足固井 6MPa 的要求决定进行水泥堵漏。

2. 第一次打水泥塞堵漏

2008 年 6 月 30 日 19：10 下光钻杆至井深 5030m，注水泥浆 13m³，平均密度 1.88 g/cm³，替钻井液 40m³，起钻至 4765m，循环出多余水泥浆及隔离液，再起钻至 4419m，关井憋压，挤入井内钻井液 5m³，压力由 10MPa↓6.1MPa。关井憋压 24 小时，压力由 6.1MPa↓2.7MPa。候凝 48 小时后，探塞，塞面井深 4847.51m，10 小时钻塞完，水泥塞总长162.49m，井段4847.51～5010m。间断划眼至井深5132m，起钻至4338m，关井憋压，压力由6MPa降到并稳压1.8MPa。由于不能满足固井要求决定再次进行水泥堵漏。

3. 第二次打水泥塞堵漏

2008年7月4日22：00下光钻杆至井深5150m，注水泥浆25m³，平均密度1.89g/cm³，替钻井液39m³，起钻至4621m，循环出多余水泥浆及隔离液，再起钻至4391m，关井憋压，挤入井内钻井液1.5m³，压力11MPa不降。关井憋压24小时，压力由11MPa↓5.7MPa。候凝48小时后，探塞，塞面井深4662m。

钻塞经过：

(1) 第一次下入$\phi$215.9mm HAT127钻头，自井深4662m钻至4840m，钻塞进尺178m，时间10h。钻井参数：钻压60～80kN、转速70～90r/min、排量29L/s、压力18MPa。因钻时突然变慢，防止出新眼起钻，起出钻头完好。根据钻屑及起出钻头，分析判断未钻出新井眼。

(2) 第二次下入$\phi$215.9mm ST915新钻头，钟摆钻具结构。为加快钻速，防出新眼，采用低钻压，高转速。钻井参数：钻压60kN、转速80～110r/min、排量29L/s、压力18MPa。自井深4840m钻至4938m，进尺98m，时间26h，机械钻速3.76m/h。最后因钻时慢起钻，钻头起出后，钻头中间部分齿不均匀分布磨损比较严重。根据钻屑及起出钻头，分析判断未钻出新井眼。

(3) 第三次下入215.9mm GA114钻头，钟摆钻具结构。钻井参数：钻压60～80kN、转速70～90r/min、排量29L/s、压力18MPa。自井深4938m钻至4960m，进尺22m，时间23h，机械钻速0.65m/h。因钻时慢起钻，钻头起出后，钻头牙齿磨损严重。

(4) 第四次下入215.9mm MD517HX钻头，钟摆钻具结构。钻井参数：钻压60～80kN、转速80～100r/min、排量29L/s、压力18MPa。自井深4960m钻至5023m，进尺63m，时间40h，机械钻速1.57m/h。钻完二叠系井段至5021m，关井憋压试漏，压力由6MPa↓3MPa，稳压3min。在起至套管内后，关井憋压试漏，压力由6MPa↓2.3MPa。起出钻头基本完好。由于不能满足固井要求决定再次进行水泥堵漏。

4. 第三次打水泥塞堵漏塞

2008年7月15日7：10下光钻杆至井深5023m，注水泥浆10m³，密度1.83g/cm³（用混浆车混好），替钻井液41m³，起钻至4800m，循环出多余水泥浆及隔离液，再起钻至4393m，关井憋压，挤入井内钻井液6m³，压力8MPa↑9MPa↑10MPa。关井憋压24h，压力由10MPa↓0MPa。候凝48h后，探得塞面井深4876m。

钻塞经过：

(1) 下入$\phi$215.9mm MD517HX钻头，钟摆钻具结构。自井深4876m钻至4980m。钻井参数：钻压60kN、转速100r/min、排量28L/s、压力19MPa。循环后，关井试漏，憋压4MPa稳压5min不降。继续钻水泥塞至井深5022m，关井试漏，憋压7MPa稳压10min不降。二叠系地层井段为4871～5020m，二叠系堵漏已达到固井要求，水泥堵漏结束。

当钻塞至井深5025.84m，返出钻屑中发现地层岩性（棕褐色泥岩）占岩屑比例10%。

(2) 下入$\phi$215.9mm ST915TU钻头，钟摆钻具结构。自井深5051.33m钻至5054.54m。钻井参数：钻压60kN、转速90～100r/min、排量29L/s、压力20MPa。钻塞过程中返出钻屑中地层岩性占岩屑比例逐渐增加至100%，确认钻出新眼。经请示工程处批示，本井已钻出新井眼要求新井眼最大井斜控制在5°以内，侧出后尽快吊直，保障轨迹平滑套管下入。

5. 损失及原因分析

经过一次常规桥塞堵漏、三次水泥浆堵漏和钻水泥塞钻出新井眼等复杂情况，从 6 月 28 日开始堵漏至 8 月 30 钻新井眼至原井深 6392.89m 共损失 63 天。

原因分析：因水泥塞强度大于地层硬度，在扫塞过程中出现新井眼。

## 案例 21　AD5 井二叠系井漏

1. 井漏过程

2007 年 1 月 11 日 23：30 钻至井深 5377m（层位 P2，岩性灰黑色英安岩），发现钻井液严重漏失，漏速为 39.6$m^3/h$。停止钻进，配堵漏钻井液 40$m^3$，堵漏钻井液配方为：

井浆 + 5%SQD - 98 + 5%CXD - 2 + 2.5%云母片 + 3%PB - 1 + 2%QS - 2

将堵漏钻井液 30$m^3$ 替至漏失层位后，短起 5 柱，双阀循环 2h，几乎无漏失，再下钻到底恢复钻进，钻至 5382m，平均漏速为 4.5$m^3/h$。至 1 月 12 日 10：00 共漏失钻井液 49.5$m^3$。

1 月 12 日 10：00～14 日 10：00 钻进至井深 5405m，共漏失钻井液 149.5$m^3$，平均漏速为 4.5～5$m^3/h$。1 月 14 日 10：00～17 日 22：30 钻进至井深 5485m，共漏失钻井液 208$m^3$（进入石炭系不整合面时平均漏速升至 8.0$m^3/h$），后及时加大随钻堵漏剂量，平均漏速为 3.5～3$m^3/h$。

2. 堵漏过程

1 月 17 日 22：30～23：40 钻进至井深 5486m 时发现严重井漏，漏速为 28.3$m^3/h$，停止钻进，配堵漏浆 40$m^3$，堵漏浆配方：井浆 + 5%SQD - 98 + 2.5%CXD - 2 + 2.5%云母片 + 2.5%PB - 1 + 2.5%蛭石 + 5%细核桃壳。

将堵漏浆 30$m^3$ 替至漏失层位后，短起 8 柱，双阀循环 2h，几乎无漏失，再下钻到底恢复钻进，平均漏速降为 3.5$m^3/h$。1 月 18 日 0：30～21 日 10：00 钻进至井深 5688m，共漏失钻井液 218$m^3$，平均漏速为 1.2～3.5$m^3/h$。

3. 井漏损失情况

该井钻进至 5377～5688m 井段发生井漏，经核实累计漏失钻井液 445$m^3$，承压堵漏共计耗时 26 小时 25 分钟，合计 1.09 天。处理井漏消耗材料如表 4 - 3。

表 4 - 3　AD5 井处理井漏消耗材料

| 名　　称 | 数量，t | 名　　称 | 数量，t |
| --- | --- | --- | --- |
| NaOH | 1.2 | 聚合醇 | 3 |
| JT - 1 | 2.6 | BYJ - 1 | 60 |
| SHC - 2 | 3 | RH - 3D | 5 |
| GLA | 2.5 | K - PAM | 0.8 |
| WFT - 666 | 2 | SMP - 1 | 3.4 |
| PMHC | 0.85 | SQD - 98 | 14 |
| CXP - 2 | 0.5 | CXD - 2 | 7 |
| $Na_2CO_3$ | 0.2 | 云母 | 6 |
| PB - 1 | 26.5 | 细核桃壳 | 9 |
| QS - 2 | 15 | 蛭石 | 3 |

## 第三节　奥陶系井漏

### 案例 22　YT3 井井漏

1. 基本情况

YT3 井是一口重点探井，设计井深：6300m。该井于 2006 年 8 月 4 日 3：40 用直径 149.2mm 钻头四开，2006 年 8 月 7 日 10：35 钻至 5524.81m 时钻压由 80kN 下降到 0，泵压由 20.6MPa 下降到 17.1MPa，出现放空井段为 5524.81～5526.11m（1.3m），钻井液只进不出，降低排量用 130mm 缸套双阀灌浆，仍无钻井液返出，此时漏失钻井液 13.5m$^3$，漏速无法测定（钻井液性能：密度 1.12g/cm$^3$、漏斗黏度 47s、失水 5mL）；地层：奥陶系—间房组。11：00～11：30 起钻过程中漏失钻井液 21.5m$^3$，平均漏速 43m$^3$/h。14：30 下钻强钻至 5534.54m（强钻进尺 8.43m），强钻过程中共漏失钻井液 140m$^3$（钻井液性能：密度 1.12～1.08g/cm$^3$、漏斗黏度 47～40s），平均漏速 54.3m$^3$/h。停泵准备起钻到套管里，17：15 发现高架槽内有钻井液外溢，17：17 关井，套压 5MPa，立压 2MPa。

2006 年 8 月 13～15 日井队采用膨润土浆高桥塞的堵漏液进行了两次堵漏，8 月 16 日使用 HHH 高强度堵漏液进行了第三次堵漏，从漏失程度及套压、立压在短时间内上升的情况看，三次堵漏均未看到明显的效果。

2006 年 8 月 18 日～9 月 2 日采用山东东营维科特石油科技有限责任公司研制的新型低密度膨胀型高桥塞中高强度堵漏技术，先后在 YT3 井进行七次堵漏施工。

2. 该井堵漏技术难题

放空段为 1.3m，堵漏架桥剂种类少，封堵承压困难。漏层也是气层，开泵即漏、停泵就涌，平衡点难确定。洞口大、形状分散开放、漏速快、常规桥堵材料在洞内很难形成结构。井下为 $\phi$127mm + $\phi$88.9mm 的复合钻具，给堵漏施工造成一定的困难。井深 5534.54m，长井眼堵漏施工风险大。井底温度高，对堵漏剂的选择有一定的局限性。大型堵漏施工，循环搅拌（冲击）、配浆设备达不到要求，难以保证堵漏效果。

3. 堵漏技术思路

（1）第一方案：首先采用低密度膨胀型高强度堵漏技术进行堵漏施工，该配方具有很强的封堵滞留能力，又具有一定的承压强度。在堵漏施工中，如堵漏效果不理想，说明漏失相当严重，采取第二方案。

（2）第二方案：先配制一定量的低密度高桥塞堵漏液注入漏失井段，使堵漏液在漏失井段中能形成结构、发生滞留。静止候凝 6～8h 后再配制低密度膨胀型高强度堵漏液连续注入地层，以提高漏失层的封堵承压能力。如果以上方案堵漏效果都不明显，采取第三方案。

（3）第三方案：在低密度膨胀型高桥塞堵漏液的基础上，加入高效连接剂。考虑到井下 1.3m 放空段。因此，在调整堵漏方案时，除提高大颗粒架桥剂，另外，再加入高效连接剂及高效膨胀剂，配制完毕直接快速注入漏失层（在配制设备允许的条件下才能进行施工，否则不能安全注入）。

（4）第四方案：为了进一步提高漏失地层的封堵承压能力，保证下部地层顺利施工，在注入低密度膨胀型高桥塞堵漏液后，连续注入一定量的水泥浆，最大限度提高漏失地层的封堵能力及承压能力，提高堵漏成功率。

4. 堵漏体系堵漏机理与特点

该井段堵漏体系是：由特殊的化学处理剂及各种化学堵漏剂、惰性堵漏剂组成，采用不同类型、不同分子量的聚合物作为增黏悬浮剂和降滤失剂，并采用多种有机材料作为悬浮载体，利用多种无机成分及油溶树脂作为填充加固剂；以一种低分子聚合物作为防塌抑制剂。另外在堵漏钻井液的配方中加入一种流型调节剂，调整堵漏钻井液具有高塑、低切的特殊流型，并引入一种密度调节剂使得体系具有较宽的密度范围。加入了不同粒径、不同功能长尺寸、高延展性的桥堵剂。堵漏液在进入漏失通道后，在地层温度、地层压力的作用下，各组分之间不同程度地发生化学、物理反应以及各组分之间的协同效应，在漏失通道中首先发生滞留、堆集、架桥、连接后，填充加固、快速形成了封堵率高、填充加固能力强的封堵带，从而提高了地层的封堵承压能力，达到了堵漏的目的。

5. 堵漏施工过程

1）2006年8月18日第一次堵漏

（1）堵漏前准备工作：

8月18日10：50～18：05共配制堵漏浆47m³（其中10%膨润土浆5m³，淡水27m³）。堵漏浆配方：加入膨润土浆10% 5m³，淡水27m³，抗高温高效提黏剂SD－LHV 40袋（1t），低密度提黏降滤失剂SD－LFV 40袋（1t），低密度调整控制剂SD－LFD 40袋（1t），低密度油层保护剂SD－LFA 40袋（1t），低密度流型调节剂SD－LFR 8袋（0.6t），低密度抗高温提黏降滤失剂SD－LFST 23袋（0.7t），复合型填充剂VF－Ⅰ 148袋（4t），复合型加固剂VF－Ⅱ363袋（9.8t），多功能流型调节剂SF－1（0.33t）。核桃壳（粗）13袋（0.65t），核壳（中粗）30袋（1.5t），核桃壳（细）20袋（1t），锯末20袋（1t），棉籽皮110袋（5.5t）。

堵漏液性能：密度1.19g/cm³，漏斗黏度在76～80s之间，塑性黏度15～20mPa·s，动切力8～10Pa。

15：05开一号泵从钻具内正推38m³，15：35～17：10从环空平推100m³。在注入堵漏浆之前环空内又平推20m³，但是套压依然有4MPa，无法开井，决定在关井状态下实施堵漏。

（2）堵漏施工：

18：43～18：46用1号泵（140mm缸套，3个阀）注入膨润土浆3m³作为前置液。18：47开始注入堵漏浆，当时泵压1MPa。19：03注入堵漏剂14m³，在注入过程中出现堵泵，检修至20：17（检修时停止注入时间1小时47分钟）。

20：17分继续开泵，此时泵压上升到6MPa，随即下降到1MPa，又注入1m³后，20：20第二次堵漏。

因检修时间过长，考虑施工安全，决定停止注入堵漏液，立即顶替，启用2号泵（130mm×3）替入5m³膨润土浆作为后置液，随即顶替盐水33m³，顶替泵压3～4.5MPa，当堵漏剂进漏层时，泵压逐渐上升至6.5MPa，21：18堵漏液全部替出钻杆，停泵，套压1MPa，立压为0。

（3）泄压开井：

为了考虑井下钻具安全，同意井队意见起出5柱钻杆，但是在开节流阀泄压时，套压升至4MPa，此时由环空反推盐水20m³。

2）2006年8月19日第二次堵漏

（1）堵漏前准备工作：

8月19日22：15～20日4：45共配制堵漏浆46.5$m^3$（其中10%膨润土浆15$m^3$，淡水20$m^3$）。堵漏浆配方：加入膨润土浆10% 5$m^3$，淡水27$m^3$，抗高温高效提黏剂SD－LHV 15袋（0.375t），低密度提黏降滤失剂SD－LFV 10袋（0.25t），低密度调整控制剂SD－LFD 60袋（1.5t），低密度油层保护剂SD－LFA 15袋（0.4t），低密度流型调节剂SD－LFR 4袋（0.1t），低密度抗高温提黏降滤失剂SD－LFST 10袋（0.25t），复合型填充剂VF－Ⅰ 74袋（2t），复合型加固剂VF－Ⅱ 152袋（4.1t），多功能流型调节剂SF－1（0.33t）。核桃壳（细）20袋（1t），锯末15袋（0.75t），棉籽皮80袋（2t），云母18袋（0.9t）。另外处理钻井液：低密度流型调节剂SD－LFR 6袋（0.15t），复合型填充剂VF－Ⅰ 30袋（0.75t），复合型加固剂VF－Ⅱ30袋（0.75t）。

堵漏液性能：密度1.18g/$cm^3$，漏斗黏度在74～80s之间，塑性黏度15～18mPa·s，动切力8～9Pa。

为考虑井下钻具安全，钻杆起至7″套管鞋以上500m。20日1：30～4：50管外返推稠钻井液（漏斗黏度80s，密度1.16g/$cm^3$）至井底，套压为0开井。

（2）堵漏施工：

5：06开始注入堵漏剂，130mm×3开泵，泵压7.5MPa；注15$m^3$泵压8MPa；注20$m^3$泵压9MPa；注25$m^3$泵压10MPa；注35$m^3$泵压11MPa。

5：41注完堵漏剂共36$m^3$。5：42开始用稠钻井液顶替，140mm×3开泵，泵压17MPa；替10$m^3$泵压14MPa；替20$m^3$泵压13MPa；替27$m^3$泵压14MPa；替31$m^3$泵压14MPa；6：13顶替完34$m^3$停泵。13：30套压一直为0，开井观察时出现溢流，立即关井。

3）2006年8月21日第三次堵漏

（1）堵漏前准备工作：

8月21日14：50～22：50共配制堵漏浆45$m^3$（其中10%膨润土浆6$m^3$，淡水23$m^3$）。堵漏浆配方：加入膨润土浆10% 5$m^3$，淡水27$m^3$，抗高温高效提黏剂SD－LHV 30袋（0.75t），低密度调整控制剂SD－LFD 40袋（1t），低密度提黏降滤失剂SD－LFV 50袋（1.25t），低密度油层保护剂SD－LFA 35袋（0.875t），复合型填充剂VF－Ⅰ 185袋（5t），复合型加固剂VF－Ⅱ 587袋（16.8t），低密度抗高温提黏降滤失剂SD－LFST 15袋（0.375t），低密度流型调节剂SD－LFR 10袋（0.25t），棉籽皮50袋（2.5t），棉籽皮（细）40袋（2t）。

堵漏液性能：密度1.2g/$cm^3$，漏斗黏度在120s～滴流之间，塑性黏度25～28mPa·s，动切力12～15Pa。

为考虑井下钻具安全，钻杆起至$\phi$127mm套管鞋以上500m原位置没动。21日注堵漏剂前用稠钻井液环空反推至井底，套压回0。

（2）堵漏施工：

23：10开始注入堵漏液，140mm×3开泵，泵压4MPa；注5$m^3$泵压9MPa；注10$m^3$泵压8MPa；130mm×3注18$m^3$泵压6MPa；注23$m^3$泵压6MPa；注27$m^3$泵压6.5MPa；140mm×3，注30$m^3$泵压14MPa；注32$m^3$泵压8MPa；注33$m^3$泵压9MPa。23：57注完堵漏液共33$m^3$。23：58开始用稠钻井液顶替，140mm×3开泵，泵压9MPa；替3$m^3$泵压14MPa；替6$m^3$泵压15MPa；替10$m^3$泵压18MPa；替13$m^3$泵压14MPa；替17$m^3$泵压13MPa；降转速替25$m^3$泵压10MPa；替30$m^3$泵压10MPa。8月22日0：35顶替完33$m^3$停泵，环空反推2$m^3$。8月23日11：50，即堵漏后35h，立压为0，套压4MPa，这时节流放

压，11：50分4MPa；12：10，3MPa；12：30，2MPa；12：47，0MPa；57min套压放为0，灌入3.9m³钻井液，返出井口，但仍存在井漏，漏速没测。

4）2006年8月23日第四次堵漏

（1）堵漏前准备工作：

8月23日21：20～8月24日2：00共配制堵漏浆47m³（其中10%膨润土浆6m³，淡水23m³）。堵漏浆配方：加入膨润土浆10% 6m³，淡水30m³，抗高温高效提黏剂SD－LHV 20袋（0.5t），低密度调整控制剂SD－LFD 50袋（1.25t），低密度提黏降滤失剂SD－LFV 7袋（0.175t），低密度油层保护剂SD－LFA 14袋（0.35t），复合型填充剂VF－Ⅰ 148袋（4t），复合型加固剂VF－Ⅱ 575袋（15.54t），低密度抗高温提黏降滤失剂SD－LFST 10袋（0.25t），低密度流型调节剂SD－LFR 6袋（0.15t），棉籽皮60袋（3t），水泥40袋（2t）。

堵漏液性能：密度1.27g/cm³，漏斗黏度在120s～滴流之间，塑性黏度25～28mPa·s，动切力12～15Pa。

为考虑井下钻具安全，钻杆起至$\phi$177.8mm套管鞋以上500m原位置没动。注堵漏剂前用稠钻井液从钻杆正推11.4m³，同时节流放压，立压、套压均为0。

（2）堵漏施工：

8月24日2：00开始注入堵漏液，140mm×3开泵，泵压14MPa；注9m³泵压13MPa；注14m³泵压13MPa；注17m³泵压12MPa；注23m³泵压11MPa；注26m³泵压10MPa；注30m³泵压9MPa；注33m³泵压8MPa；注37.5m³泵压7MPa。2：33注完堵漏液共37.5m³。2：35开始用稠钻井液顶替，130mm×3开泵，泵压0MPa。替25m³泵压0MPa；替26m³泵压1.5MPa；替27m³泵压2.5MPa；替28m³泵压3MPa；替30m³泵压4MPa；替34m³泵压5MPa。8月24日3：20顶替完34m³停泵。

5）2006年8月25日第五次堵漏

（1）堵漏前准备工作：

8月25日21：20～8月26日1：14共配制堵漏浆46m³（其中10%膨润土浆15m³，淡水20m³）。堵漏浆配方：加入膨润土浆10% 15m³，淡水20m³，抗高温高效提黏剂SD－LHV 20袋（0.5t），低密度调整控制剂SD－LFD 20袋（0.5t），低密度油层保护剂SD－LFA25袋（0.625t），复合型填充剂VF－Ⅰ 110袋（3t），复合型加固剂VF－Ⅱ 310袋（8.38t），低密度抗高温提黏降滤失剂SD－LFST 10袋（0.25t），低密度流型调节剂SD－LFR 8袋（0.2t），多功能流型调节剂SF－1（0.11t），棉籽皮150袋（7.5t），核桃壳20袋（1t）(中颗粒)，核桃壳20袋（1t）(细颗粒)，橡胶粒20袋（0.5t）。

堵漏液性能：密度1.15g/cm³，漏斗黏度为滴流，塑性黏度28～30mPa·s，动切力14～15Pa。

为考虑井下钻具安全，钻杆起至$\phi$177.8mm套管鞋以上500m原位置没动。注堵漏剂前用稠钻井液（密度1.16g/cm³，漏斗黏度46s）从环空反推50m³，应推134m³，因推钻井液不顺利，剩余84m³没推，套压未回0。

（2）堵漏施工：

8月26日1：14注入堵漏液，130mm×3开泵，泵压7MPa，；注16m³泵压11MPa；注17m³泵压12MPa；注21m³泵压13MPa；注25m³泵压14MPa；注30m³泵压13MPa；注32m³泵压10MPa（泵上水效率低）；注36m³泵压11MPa。

2：13 注完堵漏液共 36m$^3$。2：14 开始用稠钻井液顶替，130mm×3 开泵，泵压 11MPa；替 5m$^3$ 泵压 10MPa；替 10m$^3$ 泵压 11MPa；替 11m$^3$ 泵压 12MPa；替 19m$^3$ 泵压 11MPa；替 21m$^3$ 泵压 10MPa；替 23m$^3$ 泵压 9MPa；替 25m$^3$ 泵压 8MPa（降转速）；替 28m$^3$ 泵压 7MPa；替 30m$^3$ 泵压 6MPa；替 32m$^3$ 泵压 5MPa。

8 月 26 日 3：03 顶替完 33m$^3$ 停泵，套压：4MPa。注堵漏液前，环空反推只有 50m$^3$（尚余 84m$^3$），气柱未推到井底。因此，堵漏施工完后套压仍有 4MPa。下面是套压变化情况：3：20 套压 4MPa；4：05 套压 3.8MPa；10：05 套压 3.6MPa；10：25 套压 3.7MPa；10：50 套压 3.8MPa；11：25 套压 3.9MPa；14：10 套压 4MPa；14：45 套压 4.2MPa；15：15 套压 4.3MPa；15：40 套压 4.4MPa；16：00 套压 4.5MPa；16：20 套压 4.6MPa；16：45 套压 4.7MPa；16：55 套压 4.8MPa；21：45 套压 4.9MPa；23：20 套压 4.7MPa。

8 月 27 日 0：15 套压 4.5MPa；1：50 套压 4.3MPa；2：00 套压 4.2MPa；10：25 套压 4.1MPa，放压开井。

8 月 27 日 10：25 节流放压，11：10 套压为 0 开井。11：30 环空灌浆 2.4m$^3$ 返出，11：45 钻杆内注钻井液 2.6m$^3$ 井口返出，停泵观察。

6）2006 年 8 月 29 日第六次堵漏

（1）堵漏前准备工作：

8 月 29 日 15：15～18：05 共配制堵漏浆 46m$^3$（其中 10% 膨润土浆 16m$^3$，淡水 25m$^3$）。堵漏浆配方：加入膨润土浆 10% 16m$^3$，淡水 25m$^3$，抗高温高效提黏剂 SD－LHV 18 袋（0.45t），低密度调整控制剂 SD－LFD 10 袋（0.25t），低密度油层保护剂 SD－LFA 40 袋（1t），复合型填充剂 VF－Ⅰ 78 袋（2.1t），复合型加固剂 VF－Ⅱ 284 袋（7.65t），低密度抗高温提黏降滤失剂 SD－LFST 7 袋（0.175t），低密度流型调节剂 SD－LFR 8 袋（0.2t），多功能流型调节剂 SF－1 0.22t，棉籽皮 160 袋（8t），核桃壳 20 袋（1 吨）(中颗粒)，核桃壳 20 袋（1t)(细颗粒)，橡胶粒 10 袋（0.5t），棉籽 20 袋（1t)。

堵漏液性能：密度 1.15g/cm$^3$，漏斗黏度为滴流，塑性粘度 28～30mPa·s，动切力 14～15Pa。

因本次堵漏需附加水泥，为考虑井下钻具安全，钻杆起至 3860m。注堵漏液前灌钻井液 3.2m$^3$ 井口返出。

（2）堵漏施工：

8 月 29 日 18：18 注入堵漏液，130mm×3 开泵，泵压 8MPa；注 6.5m$^3$ 泵压 9MPa；注 8m$^3$ 泵压 10MPa；注 12m$^3$ 泵压 11MPa；注 16m$^3$ 泵压 12MPa；注 19m$^3$ 泵压 8MPa；注 26m$^3$ 泵压 7MPa；注 30m$^3$ 泵压 5MPa；19：02 注完堵漏液共 31m$^3$。19：12 开始注水泥浆，压力 4～6MPa，密度 1.78～1.80g/cm$^3$，19：30 注完，水泥浆共注 15.5m$^3$。19：32～19：40 替稠钻井液 5m$^3$，泵压为 0。19：41 开始替钻井液。140mm×3 开泵，泵压 0MPa；替 13m$^3$ 泵压 13MPa；替 14m$^3$ 泵压 14MPa；替 15m$^3$ 泵压 15MPa；替 17m$^3$ 泵压 16MPa；替 19m$^3$ 泵压 17MPa；替 27m$^3$ 泵压 17MPa；20：02 顶替完 27m$^3$ 停泵。20：03 开始环空反推钻井液，140mm×3 开泵，泵压为 0。推 2m$^3$ 泵压 1.5MPa；推 5m$^3$ 泵压 2.5MPa；推 7m$^3$ 泵压 3MPa；推 11m$^3$ 泵压 4MPa；推 16m$^3$ 泵压 5MPa；推 19m$^3$ 泵压 6MPa；20：19 环空推完 19m$^3$ 停泵，套压 2MPa，20：25 套压回 0。候凝 24h 后，开泵循环 130mm×3 泵压 10MPa，测漏速 8～9m$^3$/h。8 月 31 日下钻探塞面，于漏层以上 2m 遇阻。

7）2006 年 9 月 2 日第七次堵漏

（1）堵漏前准备工作：

9月2日12：45～14：45 共配制堵漏浆 43m$^3$（其中10%膨润土浆 10m$^3$，淡水 20m$^3$）。堵漏浆配方：加入膨润土浆 10% 10m$^3$，淡水 20m$^3$，抗高温高效提黏剂 SD－LHV 20 袋（0.5t），低密度调整控制剂 SD－LFD 40 袋（1t），低密度提黏降滤失剂 SD－LFV 10 袋（0.25t），低密度油层保护剂 SD－LFA 10 袋（0.25t），复合型填充剂 VF－Ⅰ 111 袋（3t），复合型加固剂 VF－Ⅱ 370 袋（10t），低密度抗高温提黏降滤失剂 SD－LFST 10 袋（0.25t），低密度流型调节剂 SD－LFR 8 袋（0.2t），棉籽皮：80 袋（4t），核桃壳：15 袋（0.75t）(细颗粒)。

堵漏液性能：密度 1.15g/cm$^3$，漏斗黏度为滴流，塑性黏度 26～28mPa·s，动切力 10～12Pa。因本次堵漏需附加水泥，为考虑井下钻具安全，钻杆起至 3860m。注堵漏液前灌钻井液 4.6m$^3$ 井口返出。

（2）堵漏施工：

9月2日14：52注入堵漏液，130mm×3 开泵，泵压 9MPa（开井）；15：05 注完堵漏液共 15m$^3$。15：07 开始注水泥浆，压力 10MPa，密度 1.69g/cm$^3$，15：19 注完，水泥浆共注 8m$^3$。15：21 开始钻杆内替钻井液。130mm×3 开泵，泵压 9MPa（关井）；替 13m$^3$ 泵压 8.5MPa；替 15m$^3$ 泵压 6MPa；替 18m$^3$ 泵压 7MPa；替 19m$^3$ 泵压 8MPa；替 20m$^3$ 泵压 9MPa；替 21m$^3$ 泵压 10MPa；替 22m$^3$ 泵压 11MPa；替 23m$^3$ 泵压 12MPa；替 24m$^3$ 泵压 13MPa；替 27m$^3$ 泵压 13MPa。15：48 顶替 27m$^3$ 停泵。15：49 开始环空推钻井液，130mm×3 开泵，泵压为 4MPa。推 11m$^3$ 泵压 5MPa；推 17m$^3$ 泵压 6MPa；推 20m$^3$ 泵压 7MPa；推 24.5m$^3$ 泵压 8MPa；16：20 环空推完 24.5m$^3$ 停泵，套压 0MPa。

9月3日16：37 环空灌钻井液 4.6m$^3$，16：41 钻井液返出，16：44～16：46 钻具灌钻井液，16：56～17：15 开泵循环观察无漏失，17：15 下钻探塞。水泥塞位置 5522.62m（位于漏洞口以上 2.19m）20：30 循环观察无漏失，堵漏成功（未钻水泥塞前）。

6. 认识

（1）在 YT3 井堵漏施工中，先后进行七次堵漏，由现场施工看出，该堵漏技术能在放空井段形成一定结构，能够逐渐发生滞留，在没有大粒径架桥剂的情况下，具有很强的封堵能力及填充加固能力，取得了明显的堵漏效果。

（2）在堵漏施工中加入水泥浆时，水泥浆的量、水泥浆的性能，特别是在注水泥浆时，井下漏失情况及封堵程度一定把握到恰到好处，如漏失井段封堵过死，水泥浆不能进入漏层封口，影响承压能力提高，如井下漏失仍然严重时，水泥浆不能在漏失通道中发生滞留，只能快速穿过堵漏液，造成不同程度窜槽，导致漏失更加严重。

（3）从配制到注入堵漏浆施工过程中，该技术在深井堵漏施工中安全性高、可操作性强，为深井奥陶系堵漏施工不断总结经验与教训，为勘探开发深井奥陶系提供新的技术途径。

7. 验证结果

钻水泥塞后，井内漏失仍没有堵住。从 2006 年 8 月 7 日发生井漏，13～15 日井队采用膨润土浆高桥塞的堵漏浆进行了两次堵漏；16 日使用四川钻采院 HHH 高强度堵漏液进行了第三次堵漏；8 月 18 日至 9 月 3 日又采用山东东营维科特石油科技有限责任公司研制的新型低密度膨胀型高桥塞中高强度堵漏技术，在 YT3 井进行了七次累计进行了 17 天堵漏。

先后进行总共十次堵漏施工，共计占用了28天处理井漏复杂情况，始终没有达到堵住井漏的目的，可见碳酸盐岩溶洞堵漏的难度之高。最后还是放弃堵漏，转入完井作业。

## 案例23 TK828井井漏及钻铤断裂事故

1. 基础资料

事故井深：5771.64m。

事故地层：$O_2yj$。

工程施工参数：起钻原悬重1200kN。

井身结构：ϕ444.5mm×1203.00m+ϕ339.7mm×1200.96m+ϕ241.3mm×5630.00m+ϕ177.8mm×5627.50m+ϕ149.2mm钻头×5771.64m。

钻井液性能：密度1.12g/$cm^3$、漏斗黏度46s、塑性黏度16mPa·s、动切力8.7Pa、pH值10、含砂0.2%、泥饼0.5mm。

2. 事故发生经过

2004年11月20日钻进至5760.00m发生井漏，强钻5762.00m出现放空现象（放空井段5761.61～5765.80m），继续强钻至5768.00m，又出现放空现象（放空井段5766.91～5769.18m），在不返钻井液的情况下抢钻至5771.64m。经请示开发处决定下ϕ88.9mm防硫油管原钻机测试。2004年11月22日起钻完（起钻前发生3次溢流，均采用平推法压井），起钻完发现最下部钻铤断裂，断口处较为平整并呈现蜂窝状，落鱼长度为4.10m ϕ149.2mm（牙轮钻头0.18m+310mm×310mm接头0.61m+ϕ120mm钻铤3.31m），鱼顶位置5767.54m。

3. 事故原因分析

（1）不排除由于$H_2S$的氢脆造成影响使钻铤断裂。

（2）新的120mm钻铤直径为ϕ121mm，而井队用的钻铤为ϕ118～119mm，这就不排除由于使用时间长，钻铤磨损严重，导致疲劳破坏造成钻铤断裂。

4. 事故处理方案

下打捞工具进行打捞。

5. 事故处理过程

11月22日下73mm公锥进行打捞，加压20kN造扣17圈，上提钻具泵压升至20MPa，继续上提钻具泵压降至12MPa，通过反复操作后起钻，起完钻发现第一次打捞失败。11月24日下ϕ120mm卡瓦打捞筒也未将落鱼打捞上来。后接到开发处决定下ϕ88.9mm防硫油管测试。解除钻具打捞。

6. 事故损失

损失时间71小时30分钟；报废管材：ϕ88.9mm钻铤3.31m；使用工具：73mm公锥、ϕ120mm卡瓦打捞筒各一只。

7. 经验与教训

（1）本次井内事故是复合型的，先是由于井漏后引起井涌出现$H_2S$，之后起钻发现钻铤断。

（2）断钻铤的原因不可能完全是氢脆断裂，因为如果是氢脆断裂，损坏的将是一批钻具，而不是只断一根，而其他钻具损坏不明显。

（3）钻井队应该认真总结教训，加强钻具管理和正确使用，防止再次发生类似事故，确保施工安全。

## 案例 24　S115 井漏失卡钻事故

1. 事故发生经过

S115 井于 2003 年 3 月 17 日 3：00 钻至 $C_1b$ 地层井深 5168m，由地质卡准层位已进双峰灰岩 18m，按设计要求起钻，进行钻盐膏层前承压堵漏准备。

3 月 17～19 日电测完，20 日钻井液密度由 1.30g/cm³ 加重至 1.45g/cm³，26 日配制 330m³ 堵漏浆，分段注入 274m³ 进行地层承压堵漏试验，共关井憋压 22 次，挤入钻井液 165m³，承压 120h，稳压由 7.5MPa 逐渐提高至 12.7MPa，将井底当量密度由 1.60 g/cm³ 提至设计批复的 1.70g/cm³，承压堵漏成功，然后进行钻井液体系转换。

27 日下钻到井底，循环 15h 后筛除堵漏剂达到要求，28 日 3：00 起钻至套管内，转换钻井液 440m³，29 日 21：00 下钻至井底，转化裸眼段钻井液 110m³，钻井液密度由 1.42 g/cm³ 加重至 1.66g/cm³。31 日 7：15 完成盐水浆的转化，地面钻井液密度达 1.66g/cm³，返出钻井液密度为 1.64g/cm³，等循环均匀后，准备试钻盐膏层。

循环至 3 月 31 日 7：30 发现井漏，漏失 13.35m³，平均漏速 53.4m³/h，7：45 发现井口流量较小，7：54 只进不出，为防止井垮，立即起钻，同时向环空灌浆，井口不返浆；起钻过程中摩阻 150kN，9：42 起至 4536.7m 处（22 柱）遇阻（当时钻具悬重 1970kN，上提最大吨位 2088kN），随接方钻杆、转盘打倒车严重，反复上提下砸无效，发生卡钻。

2. 事故处理经过

3 月 31 日 9：42～9：54 反复上提下砸（上提最大吨位 2410kN，下砸至悬重 240kN）无效，12：00 接方钻杆反复转 8～11 圈无效，小排量开泵（15～30 冲）井口无钻井液返出，低压灌浆井口立即返出，13：15 接 177.8mm 地面下击器，13：50 用 250～600kN 反复震击 40 余次无效，降低地面钻井液密度至 1.42～1.45g/cm³，注入堵漏钻井液 33.65m³，用低密度钻井液小排量试循环，井口不返浆，低压灌浆井口立即返出，用低密度钻井液以 11L/s 排量开泵至 17：25，井口开始返浆，初步建立循环。7：00～17：00 共计漏失钻井液 230m³，平均漏速 23m³/h；建立循环后，逐步加大排量至 34L/s，振动筛有大量垮塌物和少许岩屑返出。此时经请示甲方批准，实施泡解卡剂。

第一次浸泡处理：3 月 31 日 21：30～4 月 1 日 12：00 循环处理钻井液，降密度至 1.52g/cm³，并使用 177.8mm 地面震击器 200～500kN，反复震击无效；4 月 2 日 7：00 配制解卡液 31m³（柴油 26m³，水 2.0m³，快 T 0.2t，解卡剂 SR301 3.3t，加重至 1.32g/cm³），7：42 注入解卡液 25.64m³，停泵浸泡。4 月 3 日 10：00 经反复上提下放、震击无效，解卡剂未能有效起到作用，循环排出解卡液，并申请重泡解卡剂。

第二次浸泡处理：4 月 3 日 17：47 配制解卡液 37.0m³（柴油 35.0m³，快 T 1.0t，解卡剂 AYA－150 1.4t，密度 0.87g/cm³），19：10 注入解卡液 31.0m³，替浆 31.0m³，停泵后井口回压 6.5MPa。20：30 浸泡活动解卡。

事故损失时间共计 82 小时 50 分钟；直接经济损失 292946.10 元（不含配解卡的柴油费用）。

3. 事故原因

（1）达到设计的承压堵漏当量密度不能满足地层实际承压需要；

（2）地层渗透性较好，泥饼较厚（承压堵漏形成虚假泥饼更厚），形成井径缩径；

（3）井漏失返导致液柱压力突然降低，井壁失稳，造成井壁坍塌；

(4) 卡钻后震击无效，钻具在井内静止时间过长，又发生粘附卡钻。

4. 事故教训

(1) 制定合理的承压堵漏方案，在第二次地层承压堵漏试验后，井底地层承压能力达到1.70g/cm³，不能满足穿盐层的承压要求造成井漏。

(2) 本次卡钻事故是复合型事故，堵漏过程中井壁形成很厚的虚假泥饼使井径变小，井漏后起钻至小井径处先卡钻，接着又因有些层位地层压力低钻井液密度高形成压差粘吸，随着井漏失返液柱压力过低又使井壁坍塌。

## 案例25　TK1101井井漏及钻铤断裂事故

1. 基础资料

井号：TK1101井。

事故井深：6318.82m。

事故地层：一间房。

井身结构：ϕ660.4mm×56.18m+ϕ508mm×56.18m+ϕ444.5mm×600m+ϕ339.7mm×598.51m+ϕ311.15mm×4400m+ϕ244.5mm×4398.51m+ϕ215.9mm×6134.51m+ϕ177.8mm×6131.40m+ϕ149.2mm×6318.82m。

钻井液性能：密度1.10g/cm³、漏斗黏度46s。

地层及岩性描述：一间房，因为井漏，岩屑无法录取。

2. 发生经过

7月19日4：38钻至井深6295m时发生井漏，其漏失情况为只进不出，按照设计完钻原则，经请示开发处抢钻至井深6303m完钻，后接开发处通知继续加深钻至6318.82m完钻。

发生井漏后，6295～6298m的钻时为16～21min/m。钻井参数：钻压100kN，转速62r/min，排量17L/s，立压16MPa。6298～6318m的钻时为1～5min/m，6318～6318.82m钻井时间为21min。钻井参数：钻压50kN，转速50r/min，排量15L/s，立压10MPa。完钻时间为7月19日16：15。

开发处通知原钻具测试，17：20起钻至套管内。

7月20日14：30观察，等测试；21：30接测试流程，及钻台测试管汇，并按设计试压合格。24：00，开井，放喷，油嘴9mm，油压4MPa，套压为0；21日22：00，开井，放喷，油嘴9mm，油压4MPa↓2.7MPa，套压为0，其喷出物主要为盐水（$Cl^-$高达8万多），密度1.08g/cm³，并含有$H_2S$，测试管口处$H_2S$浓度102μL/L。

24：00压井，准备通井；22日1：30压井36m³（钻井液密度1.10g/cm³）+13m³盐水（密度1.16g/cm³）；2：00下钻，至井深6292m有遇阻现象。

2：30划眼，划眼参数：钻压30kN，转速50r/min，排量15L/s，立压10MPa。划至井深6317m时划不下去，决定起钻电测。16：30起钻 发现4＃钻铤外螺纹从扣根处断裂。

落鱼结构：ϕ149.2mm钻头（0.17m）+NC35B×330（0.45m）+ϕ121mm DC×3根（9.08m+9.25m+9.10m）；落鱼长度为28.05m，鱼顶位置：6290.77m。

3. 事故原因分析

(1) 该井所用ϕ121mm钻铤为新钻铤，于四开时投入使用，至完钻累计纯钻时间为69h，加上扫水泥塞时间17h，共计86h，不存在疲劳破坏。

(2) 钻进过程中钻时均正常，没有发现泵压异常现象，钻具断裂时间不在钻进过程中。

（3）此事故发生在测试完以后。

（4）断面比较规则，并有明显的腐蚀痕迹，其腐蚀介质可能为 $H_2S$、CO、$CO_2$ 和地层水中其他物质综合作用所致。

（5）从每趟起出的钻具看，下部 80 多根钻具表面有腐蚀痕迹，说明此次钻具断裂本身质量可能有问题也与腐蚀有关。

4. 事故处理方案

下入打捞筒打捞，打捞钻具组合：$\phi$143mm 打捞筒（0.98m）+ $\phi$88.9mm 钻杆 × 219 根 + 接头（410×311×0.50m）+ $\phi$127mm 钻杆。

5. 事故处理经过

22 日 18：00 组装打捞工具；23 日 9：00 下钻；钻具组合：$\phi$143mm 打捞筒（0.98m）+ $\phi$88.9mm 钻杆×219 根 + 接头（410×311 配合接头 0.50m）+ $\phi$127mm 钻杆；10：00 打捞落鱼。

7 月 24 日 2：00 起出后，捞获 2 根 $\phi$121mm 钻铤；井下落鱼结构：$\phi$149.2mm 钻头（0.17m）+ NC35B×330 接头（0.45m）+ $\phi$121mm 钻铤×1 根（9.10m）；落鱼长度 9.72m，鱼顶位置：6309.10m。

4：00 组合钻具；22：30 下钻；23：30 打捞落鱼。钻具组合：$\phi$143mm 打捞筒（0.98m）+ $\phi$88.9mm 钻杆×222 根 + 接头（410×311×0.50m）+ $\phi$127mm 钻杆。

7 月 24 日 22：30～23：30 探鱼顶时，下探到井深 6337.77m，最大遇阻不超过 60kN（没开泵），超过完钻井深 18.95m，未找到鱼顶。

现场讨论认为，下部井眼太大，无法捞获。决定起钻电测。2005 年 7 月 25 日 15：30 起钻完，进行完井电测井。

6. 事故损失

损失时间：71h；报废管材：$\phi$127mm 钻杆 4 根，$\phi$88.9mm 钻杆 6 根；使用工具：$\phi$143mm 卡瓦打捞筒 1 套，配套 $\phi$117.5mm 螺旋卡瓦牙 2 个。

7. 经验与教训

（1）在钻遇含 $H_2S$ 地层时，应提前在钻井液中加入除硫、防腐材料，并提高钻井液 pH 值。

（2）经测试和通井后发现钻铤断扣，打捞后又发生钻铤最后一根脱扣，这就说明了钻具的检查和使用存在问题，必须加强钻具的检查和使用管理。

# 第五章 套管磨损

套管分为导管、表层套管、技术套管、生产套管和尾管等，下套管的主要任务是在地层与井口之间建立可靠的联系通道，并能可靠的封隔开油、气、水层，为油气井长期稳定有效地进行生产奠定基础。尤其是技术套管，用来隔离坍塌地层及高压水层，防止井径扩大，减少阻卡及键槽的发生，以便继续钻进。技术套管还用来分隔不同的压力层系，以便建立正常的钻井液循环。它也为井控设备的安装、防喷、防漏及悬挂尾管提供了条件，对油层套管还具有保护作用。下完技术套管至完钻往往施工周期比其他井段用的时间要长，因此保护好技术套管，或者说防止技术套管磨损在塔河油田是一项重要工作。技术套管下完后，要校对好井口三点一线，一定要装好防磨衬套，并且要经常检查磨损情况，如有磨损要变换防磨衬套方向，如果是施工周期较长或是重点油气井同时要采取防磨措施，比如钻具组合中加减磨接头或防磨护箍等。

## 案例 26 TK7－619CH 井套管磨损

1. 基本情况

TK7－619CH 井是一口老井挖潜开窗侧钻的水平井，2008 年 2 月 4 日开钻，4 月 13 日钻进至井深 5720. 30m（斜深）中完，$\phi$177. 8mm 套管下深 5718. 6m。

2. 事故经过

2008 年 5 月 1 日 23：00 下入试压钻具：$\phi$127mm 斜坡钻杆×5 柱＋提拉塞＋$\phi$127mm 斜坡钻杆×1 根，关防喷器用试压泵打压，发现压力异常，起出井内钻具，替空井内钻井液，检查套管头发现套管头偏磨，甩开封井器发现 $\phi$244. 5mm 套管偏磨严重，$\phi$244. 5mm 套管卡瓦磨坏，距离套管头上平面以下 1. 5m 处左右套管磨穿宽约 3cm、长约 20cm 的长条缝；距离套管头上平面以下 8m 处左右套管磨穿 2 个孔。

3. 处理过程

2008 年 5 月 3 日经请示工程处同意：“更换套管头 02 部分，在井口下入 250～350m 的 $\phi$177. 8mm 套管进行短回接”。

2008 年 5 月 3 日得到甲方指令后，于 5 月 4 日 23：00 更换完套管头 02 部分后，下入 $\phi$177. 80mm×12. 65×P110L×天津套管 314. 92m，5 月 5 日 10：00 固井完毕，憋压候凝。5 月 7 日 19：00 扫塞完毕进行试压，5 月 7 日 24：00 试压达到设计要求。

从 2008 年 5 月 1 日 23：00 至 5 月 7 日 24：00，共计消耗时间 145h（合 6. 04 天），消耗9⅝″×7″－70MPa 套管头 1 只，$\phi$177. 80mm×12. 65×P110L×天津套管 314. 92m，打塞固井 1 次。

4. 套管偏磨原因分析

（1）老井眼套管头上平面不水平，左右高差 2. 05mm；

（2）老井施工时频繁起下钻，加之新井（侧钻）多趟起下钻（36 趟）对套管挂磨严重；

（3）因井口未安装 9⅝″×7″－70MPa 套管头，无法安装防磨套；

（4）井队前期安装井口时没有检查套管头顶面水平度。

（5）防磨工作重视程度不够。

图 5－1 为 TK7－619CH 井 $\phi$244.5mm 套管的磨损情况。

图 5－1　TK7－619CH 井 $\phi$244.5mm 套管磨损

## 案例 27　AD5 井试压套管破裂

AD5 井是一口开发井，该井 2006 年 12 月 16 日 177.8mm 尾管声幅测井结束后组织四开试压，在试压过程中发生套管破裂事故。

1. AD5 井井身结构

$\phi$660.4mm × 50m ＋ $\phi$508mm × 50m ＋ $\phi$444.5mm × 806m ＋ $\phi$339.7mm × 804.43m ＋ $\phi$311.15mm×4450m＋$\phi$244.5mm×4447.7m＋$\phi$215.9mm×6250m＋$\phi$177.8mm×6247.5m＋$\phi$149.2mm×6380m。

（1）井控设备组合：

三开：13⅜″×9⅝″－34.5MPa 套管头＋调整短节（BX160×BX159）＋钻井四通＋单闸板 BOP（$\phi$127mm 半封）＋双闸板 BOP（$\phi$127mm 半封、全封）＋环形 BOP＋防溢管。

四开：13⅜″×9⅝″－34.5MPa 套管头＋调整短节（BX160×BX159）＋钻井四通＋单闸板 BOP（$\phi$88.9mm 半封）＋双闸板 BOP（$\phi$127mm 半封、全封）＋环形 BOP＋防溢管。

（2）各开次井口试压要求见表 5－1。

表 5－1　各开次井口试压要求

| 开钻次序 | 名　称 | 试压要求 | | | |
|---|---|---|---|---|---|
| | | 试压介质 | 试压值 MPa | 稳压时间 min | 允许压降 MPa |
| 二开 | 环形 BOP | 清水 | 24.2 | ＞10 | ≤0.5 |
| | 闸板 BOP、调整短节、管汇、钻井四通 | 清水 | 24.2 | ＞10 | ≤0.5 |
| | 套管头（13⅜″×9⅝″－34.5MPa） | 清水 | 24.2 | ＞10 | ≤0.5 |
| 三、四开 | 环形 BOP | 清水 | 24.2 | ＞10 | ≤0.5 |
| | 闸板 BOP、调整短节、管汇、钻井四通 | 清水 | 52 | ＞10 | ≤0.5 |
| | 套管头（13⅜″×9⅝″－34.5MPa） | 清水 | 34.5 | ＞10 | ≤0.5 |

续表

| 开钻次序 | 名　称 | 试压要求 | | | |
|---|---|---|---|---|---|
| | | 试压介质 | 试压值 MPa | 稳压时间 min | 允许压降 MPa |
| 完井 | 套管头 | 清水 | 34.5 | >10 | ≤0.5 |
| | 采油树大四通以上 | 清水 | 69 | >10 | ≤0.5 |
| 备注 | 各开次要进行低压试压，试压值1～2MPa，稳压3min，压降为0。试压压力均不能超过套管抗内压强度的80%。要求对放喷管线进行试压，试压值10MPa。防喷器控制系统用21MPa的油压作一次可靠试压 | | | | |

2. 三开井口装置试压情况

2006年12月15日对该井三开井口装置进行试压旁站工作，试压情况如下：

对半封（单闸板）、半封（双闸板）、套管头、钻井四通试压34.5MPa，环形24.2MPa，全封和$\phi$244.5mm套管试压15MPa，稳压均大于10min，压降为0，低压试压2MPa，稳压大于3min，压降为0。

（注：向工程处提交AD5井三开试压值调整报告，套管头压力级别为34.5MPa，而三开闸板BOP、调整短节、管汇、钻井四通设计试压52MPa，与套管头压力级别不匹配，工程技术处同意将三开闸板BOP、调整短节、管汇、钻井四通试压值调至34.5MPa，全封闸板和套管一起试压15MPa。）

3. 四开井口装置试压经过

2月16日19：00电测$\phi$177.8mm尾管声幅结束，然后组织四开井口装置试压。

组接5″钻杆和试压胶塞，试压胶塞进入套管约2m，对环形封井器进行试压，高压试压28MPa，稳压大于10min，压降为0，低压2MPa，压降为0。然后对$\phi$127mm单闸板半封进行试压，关封井器单阀打压26MPa，然后用应急电机缓慢上提试压胶塞，当压力上升至40MPa时，压力突降至0MPa，起出胶塞检查，发现试压胶塞上有两道小槽（最宽处25mm，最深处8mm），怀疑试压胶塞破损导致压力释放，随即更换新的试压胶塞进行二次试压，但试压胶塞无法通过喇叭口进入套管，以为试压钻具配重不够，起出接入配重钻杆4柱后仍无法进入套管，现场研究决定起出试压管柱，更换$\phi$215.9mm钻头试探，在喇叭口处仍无法通过，决定拆封井器检查，发现套管破损约1.2m（日本套管，生产地阿根廷，钢级P110，壁厚11.99mm）。

4. 原因分析

（1）按照该井设计，该井井口$\phi$244.5mm套管坐挂后，没有安装9⅝″×7″套管头部分，无法安装防磨衬套，试压时也不能装试压堵塞器。

（2）根据破损套管情况来看，套管存在偏磨现象，该井3开次井段4450～6250m钻井周期50天左右（中途处理钻头事故15天），长时间钻进及起下钻且没有采用必要的防磨措施，造成井口套管磨损严重。

（3）该井所用$\phi$244.5mm套管，钢级P110，壁厚11.99mm，套管抗内压能力为65MPa，按照抗内压80%计算，应为52MPa，井口套管头额定压力为34.5MPa，所以，该井三开及四开井口在没有安装9⅝″×7″套管头的前提下（不能用试压堵塞器），只能试压34.5MPa，该井三开对井口试压作了调整，没有对四开井口试压作调整（同样的井口装置），继续按照52MPa设计试压值进行试压，当试压至40MPa时候发生套管破裂。

（4）该井试压时候，主管技术负责离开井场，由平台经理负责试压作业，该平台经理刚来工区不久，对井口设备状况与设计不熟悉，主管技术负责与平台经理对井口试压设计变更情况交接不清楚，试压严格按照四开设计进行，造成试压压力超过井口设备额定压力（套管头）。

（5）设计试压值与井口设备压力级别不匹配，现场对设计中存在的缺陷没有正确识别，导致受到偏磨的套管发生破裂（见图5－2）。

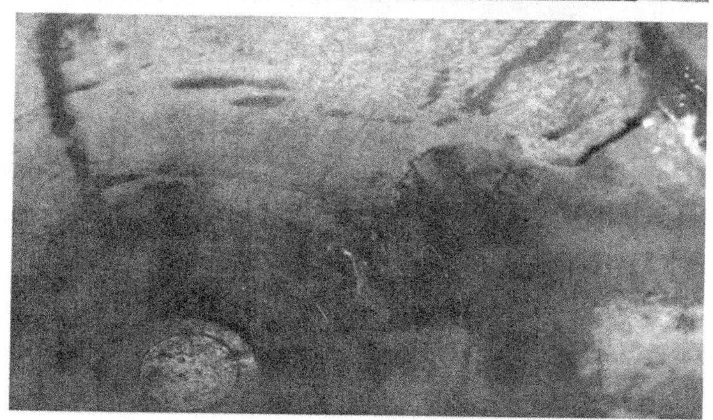

图5－2　AD5井在试压过程中发生的套管破裂

5. 经验教训

（1）要加强井口套管的防磨损工作，要有防磨措施，校正好井口三点一线，钻具组合中加减磨接头或钻杆护箍等。

（2）设计中存在缺陷，在与井控技术规程有严重冲突的情况下，要严格按井控技术规程执行。

## 案例28　T727井套管破裂

1. 基础资料

井号：T727井。

事故井深：5817.88m。

井身结构：$\phi$444.5mm × 800.00m + $\phi$339.7mm × 799.05m + $\phi$311.15mm × 4400m +

$\phi$244.5mm×4397.58m+$\phi$215.9mm×5817.88m。

2. 事故经过

2003年7月1日扫完7″尾管水泥塞起完钻后，15∶40进行四开前井口试压，使用$\phi$244.5mm提拉胶塞试压，用钻井泵打压20MPa后，停泵上提钻具0.1m压力升高到21MPa，16∶00再次上提钻具0.1m，压力升高到22MPa时，$\phi$244.5mm和$\phi$339.7mm套管突然破裂，破裂处在$\phi$244.5mm套管卡瓦底部，破裂长度0.4m，$\phi$339.7mm套管破裂长度0.3m，$\phi$244.5mm和$\phi$339.7mm套管破裂处在同一方位。

3. 事故原因分析

（1）井口不正，致使套管偏磨严重；

（2）没有设计安装9⅝″×7″套管头，无法装防磨套；

（3）频繁地起下钻（326.5h），纯钻时间长达738.67小时，都是造成套管偏磨的主要原因。

4. 事故处理经过

首先拆卸四开井口防喷器组合，卸开套管头及以下的磨损套管，卸掉8根$\phi$244.5mm套管，割掉$\phi$339.7mm套管的破裂部分重新加长焊接，连接好套管头，把磨损的13⅜″×9⅝″悬挂卡瓦拆除并更换一套新卡瓦，更换新$\phi$244.5mm套管后，按固井时要求提拉坐挂。重新安装四开井口防喷器组合，并对井口试压、套管试压合格。

损失时间：71小时；报废管材：8根$\phi$244.5mm套管；其他材料：13⅜″×9⅝″卡瓦1只。

5. 经验教训

（1）井口不正不能开钻，施工中要定期校正三点一线找正井口；

（2）套管头在开钻前要装好防磨衬套，重点井和钻井周期长的井要采取套管防磨保护措施，比如钻具中加减磨接头或带防磨护箍等。

# 第六章　钻具断落事故

钻具断落是钻井过程中经常碰到的事故。造成钻具断落事故的原因不外乎是：疲劳破坏、腐蚀破坏、机械破坏及事故破坏，但它们之间不是独立存在的，往往是互相关联互相促进的。

（1）疲劳破坏：这是钢材破坏的最基本的形式。钻具在长期工作中承受拉伸、压缩、弯曲、扭切等复杂应力，而且在某些区域还产生频繁的交变应力，当这种应力达到足够的强度和足够的交变次数时，便产生疲劳破坏。

（2）腐蚀破坏：有以下几种腐蚀：①氧气的腐蚀；②二氧化碳的腐蚀；③硫化氢的腐蚀；④溶解盐类的腐蚀；⑤各种酸类的腐蚀；⑥电化学腐蚀。

（3）机械破坏：钻具制造中存在的缺陷；长期使用中的磨损与腐蚀；处理复杂情况时不恰当地强力活动；运输或使用中造成外伤并受到腐蚀；上扣扭矩达不到使螺纹疲劳折断；钻压过大、蹩车、强扭；螺纹长期使用磨损等。

（4）事故破坏：处理事故中的顿钻、强提、强扭、打倒车、倒扣、地面震击器下击等强力活动钻具造成的损伤和破坏。

要想不发生或少发生钻具事故，就必须正确使用钻具，并做好日常工作中的维护与管理工作。按钻具使用规定进行定期探伤检查和修扣，并坚持使用合格的钻具。

## 案例29　AD16井断$\phi$158.75mm钻铤

1. 基础资料

井号：AD16。

事故井深：5177.95m。

起钻前钻井参数：钻压50～60kN、转速50r/min＋螺杆转速、压力21.2MPa、排量30L/s。

井身结构：$\phi$508mm×57.5m＋$\phi$339.7mm×498.21m＋$\phi$244.5mm×4497.82m＋$\phi$215.9mm×5177.95m。

入井钻具结构：$\phi$215.9mm PDC钻头（型号：MS1952SS）(0.35m)＋$\phi$172mm直螺杆(7.59m)＋431×410接头（0.49m）(内螺纹内放置托盘)＋411×4A10接头（0.48m）＋$\phi$158.75mm钻铤2根（18.74m）＋$\phi$214mm扶正器（1.67m）＋$\phi$158.75mm钻铤22根(202.55m)＋4A11×410接头（0.5m）＋$\phi$127mm加重钻杆15根（135.07m）＋$\phi$127mm钻杆。

钻井液性能：密度1.28g/cm$^3$、漏斗黏度52s、塑性黏度17mPa·s、切力6Pa、失水4.6mL、高温高压失水13mL、pH值9。

地层及岩性描述：舒善河组$K_1s$；棕褐、灰绿色泥岩与灰白色细砂岩、粉砂岩略等厚互层。

2. 事故发生过程

1月17日18：40钻进至5177.87m加单根，加单根前钻压50kN，转盘转速50r/min，使用单泵（2号泵泵冲87冲/min），泵压22.4MPa，加完单根后钻进至19：40，仪器显示井深 5177.95m，钻压加至 60kN，基本无进尺，泵冲由原来的 87 冲/min 上升到 92 冲/min。泵压下降至 21.2MPa。此时井下螺杆已使用 134 小时 15 分钟，现场判断螺杆可能已到达使用极限，开始循环钻井液，21：00 投入多点测斜仪，21：40 开始起钻，1 月 18 日 9：20 起出钻具发现最后一根钻铤外螺纹断裂，井内落鱼：多点测斜仪（6.6m）+ 4A10×411 接头（0.48m）+ 410mm×431mm 接头（0.49m）+ 172mm 螺杆（7.59m）+ MS1952SS 钻头（0.35m）。预计如果多点测斜仪插入接头内，则落鱼长 15.51m，多点测斜仪鱼头位置 5162.44m，如果多点测斜仪器在钻具外，则落鱼长 8.91m，钻具鱼头位置 5169.04m，落鱼重量约 950kg。

该断裂钻铤为 $\phi$158.75mm 钻铤，钢号：607033SP。上次修扣时间是 2007 年 7 月，上次探伤时间为 2007 年 11 月 25 日，探伤后使用时间 168 小时 50 分钟。修扣后累计使用时间是 672 小时。

3. 事故原因分析

此次事故主要原因是钻具疲劳发生断钻具事故。

4. 事故处理方案

下 $\phi$206mm 卡瓦打捞筒。

5. 事故处理经过

1 月 18 日 9：20 事故发生以后，井队立即汇报甲方和工区指挥所，并根据井底落鱼情况研究下入合适的打捞工具，14：30 卡瓦打捞筒到井场，15：00 组合打捞钻具下钻打捞落鱼。钻具组合：$\phi$206mm 卡瓦打捞筒（1.03m）+ 安全接头（0.63m）+ 411mm×4A10 接头（0.47m）+ 柔性短节（3.33m）+ $\phi$159 随钻震击器（6.5m）+ $\phi$158.75mm 钻铤 6 根（56.11m）+ 4A11×410mm 接头（0.5m）+ $\phi$127mm 加重钻杆 15 根（135.07m）+ $\phi$127mm 钻杆。19 日 4：10下钻至 5144.53m 遇阻 40kN，接方钻杆开泵循环，泵冲 20 冲/min，泵压 3.5MPa，每次下压 60kN，下放至 5159.61m，接上最后一根单根和两根短钻杆（总长 12.9m），接方钻杆，称悬重 1750kN，距离预测多点测斜仪鱼头位置 1.32m（5161.12m）方补心坐入转盘，不开泵，开动转盘（13r/min），缓慢下放至预测多点测斜仪鱼头位置 5162.44m，由于多点测斜仪较软，不能承压，探到鱼头位置时，悬重无明显变化，下探至 5162.44m 后，继续下放，每下放 2cm，刹住刹把，转动转盘 5～6 圈，重复此操作程序下放至 5169.72m 时，探到钻具鱼头，转动转盘有扭矩，下压 40kN 转动转盘 5 圈，不倒转。上提 1m 后，开泵冲洗鱼头和打捞筒 10min，泵冲 47 冲/min，泵压 6.6MPa；6：49 下压 120kN 套落鱼，开泵 47 冲/min，泵压 6.6MPa，不憋压；6：51 上提 1m，停泵，转动转盘慢慢下放；6：58 下压 20kN，开泵，泵冲 48 冲/min，泵压 7.6MPa，现场判断鱼头进入打捞筒，下压 120kN 后上提方钻杆至刚才下压 20kN 的方入位置，钻压不回零，继续下压 160kN 后，上提至鱼头位置，悬重无明显变化，仍然为 1750kN，开泵，泵冲 48 冲/min，立压 8.1MPa。此后，又下压两次，下压吨位分别为 240kN、270kN，下压后，上提回鱼头位置以上 2m，开泵，泵冲 48 冲/min，泵压为 7.7MPa 和 8.2MPa，比打捞鱼头前泵压增加 1MPa 以上。现场判断打捞成功，7：30 开始起钻；19 日 22：20 起完钻，落鱼未打捞成功，从出井打捞筒内的卡瓦损伤情况可以判断，鱼头已进入打捞筒，由于下压吨位过大，致使随钻震击器下击，将打捞筒卡瓦震伤，未能卡住落鱼。

经研究决定，继续下入打捞筒打捞落鱼，这次换的 152mm 内径的栏瓦，为防止打捞过程中安全接头倒开，此次打捞钻具将安全接头甩出，1 月 20 日 20：00 下钻至 5135m 时，下钻摩阻达到60kN，则接方钻杆开泵继续下放，下放至5153.83m后，开泵循环钻井液约2h，将井底沉砂循环出井。22：50不开泵缓慢下放至距多点仪器鱼头5m处，开泵循环钻井液，泵冲48冲/min，泵压稳定后为4.3MPa；23：08接完最后一根单根后，钻具称重1740kN，开始套多点仪器，每下放2～3cm，转动转盘3～5圈，按此操作一直下放至距钻具鱼头1m处开泵循环钻井液10min，验证泵冲、泵压（48冲/min，4.3MPa）；1月21日1：00停泵下探到钻具鱼头后，上提30cm开泵验证泵冲、泵压（48冲/min，4.3MPa）；1：10下压150kN后上提至钻具鱼头上1.5m处开泵验证泵冲、泵压（48冲/min，4.3MPa）；第二次下压200kN后上提至钻具鱼头上1.5m处开泵验证泵冲、泵压（48冲/min，4.3MPa），现场判断鱼头未进入打捞筒；第三次打捞：先下压20kN，转动转盘2圈后，钻压回零；再下压20kN，转动转盘3圈，钻压回至10kN；再下压30kN，转动3圈，钻压不回；再下压至40kN，转动转盘3圈后刹住转盘5s后，释放扭矩，转盘打返车；随后又多次下压20～50kN，转动转盘3圈，刹住转盘3～5s后，释放扭矩。最后下压200kN后，上提至钻具鱼头上2m处开泵验证泵冲、泵压（48冲/min，8.5MPa），上提至多点仪器鱼头位置后再开泵验证泵冲、泵压（48冲/min，7.8MPa），2：50开始起钻。21日13：30起完钻，钻具落鱼打捞出井，事故解除。

6. 事故损失

损失时间39小时50分钟（非事故损失12小时20分钟）、报废管材：多点测斜仪一套。使用工具：卡瓦打捞筒。

7. 经验教训

（1）对井内复杂情况缺少判断经验，在泵冲增加泵压下降的情况下，明显是钻具断或者刺，这时就不应该投测多点测斜仪，结果钻铤断后因投了多点测斜仪使事故处理增加了复杂性和打捞难度。

（2）不能正确使用打捞工具，第一次下入卡瓦打捞筒打捞过程中，因下压吨位过大（270kN）使随钻震击器下击把卡瓦打捞筒的卡瓦震坏，使打捞失败。

（3）要加强钻具的使用和管理，特别是对钻铤的使用和检查。

## 案例30 S1067井断φ168.2mm钻铤

1. 基础资料

事故井深：5117.26m。

事故地层：$C_1$kl。

钻具原悬重：1860kN。

工程施工参数：钻压100kN、转速95r/min、排量35L/s、泵压21.5MPa。

扭矩记录：1050～1199N·m。

井身结构：φ660.4mm×55.50m+φ508mm×55.50m+φ444.5mm×1204m+φ339.7mm×1202.17m+φ241.3mm×5117.26m。

入井钻具结构：φ241.3mm钻头+φ177.8mm DC×2根+φ241mm螺扶×1+φ177.8mm DC×4根+φ168.2mm DC×12根+φ158.7mm DC×6根+φ127mm HWDP×15根+φ127mm钻杆。

钻井液性能：密度1.31g/cm$^3$、漏斗黏度58s、失水3.6mL、泥饼0.4mm、含砂0.2%、pH值9。

地层及岩性描述：地层：$C_1kl$；主要岩性为：泥岩、泥质粉砂岩。

2. 事故发生经过

2006年1月7日4：15钻进至井深5117.26m时，泵压由21.5MPa突然降至19.5MPa，同时悬重由1840kN降至1745kN，起钻检查钻具；1月7日18：50起钻发现168.2mmDC外螺纹处断，发生断钻具事故。

落鱼为：φ241.3mm钻头×0.23m+630mm×410mm接头×0.52m+φ177.8mm钻铤×18.25m+φ241mm螺扶×1.89m+φ177.8mm钻铤×36.52m+411mm×4A10配合接头0.43m+φ168.2mm钻铤67.60m。

落鱼总长：85.53m，鱼顶井深5031.73m。

图6-1为S1067井φ168.2mm钻铤断裂照片。

图6-1 S1067井φ168.2mm钻铤断裂照片

3. 事故原因分析

从折断钻铤断面及探伤情况分析，应当是疲劳破坏所致。旋转着的钻具在井眼中震动、弯曲，产生周期性弯曲应力，钻具中和点经受从拉伸到压缩的交变应力，当循环次数达到一定极限时钻具就会因疲劳而折断。

4. 事故处理方案

下φ114mm贯眼公锥。

5. 事故处理经过

2006年1月7日下φ114mm贯眼公锥，1月8日13：40下钻到鱼顶位置5031.73m，开泵循环冲洗鱼头，并下放钻具当下放至5032.54m时泵压升高；1月8日14：45进行造扣，加压20kN造扣8圈，又加压至30～50kN造扣10～12圈上提钻具。悬重由1660kN上升到2000kN恢复悬重1780kN，于1月9日13：30起出公锥及落鱼，打捞成功，事故解除。

事故损失时间：42.67h；使用工具：贯眼公锥1个；报废管材：φ168.2mm钻铤×1根。

6. 经验教训

（1）加强对入井钻具检查与管理。根据钻具使用情况，有针对性地对钻铤及接头进行中途探伤，以保证入井钻具的质量。

（2）认真执行钻具错扣、倒换、检查制度，检查接头螺纹及台肩的完好程度。

## 案例31　S114－1井断$\phi$120mm钻铤

1. 基础资料

事故井深：6474.41m。

事故地层：$O_2$yj。

落鱼为：$\phi$149.2mm钻头×0.18m＋双母接头×0.50m。

落鱼总长：0.68m，鱼顶井深6473.73m。

工程施工参数：钻压60kN、转速55r/min、排量20L/s、压力20MPa。

井身结构：$\phi$660.4mm × 307.26m ＋ $\phi$508mm × 305.67m ＋ $\phi$444.5mm × 3000m ＋ $\phi$339.7mm×2996.89m＋$\phi$311.15mm×5271m＋$\phi$244.5mm×5269.7m＋$\phi$215.9mm×6363m＋$\phi$177.8mm×6361m＋$\phi$149.2mm×6474.41m。

钻具组合：$\phi$149.2mm钻头＋$\phi$120mm钻铤×21根＋$\phi$88.9mm钻杆×240根＋$\phi$127mm钻杆。

钻井液性能：密度1.12g/cm$^3$、漏斗黏度42s、失水4.8mL、泥饼0.4mm、含砂0.2%、pH值9。

地层及岩性描述：地层$O_2$yj；主要岩性为泥岩、泥质灰岩。

2. 事故发生经过

S114－1井于2006年1月14日10：00下钻到井底开泵循环至11：00，后用10～20kN钻压磨合钻头至11：30，后逐渐加压至50～60kN钻进，钻进至6474.41m（钻进进尺1.26m）进尺极慢，钻压不恢复，但扭矩、泵压没有变化，17：00起钻，15日7：00起钻完发现1#钻铤（编号402052－TH－1）公扣的2/3断在双母接头里面。该钻铤是五开前在通奥公司检测合格后投入使用，目前纯钻时间为85.25h。

3. 事故原因分析

钻进过程中，扭矩、泵压等参数没有异常，分析钻铤断落是由于钻铤在使用中疲劳损坏造成。

4. 事故处理方案

下$\phi$144mm卡瓦打捞筒。

5. 事故处理经过

（1）第一次打捞：

钻具组合：卡瓦打捞筒（长度0.87m，外径144mm，瓦牙117.48mm）＋$\phi$120mm钻铤×4柱＋$\phi$88.9mm钻杆×80柱＋$\phi$127mm钻杆。

15日22：30下钻至井深6465.50m时有遇阻，开泵间断转动转盘划眼至6472.42m，下放无遇阻后继续开泵探鱼顶，在6473.73m转动转盘有倒车，证实探到鱼顶后，泵压19.5MPa，后下压60kN，上提钻具发现泵压升至19.9MPa，停泵后，继续上提钻具有遇阻，遇阻80kN，后再次下放钻具至第一次所探鱼顶位置，下压80kN后开泵，泵压19.9MPa，根据泵压升高及上提钻具遇阻分析认为进鱼成功，决定起钻。16日15：00起钻完发现没有捞出落鱼，检查卡瓦打捞筒有进鱼痕迹，鱼头进入打捞筒卡瓦牙不到一圈，分析原因是落鱼重量小，打捞有效长度小，很难有效抓牢落鱼。

（2）第二次打捞：

钻具组合：卡瓦打捞筒（长度0.83m，外径144mm，瓦牙120.7mm）＋$\phi$120mm DC×4柱＋$\phi$88.9mm钻杆×80柱＋$\phi$127mm钻杆。

17 日 10：30 下钻到底开泵，泵压 19.3MPa，根据方入探到鱼头位置后，上提钻具 0.50m 循环清洗鱼头 1.5h。后第一次停泵下压 60kN，开泵泵压升至 21.1MPa，停泵上提钻具，最大遇阻 50kN，活动上提，恢复原悬重，开泵泵压降至 19.3MPa；第二次探到鱼头后停泵下压 60kN，开泵泵压升至 21.1MPa，停泵上提钻具，最大遇阻 50kN，活动上提，恢复原悬重，开泵后泵压降至为 19.3MPa；第三次探到鱼头后，停泵下压 100kN，开泵后泵压超过 24MPa，停泵上提钻具有遇阻 50kN，提离井底 4m 恢复原悬重，开泵泵压超过 24MPa，分析认为打捞成功，起钻，起钻过程中卸开钻具后一直喷钻井液，证明已捞到落鱼，钻头水眼不畅，继续边灌钻井液边起钻，18 日 7：30 起钻完捞出落鱼。

事故损失时间：72.50h；使用工具：卡瓦打捞筒一套。

图 6－2 为 S114－1 井 $\phi$120mm 钻铤断裂照片。

图 6－2　S114－1 井 $\phi$120mm 钻铤断裂照片

6. 经验教训

钻铤在探伤检测范围内（使用 85.25h）发生此次事故，但事故原因还是钻具疲劳导致断钻铤事故发生，钻井队在钻进无进尺的情况下，没有及时判断井下情况，使事故头较长时间在井下对磨（1 月 14 日 11：30～17：00），发生钻进异常未及时起钻检查。

## 案例 32　TK1223 井 $\phi$120.65mm 钻铤断扣

TK1223 井是一口开发井。该井于 2007 年 9 月 23 日 0：00 一开开钻，2008 年 1 月 5 日 24：00 四开完钻，完钻井深 6440m，事故前处于完井作业施工阶段。

1. 事故发生经过

2008 年 1 月 10 日，按照完井施工方案下钻打水泥塞，人工塞顶设计为 6410m，注入水泥浆 2m³。候凝 48h 后开始扫水泥塞，1 月 12 日 14：00 探得塞顶 6191.00m，17：30 扫塞至井深 6336m 放空，18：00 下钻探底，发现井底无水泥塞。循环钻井液至 20：00，起钻前泵压由 20MPa 下降到 16MPa，起钻检查钻具。13 日 21：30 起钻至 $\phi$120.65mm 钻铤时，发现钻铤（场地号 3#，纯钻时间 44 小时 40 分钟，钢印号 402006SP2）从外螺纹处断裂，井内落鱼：$\phi$146.05mm 钻头（型号 HA517G）0.18m + 330×310 接头 0.51m + $\phi$120.65mm 钻铤 18 根 157.82m + 311×NC350 接头 0.38m。落鱼总长 158.89m，鱼头位置 6281.11m。

2. 处理经过

23：30 打捞工具进场后马上组公锥下钻，入井钻具组合：公锥（型号 GGZNC38－80×40）+ $\phi$88.9mm 钻杆 232 根 + $\phi$127mm 钻杆。

14 日 17：10 下钻至 6279.00m 循环钻井液（悬重 1700kN，泵压 15MPa，排量 15L/s），19：50 实际探得鱼顶位置：6281.11m，泵压由 15MPa 上升至 16MPa，19：52 下放钻具，加压 20kN 在鱼顶，正转转盘 12 圈，释放扭矩后，转盘回转 3.5 圈；19：55 加压 30kN 在鱼顶，正转转盘 14 圈，钻压降至 20kN，释放扭矩后，转盘回转 9.5 圈，20：00 钻具下压 30kN，正转转盘 10 圈，释放扭矩，转盘回转 0.5 圈。20：05 上提钻具，悬重由 1700kN 上升至 1830kN，造扣成功。上提方钻杆，猛提、猛刹钻具 2 次，悬重无变化，20：10 开始起钻，15 日 19：00 起出全部井内钻具，事故解除。共损失台时：45.5 小时，损失 $\phi$120.65mm 钻铤一根。

图 6－3 为 TK1223 井钻铤断扣照片。

图 6－3 TK1223 井钻铤断扣照片

3. 经验教训

所有入井钻具必须严格经过检测，超声波和和磁粉探伤，钻铤水眼超出规格要求的严禁入井，起下钻检查好入井钻具的丝扣和台阶。积极配合检测服务方检测好入井钻具，事故钻铤只使用 44 小时 40 分钟（纯钻进时间）。

## 案例33　塔深1井断钻杆外螺纹

1. 基础资料

井号：塔深1井。

事故井深：6800.00m。

事故地层：$O_1p$。

由甲方提供 $\phi$139.7mm 新钻杆，使用1661h。

工程施工参数：泵压2.9MPa、排量14L/s。

井身结构：$\phi$660.4mm 钻头×306.13m + $\phi$508mm×305.13m + $\phi$444.5mm×3206.00m + $\phi$339.7mm×3203.24m + $\phi$311.15mm×5460.00m + $\phi$273.00mm×5449.45m + $\phi$241.3mm×6800.00m。

钻井液性能：密度1.12g/cm$^3$、漏斗黏度42s、塑性黏度10mPa·s、动切力6Pa、失水5mL、泥饼厚度0.5mm、固含9%、含砂0.3%、pH值10、粘滞系数0.07。

地层及岩性描述：地层为奥陶蓬莱坝组系蓬莱坝组，岩性为灰色灰岩云岩。

2. 事故发经过

塔深1井2005年12月19日14：00开始下套管，20日13：30下完套管接完悬挂器，21日16：30用钻具顺利将套管送放到位，后循环钻井液。21日16：30～18：22循环钻井液，循环参数泵冲43冲/min，泵压2.9MPa。18：22钻台上突然听到一声异常响声，停泵，检查地面设备无异常，到18：30再开泵，泵冲44冲/min，泵压2.4MPa。上提后悬降到1905kN（带水龙头方钻杆）。后经现场会讨论决定起钻，起钻悬重1800kN（去掉水龙头方钻杆）。起完钻后发现一根钻杆外螺纹断裂。

管串结构：$\phi$206mm 套管串 + 悬挂器总成 + 送入 $\phi$139.7mm 钻杆串。总长2127.37m，其中套管串总长1509.04m（包括悬挂器总成），钻具65根加1只变扣接头，总长618.33m。计算落鱼顶深为4672.63m。

3. 事故原因

$\phi$139.7mm 钻杆总使用时间较长，纯钻时间1661h，加上起下钻时间，$\phi$139.7mm 钻杆总使用时间可达到2000多小时。$\phi$139.7mm 钻杆可能存在质量问题。

4. 事故处理方案

事故发生后华北西部公司与井队立即制定事故处理方案并积极组织打捞工具：

（1）使用卡瓦打捞筒打捞；

（2）使用公锥打捞；

（3）使用捞矛打捞。

5. 事故处理经过

2005年12月22日12：00组合打捞 $\phi$88.9mm 公锥工具下钻；12月22日23：10下钻至井深4672m。

12月23日1：30探到鱼顶井深4678.69m，探到鱼顶时悬重1930kN，以10～40kN钻压造扣，并不断改变造扣方人，自开始造扣至造扣结束，井下中心管转动与造扣共计29圈。上提钻具，悬重增加至2150kN不再增加，说明造扣成功，中心管倒扣完全，后起钻。

12月23日14：36起出事故头，到16：00甩掉事故钻具，打捞成功。

事故损失时间：65小时30分钟；报废管材：$\phi$139.7mm 钻杆1根；使用工具：$\phi$88.9mm

公锥。

6. 经验与教训

由于 $\phi$139.7mm 钻杆总使用时间较长，纯钻时间 1661h，加上起下钻时间，$\phi$139.7mm 钻杆总使用时间可达到 2000 多小时。虽是新钻具，仍然会有局部薄弱存在，因疲劳破坏而突然发生断裂。今后一定要加强钻具的检查及倒换工作；为了保证五开井下钻具安全，五开前 $\phi$139.7mm 钻杆全部更换。

## 案例 34　TP8－1 井断钻杆

1. 基础资料

井号：TP8－1 井。

事故井深：6542m。

事故地层：$O_3q$。

井身结构：$\phi$444.5mm×501m＋$\phi$339.7mm×500.1m＋$\phi$311.2mm×4500m＋$\phi$244.5mm×4497.20m＋$\phi$215.9mm×6542m＋$\phi$177.8mm×5809.17m。

钻井液性能：密度 1.32g/cm$^3$、漏斗黏度 60s、塑性黏度 30mPa·s、屈服值 9Pa、切力 3/8Pa、失水 3.6mL、泥饼 0.5mm、含砂 0.1%、pH 值 9.5、固含 10%、黏滞系数 0.05。

2. 事故发生经过

2008 年 2 月 1 日 6：12 送放套管至 5323.52m 时（111 根立柱），接立柱下放钻具悬重由 1862kN↓1688.9kN 遇阻（包括摩阻下压 173.1kN），上提钻具悬重由 2100.1kN↓931.4kN（包括摩阻上拉 238.1kN）；6：45 起钻；11：50 起出 $\phi$127mm 钻杆 263 根，发现最后一根 $\phi$127mm 钻杆距外螺纹根部 1cm 处断裂，下部钻具和套管一起落井（备注：断裂的 $\phi$127mm 钻杆场地编号为 84＃，钢印号 S015280LP5Z，单根累计纯钻进时间 1090 小时 56 分钟）。

3. 事故原因

经分析事故原因为钻具疲劳损坏。

4. 事故处理方案

根据井下情况决定下入 LT/T206 卡瓦打捞筒打捞，打捞钻具组合：$\phi$206mm 打捞筒×1.02m＋$\phi$127mm 钻杆。

5. 事故处理过程

2 月 2 日 7：17 打捞钻具下探至 3002.77m 遇阻，探落鱼鱼顶，计算套管引鞋位置在 5809.17m、悬挂器顶部在 3670.31m；13：20 使用卡瓦打捞钻具组合退出悬挂器中心管，开始起钻；22：00 起出全部落鱼钻杆和悬挂器中心管，钻具事故处理结束。

图 6－4 为钻杆断裂照片。

事故损失时间：39 小时 50 分钟；报废管材：$\phi$127mm 直角钻杆一根；使用工具：LT/T206 卡瓦打捞筒。

6. 经验与教训

（1）今后送放套管时要使用钻井期间后入井的钻具，使用的送放钻具在钻井期间承受的拉力负荷大于送放尾管的重量。

（2）钻具在规定的使用时限范围内，要考虑钻具疲劳损坏可能造成的钻具事故。

图 6-4　TP8-1 井钻杆断裂照片

## 案例 35　TK1028 井断钻杆

1. 基础资料

井号：TK1028。

事故井深：5442. 51m。

井身结构：ϕ346. 1mm×1200m+ϕ273. 05mm×1197. 19m+ϕ241. 3mm×5442. 51m。

钻井参数：钻压 60kN、转盘转速 60r/min、排量 35L/s、泵压 21MPa。

钻井液性能：密度 1. 32g/cm$^3$、漏斗黏度 60s、塑性黏度 25mPa・s、切力 8Pa、pH 值 8. 5、含砂 0. 2%、失水 4mL、泥饼 0. 5mm、黏滞系数 0. 06。

2. 事故发生经过

2006 年 12 月 13 日 15：42 钻进至 5442. 51m，转盘突然有异常响声，立即停转盘，上提方钻杆发现，泵压由 20. 7MPa 降至 18. 5MPa，悬重由 1704kN 降至 1307kN。下放钻具放空，初步分析钻具落井，立即起钻。14 日 1：20 起出第 97 柱钻杆（长度 2784. 54m），发现下单根外螺纹端有 9 扣丝扣磨平。共有 2649. 57m 钻具落井，鱼顶深 2792. 94m。落井钻具组合：ϕ241. 3mm 钻头 0. 37m+双母接头 0. 61m+ϕ165mm 无磁钻铤 1 根 8. 82m+ϕ165mm 钻铤 13 根 122. 24m+ϕ127mm 斜坡钻杆 23 根 210. 58m+ϕ127mm 斜坡钻杆 2306. 95m。

3. 事故原因分析

钻杆公扣端有 9 扣丝扣磨平，说明没有及时发现钻具脱扣。

4. 事故处理过程

2006 年 12 月 14 日，10：30 用 ϕ139. 7mm 公锥加安全接头下钻到井深 2786. 69m，接方钻杆探到鱼头位置 2796. 19m。开泵循环 20min 后，由 10kN 逐渐加压到 40kN 造扣，11：00 造扣 4 扣，上提钻具由悬重 960kN 上提到 1860kN，下放猛刹刹把 2 次，上提钻具悬重连续增加，造扣成功。开泵泵冲 42 冲/min，泵压 8. 3MPa，架空槽钻井液返出正常。循环通道畅通，循环至 12：00 上提钻具 1840kN 后，悬重恢复到 1740kN，上提下放钻具悬重未发生任何变化。打捞成功，起钻。

5. 事故损失

损失时间 20 小时 18 分钟；报废管材：2 根斜坡钻杆；使用工具：ϕ139. 7mm 公锥，安全接头。

6. 经验和教训

加强钻具探伤工作，保证井下钻具安全。在认真落实好钻具管理的同时要认真研究钻具事故的征兆，避免事故的复杂化。事故单根外螺纹端有9扣丝扣磨平，说明没有及时发现钻具脱扣，要加强责任心，精心操作。

## 案例36 TK923H井断扶正器

1. 基础资料

井号：TK923H。

事故井深：3610.99m。

事故地层：$K_1$bs。

工程施工参数：钻压40～60kN、转速102r/min、排量42L/s、泵压19MPa。

井身结构：$\phi$660.4mm×64.2m+$\phi$508mm×63.10m+$\phi$444.5mm×600.00m+$\phi$339.7mm×599.28m+$\phi$311.15mm×3610.99m。

钻具结构：311.2mm PDC钻头+239mm钻铤2根+311.2扶正器1只+239mm钻铤×1根+311.2mm扶正器1只+203mm无磁钻铤×1根+203mm×5根+172mm钻铤×6根+127mm钻杆。

钻井液性能：密度1.17g/cm$^3$、漏斗黏度54s、塑性黏度8mPa·s、动切力7Pa、失水6.8mL、泥饼厚度0.5mm、膨润土含量42%、固含11%、含砂0.3%、pH值8.5。

地层及岩性描述：巴什基奇克组、棕色泥岩、细砾砂岩泥岩不等互层。

2. 事故发生经过

2005年6月21日23：00钻进至3610.99m，突然扭矩由1600kN·m下降至600kN·m。上提钻具，发现悬重少了80kN，下探对扣无效，循环钻井液、探鱼顶方入后提钻。6月22日10：50起完钻发现311.2mm扶正器外螺纹根部折断，发生断钻具事故。

图6-5为断扶正器照片。

图6-5 TK923H井断扶正器照片

3. 事故原因分析

(1) 因使用PDC钻头，采用双扶钻具结构，扭矩大造成钻具疲劳破坏。

（2）扶正器超时（西北分公司钻具管理规定为500h，该井使用扶正器实际使用520h，超出20h）。

4. 事故处理方案

（1）先下入卡瓦打捞筒，打捞筒外径273mm、卡瓦内径199mm，进行打捞。

（2）如不成功，再使用114.3mm公锥打捞工具。

5. 事故处理经过

6月22日14：00～21：00下入卡瓦打捞筒，打捞筒外径273mm、卡瓦内径199mm。21：00～22：20打捞落鱼钻具不成功，22：20～24：00循环起钻，6月23日，0：00～9：00起出卡瓦打捞筒，9：00～13：40制定打捞方案，13：40～20：00下入114.3mm公锥打捞工具，20：00～20：40打捞住落鱼钻具。

20：40～21：00循环钻井液，21：00～24：00起钻，6月24日0：00～2：00起出落鱼钻具。事故处理结束，本次事故共损失39小时10分钟。报废管材：一根311.2mm扶正器；使用工具：卡瓦打捞筒（打捞筒外径273mm、卡瓦内径199mm）一套、ϕ114.3mm公锥打捞工具一套。

6. 经验与教训

（1）累计纯钻时间到500h，就应提钻对所有钻铤、接头、扶正器等进行二次超声波、磁粉探伤。事故扶正器使用520h，超时20h。

（2）入井钻具应按西北局规定，定期进行二次超声波、磁粉探伤。要加强钻具的使用和管理。

## 案例37　BK2井断扶正器

1. 基础资料

井号：BK2井。

事故井深：4275.10m。

事故地层：Pl。

损伤状况描述：上扶正器外螺纹从根部断裂，其中1/3为老碴口。

井身结构：ϕ660.4mm×300m＋ϕ508mm×299.34m＋ϕ406.4mm×3392m＋ϕ339.7mm×2771.66m＋ϕ311.15mm×4275m。

钻具结构：ϕ311mm PDC钻头＋ϕ229mm钻铤×2根＋ϕ311mm扶正器＋ϕ229mm钻铤×1根＋ϕ311mm扶正器＋ϕ203mm钻铤×6根＋ϕ178mm钻铤×4根＋ϕ127mm钻杆。

施工参数：钻压80～120kN、转速70～80r/min、泵压22～24MPa、排量33～35L/s。

钻井液性能：密度1.80g/cm$^3$、漏斗黏度45s、塑性黏度25mPa·s、失水5mL、泥饼0.5mm、初切2Pa、终切11Pa、屈服值8.5%、含砂0.3%、pH值9、膨润土含量25%、固含27%、摩阻系数0.0699。

地层及岩性描述：地层Pl；岩性棕色、灰色泥岩、粉砂岩。

2. 事故经过

BK2井于2008年1月18日4：00钻至井深4275.10m后开始循环洗井，立压22～24MPa、转盘转速为34r/min，扭矩2.0kN·m↑2.3kN·m，打重浆后悬重由1260kN↓1220kN，以为是打重浆压钻杆原因；其他参数均无明显变化。8：00起钻，11：30起钻至井深2702m做地层承压试验，试验结束后倒大绳，17：00继续起钻作业，1月19日1：00

开始甩钻铤（准备更换全部钻铤），6：00 发现上扶正器已从外螺纹根部断裂。

落鱼结构：落鱼长度 29.77m。落鱼组合：311.15mm 钻头 + NC610×630mm 接头 + 2 根 $\phi$228.6mm 钻铤 + 311.15mm 扶正器 + 1 根 $\phi$228.6mm 钻铤，鱼顶位置 4245.33m。

事故发生后，调查录井队实时录井曲线图：悬重 1356.2kN ↓ 1282.3kN，立管压力 22.2～21.6MPa，泵冲参数不稳定（126～136 冲/min），转盘转速为 34r/min，扭矩 2.0 ↑ 2.3kN·m，无变化，其他参数均无明显变化。

3. 事故原因分析

（1）通奥公司对井队钻具探伤时未能及时发现老伤是这次断钻具的直接原因。

（2）在大尺寸井眼，高密度钻井液钻进特殊情况下扭矩大使钻具疲劳破坏大。

4. 事故处理方案

根据井下情况施工方决定下入 $\phi$285mm×$\phi$225mm（外径×内径）卡瓦式打捞筒对落鱼进行打捞。

5. 事故处理经过

1 月 19 日 11：00 组下卡瓦打捞筒下钻进行打捞。钻具组合：$\phi$285mm 卡瓦打捞筒（内装 $\phi$225mm 卡瓦式芯子）×1.05m + $\phi$203mm 钻铤×9 根 + $\phi$127mm 钻杆，下钻至鱼顶 0.5m 处开泵清洗沉砂（泵压 18MPa），缓慢下放，轻拨转盘，判断进入鱼头后下压 260kN，上提钻具原悬重增加了 60kN，泵压增加了 3MPa，经上下活动 3 次，验证打捞效果，钻具距鱼头位置下放 2m，钻压由 0 ↑ 300kN，泵压增加了 3MPa，确定抓牢落鱼，于 1 月 20 日 3：00 起钻。1 月 20 日 14：00 提出全部落鱼，事故解除。

事故发生时间为 2008 年 1 月 19 日 6：00，解除时间 20 日 14：00，损失 32 小时，折合 1.33 天；使用工具：$\phi$285mm（内装 $\phi$225mm 卡瓦式芯子）卡瓦式打捞筒。

图 6－6 为断螺杆照片。

图 6－6　BK2 井断螺杆照片

6. 经验教训

（1）必须严格执行钻具使用规定，在大尺寸井眼，高密度钻井液钻进中扭矩大及钻具疲劳较大，在此情况下应缩短钻具的探伤周期。

（2）进一步加强钻具的检测工作。此扶正器从探伤以后累计纯钻时间为 354h，处于正常使用时间范围，说明探伤马虎没有检查出存在的隐患。

## 案例 38　TK1004CH 井断螺杆

1. 基础资料

事故井深：6062.21m。

事故地层：奥陶系一间房。

钻井参数：钻压 20～50kN、复合钻进时转速 28～30r/min + 螺杆转速、立压 20MPa、泵冲 53～61 冲/min、排量 10～12L/s。

测斜数据：测深 6047.11m、井斜 83.2°、推测井底 6062.21m、井斜 84.5°。

录井记录钻头使用时间 60.5h，工程记录时间截至 23 日 10：00 为 87.5h。

扭矩记录：复合钻进时扭矩为 18～22kN·m。

井身结构：开窗侧钻水平井。

钻具结构：4 号 ϕ149.2mm PDC 钻头 × 0.24m + 1.5° ϕ120mm 螺杆 + 浮阀 × 0.60m + ϕ120mm 双公接头 × 0.38m + ϕ120mm 无磁悬挂钻铤 × 9.11m + ϕ89mm 无磁承压钻杆 × 9.13m + ϕ89mm 钻杆 10 柱 × 289.44m + ϕ89mm 加重钻杆 10 柱 × 274.98m + ϕ89mm 钻杆。

钻井液性能：密度 1.13g/$cm^3$、漏斗黏度 50s、塑性黏度 18mPa·s、动切力 11Pa、失水 4.2mL、泥饼厚度 0.4mm、含砂量 0.1%、pH 值 9.5、膨润土含量 28g/L。

地层及岩性描述：奥陶系一间房组（$O_3q$）。

2. 事故发生经过

TK1004CH 井于 2008 年 5 月 19 日 10：00 换 1.5°螺杆下钻。钻具组合：4 号 ϕ149.2mm PDC 钻头×0.24m + 1.5° ϕ120mm 螺杆×5.33m + 浮阀×0.60m + ϕ120mm 双公接头×0.38m + ϕ120mm 无磁悬挂钻铤 × 9.11m + ϕ89mm 无磁承压钻杆 × 9.13m + ϕ89mm 钻杆 10 柱 × 289.44m + ϕ89mm 加重钻杆 10 柱×274.98m + ϕ89mm 钻杆。于 5 月 23 日 4：55 定向钻至井深 6062.21m 后，改为复合钻进无进尺，现场分析为螺杆失效，起钻，17：20 起钻结束，发现螺杆传动轴及钻头未出井，螺杆传动轴从顶端 34mm 处断裂。井内落鱼结构：PDC 钻头×240mm + 螺杆传动轴断裂部分×840mm；传动轴尺寸结构：ϕ54mm×456mm + ϕ72mm×218mm + ϕ120mm×200mm。

事故发生后，井队及时上报公司与大港定向井公司，连夜派有关人员赶到现场指导工作，联系加工打捞工具，于 24 日 13：00 工具加工好后开始组下打捞钻具。

事故原因分析：螺杆传动轴有内伤。

3. 事故处理方案

选用母锥打捞落鱼，母锥采用：螺纹直径 50mm，最大外径 95mm，长 600mm 母锥，母锥本体焊接外径 127mm，内径 108mm，长 160mm 引鞋，打捞工具总长 680mm；打捞钻具组合为：带引鞋母锥×0.68m + 2A31×210 接头×0.52m + 211mm×311mm 接头×0.42m + 310mm×310mm 接头×0.43m + ϕ88.9mm 钻杆×289.44m + ϕ88.9mm 加重钻杆×110.41m + 单流阀×0.45m + ϕ88.9mm 加重钻杆×164.57m + ϕ88.9mm 钻杆。

4. 事故处理经过

24 日，13：00 工具加工好后开始组下打捞钻具；23：00 下放钻具完，上提摩阻 80kN，下放 40kN；23：10 接方钻杆，钻具称重 1250kN，上下提拉，摩阻 40～60kN，开泵，立压 10MPa；23：20 开转盘，转 16 圈回 2 圈半，扭矩 80kN·m，下放至距预测鱼顶 0.5m 处大排量冲洗鱼头，立压 20MPa，泵冲 57 冲/min，排量 11.5L/s，冲洗 30min，期间每隔 5min

开转盘转 10 圈回 1.5～2.5 圈；23：50 降排量，立压 11.5MPa，泵冲 39 冲/min，排量 7.9L/s，下放钻具探鱼顶，探至预测鱼顶位置 6061.13m，开转盘转 5 圈回 1.5 圈，下至预测进入引鞋位置 6061.21m，开转盘转 5 圈回 4 圈，上提下放，至预测鱼顶位置 6061.13m，开转盘转 7 圈回 2 圈，至预测进入引鞋位置 6061.21m，开转盘转 6 圈回 1.5 圈，下放至进入母锥位置，多次开转盘，转 7 圈回 6.5 圈后，扭矩、立压仍无明显变化，开转盘，转 10 圈回 3 圈后，扭矩上升，最大 120kN·m，下压 40kN，至井深 6061.66m，开转盘，转 7 圈回 6.5 圈，转 10 圈回 10 圈，扭矩 120kN·m，初步判断为落鱼进入母锥，开始造扣，下压 45kN，开转盘，转 10 圈回 10 圈，转 12 圈回 12 圈，最大扭矩 130kN·m，造扣至井深 6061.73m；于 25 日 0：40 开转盘，转 12 圈回 12 圈后，初步判断为造扣成功，下压 60kN 起钻，起钻过程中上下提拉，摩阻 50～60kN 同时伴有挂卡现象。于 25 日 9：00 起钻结束，落鱼全部出井，钻头完好，恢复正常作业。

出井落鱼结构：PDC 钻头×240mm＋螺杆传动轴断裂部分×840mm；传动轴尺寸结构：$\phi$54mm×456mm＋$\phi$72mm×218mm＋$\phi$120mm×200mm。

事故损失时间：39 小时 40 分钟；报废管材：螺杆 1 根；使用工具：母锥。

5. 经验与教训

加强钻具管理，入井钻具必须安全可靠。

## 案例 39　S112－4 井断螺杆

1. 基础资料

事故井深：5342.28m。

事故地层：巴楚组。

工程施工参数：钻压 40～60kN、转速 30r/min、泵压 21.5MPa。

井身结构：$\phi$444.5mm×803m＋$\phi$339.7mm×801.7m＋$\phi$311.2mm×4750m＋$\phi$244.5mm×4748.08m＋$\phi$215.9mm×5342.28m。

入井钻具结构：$\phi$215.9mm M1955SSD 钻头×0.35m＋$\phi$171.5mm 单弯螺杆（1.5°）×8.04m＋431mm×4A10 接头×0.47m＋$\phi$158.8mm 无磁钻铤×2.55m＋4A11×410mm 无磁接头×0.5m＋MWD 短节×4.41m＋$\phi$127mm 无磁承压钻杆×9.23＋$\phi$127mm 斜坡钻杆×10 柱＋$\phi$127mm 斜坡加重钻杆＋$\phi$127mm 钻杆。

钻井液性能：密度 1.30g/cm$^3$、漏斗黏度 65s、塑性黏度 29mPa·s、失水 4.5mL、pH 值 9、含砂 0.3%、固含 12%、膨润土含量 39%。

地层及岩性描述：巴楚组：上部为绿灰色，棕褐色泥岩；中部为绿灰色中、细砂岩；下部为深灰色泥岩。

2. 事故发生经过

2 月 22 日凌晨 2：40 下钻到底，采用旋转钻进完该单根方余 2.19m，井深为 5316.47m，钻压 20～30kN。2 月 23 日 0：50 钻进至 5342.28m 时，钻时突然变慢，同时发现有泵压下降现象，泵压下降约为 1MPa，凌晨 1：40 起钻。本趟螺杆仅工作 22 小时 50 分钟，进尺为 28.01m。2 月 23 日 11：40 起钻结束，起出后发现螺杆传动轴断，井下落鱼为：钻头 0.35m＋传动轴长度 0.53m，共计 0.88m。

3. 事故原因分析

该螺杆为一根全新螺杆，使用时间为 22 小时 50 分钟，根据提出的部分螺杆分析判断，是螺杆的质量问题，从而导致事故的发生。

4. 事故处理方案

采用卡瓦打捞筒打捞，未捞获落鱼，经请示西北分公司同意申请回填。

5. 事故处理经过

采用卡瓦打捞筒打捞，但捞筒到底后未碰到落鱼，且起下钻挂卡严重，经请示西北分公司同意申请回填。

6. 事故损失

损失时间：69 小时 55 分钟；报废进尺：82.78m；报废管材：钻头一只（PDC）；使用工具：卡瓦打捞筒。

7. 经验教训

对于井下动力钻具，要根据参数的变化做出准确及时的判断。工具入井前要认真检查，购置合格的产品，确保工具质量。

## 案例 40　XH1 井螺杆脱扣

1. 基础资料

井号：XH1 井。

事故井深：1907.25m。

事故地层：$N_2k$。

井身结构：$\phi$660.4mm×303.5m＋$\phi$508mm×303.18m＋$\phi$444.5mm×1465.8m＋$\phi$406.4mm×1907.25m。

入井钻具组合：406.4mm PDC 钻头＋285.75mm 螺杆＋730×NC610 配合接头＋$\phi$228.6mm 钻铤×1 根＋$\phi$406.4mm 扶正器＋$\phi$228.6mm 钻铤×1 根＋$\phi$406.4mm 扶正器＋$\phi$228.6mm 钻铤×4 根＋NC611×NC560 配合接头＋$\phi$203.2mm 钻铤×12 根＋NC561×HT550 配合接头＋$\phi$139.7mm 钻杆。

基础数据：原悬重 920kN。

钻进参数：钻压 60～80kN、泵压 13MPa、排量 65L/s。

钻井液性能：密度 1.22g/cm$^3$、漏斗黏度 56s、失水 6mL、泥饼厚度 0.5mm、塑性黏度 20mPa·s、动切力 7Pa、pH 值 8.5。

地层及岩性描述：地层：$N_2k$；岩性：黄灰色泥岩。

2. 事故发生经过

2006 年 10 月 23 日 8：00 钻至井深 1907.00m，循环至 11：00 进行短起下作业。17：00下钻到底后恢复钻进，钻至 18：00 耗时 1h 进尺 0.25m，井队初步怀疑钻头泥包或螺杆工作失效；后循环（泵压 8～10MPa）调整钻井液至 21：00 起钻。起完钻后发现螺杆总成内过渡接头松扣掉入井内。

3. 事故原因分析

本次事故的主要原因是此螺杆曾大修过，该螺杆累计纯钻时间才 42 小时 92 分钟；另一原因是井队在短起下遇阻时转盘打倒车，致使螺杆总成内过渡接头松扣造成事故。

4. 事故处理方案

因井队远离基地，打捞工具组织到井需等候较长时间，经研究决定用原螺杆剩余部分的接头（外螺纹经过加焊处理）下钻对扣打捞。

5. 事故处理经过

10月24日8：00用原钻具开始下钻，13：20下钻至井底，冲洗鱼头至14：00开始对扣打捞，14：30对扣成功开始起钻，21：30起完钻打捞成功。至此井下事故解除。

6. 事故损失

损失时间：18小时；报废管材：ϕ406.4mm PDC钻头一只（已用42.92h）。

7. 经验教训

事故螺杆是经过大修的螺杆，可能存在质量问题，另外短起下划眼中，要防止转盘打倒车，螺杆松扣事故转盘倒车是主要原因。

## 案例41　AD16井螺杆脱扣

1. 基础资料

事故井深：5812.91m。

事故地层：$C_1$kl。

事故前钻达井深：5812.91m。

起钻前钻井参数：钻压40～60kN、转速47r/min+螺杆转速、立压20.2MPa、排量29L/s。

井身结构：ϕ508mm×57.5m+ϕ339.7mm×498.21m+ϕ244.5mm×4497.82m+ϕ215.9mm×5812.91m。

入井钻具结构：ϕ215.9mm PDC钻头（型号：MS1952SS）(0.35m)+ϕ172mm直螺杆(7.6m)+431mm×4A10接头（0.51m）+测斜短节（2.64m）+ϕ158.75mm钻铤1根(8.53m)+ϕ214mm扶正器（1.75m）+158.75mm钻铤17根（153.14m）+随钻震击器(9.83m)+ϕ158.75mm钻铤1根（9.19m）+4A11×410接头（0.5m）+ϕ127mm加重钻杆15根（135.17m）+127mm钻杆。

钻井液性能：密度1.30g/cm$^3$、漏斗黏度55s、塑性黏度24mPa·s、切力7.5Pa、失水4.8mL、高温高压失水13mL、pH值9。

地层及岩性描述：卡拉沙依组$C_1$kl；灰、棕褐泥岩与灰白色砂岩、粉砂岩呈薄互层，下部为深灰色泥岩夹灰岩、泥灰岩薄层。

2. 事故发生经过

2008年2月10日19：50钻进至5812.91m，先前钻进时钻井参数为：钻压50kN、转盘转速47r/min、立压20.2MPa、泵冲89冲/min、1分钟之内立压下降至18.1MPa。司钻发现后，及时通知值班干部，现场立即组织查找原因，经仔细检查，排除地面原因导致泵压下降。21：20开始起钻，并检查钻具，裸眼段起钻遇阻严重，起钻前20根钻杆均为接方钻杆开泵循环起出，循环时多次憋泵。2月12日4：00起完钻，发现螺杆万向轴承壳与上轴承壳之间丝扣倒开，万向轴和螺杆转子被抽出螺杆，只有旁通阀、马达定子、万向轴承外壳出井。

3. 事故原因分析

由于起钻时裸眼多处遇阻，开泵循环时，钻头被卡住，停泵后，钻头所受扭矩突然释放在钻具上，造成螺杆倒扣。

4. 事故处理方案

下入ϕ206mm卡瓦打捞筒打捞落鱼。

5. 事故处理经过

2008 年 2 月 13 日 6：30 组合打捞钻具下钻打捞落鱼。钻具组合：$\phi$206mm 加长打捞筒（内置 168.5mm 螺旋卡瓦）(7.65m)＋411mm×4A10 接头（0.47m）＋$\phi$158.75mm 钻铤 11 根（98.34m）＋随钻震击器（9.95m）＋$\phi$158.75mm 钻铤 1 根（8.95m）＋4A11×410mm 接头（0.5m）＋$\phi$127mm 加重钻杆 14 根（125.02m）＋$\phi$127mm 钻杆＋$\phi$139.7mm 钻杆。下钻过程中将损坏钻杆均甩出，并对钻具探伤，且更换新租 100 根 $\phi$139.7mm 钻杆，2 月 15 日 10：30 下钻至 5400m，上次起钻在 5420m 严重遇阻，上提 2300kN 提开，怀疑落鱼可能卡在此处，因此按照打捞程序通过此处，11：30 下放至 5416m 时，遇阻 100kN，开泵循环，憋泵，泵压升至 10MPa 不回，现场判断可能套住鱼头，上提钻具遇阻，多次上提未开，最高上提 2500kN，后下压至 1600kN 放活钻具，再上提 2300kN，提活钻具，开泵再验证泵冲、泵压，仍憋泵，上提出一根单根，再开泵仍憋泵，卸掉此根单根，再上提出一根单根开泵，泵压恢复正常与开始比较无明显变化，接单根继续划眼下钻，欲下钻到井底。19：00 划眼至 5430m，划眼速度太慢，且划眼时遇阻严重。现场决定起钻，换牙轮钻头先通井，16 日 8：30 起出第一趟打捞钻具，打捞未成功，打捞筒内壁无磨损，可判断打捞筒未曾接触落鱼。13：30 开始下入通井钻具，钻具组合为：$\phi$215.9mm 牙轮钻头（0.24m）＋430×4A10 接头（0.51m）＋$\phi$158.75mm 短钻铤（2.55m）＋$\phi$212mm 扶正器（1.79m）＋$\phi$158.75mm 钻铤 11 根（98.34m）＋随钻震击器（9.95m）＋$\phi$158.75mm 钻铤 1 根（8.95m）＋4A11×410mm 接头（0.5m）＋$\phi$127mm 加重钻杆 14 根（125.02m）＋$\phi$127mm 钻杆。17 日 5：00 下钻至 5428m 遇阻，划眼至 5805.11m，距离井底 7.8m，开始循环处理钻井液，循环钻井液一周后，短起下钻（5805.11～5370m），保证井眼通畅。下钻到底后，再循环钻井液一周后打入 40$m^3$ 润滑剂起钻，19 日 13：30 起完钻后，检查钻头，钻头磨损轻微，无断齿，由此可判断钻头未碰到鱼头，即落鱼在井底。15：00 开始组合打捞工具入井，通过对上次打捞过程的分析，由于加长筒外径过大导致下钻困难，此次入井加长筒外径为 195mm，内径为 168mm，长度 6.45m，而大鱼外径为 172mm，因此打捞筒上面加了一根上次打捞所用的加长筒（长 1107mm，外径 206mm，内径 180mm），加长筒以上钻具组合不变。由于通井有遇阻情况，且考虑到划眼后会有掉块落于井底，导致落鱼被沉砂掩埋，因此在打捞筒壁钩外侧加工了 3 条合金磨齿，便于在打捞时套洗落鱼。20 日 6：00 顺利下钻至 5783m，即距离小鱼头两根单根的位置，开始划眼，8：00 划眼至小鱼顶，此时泵冲 60 冲/min 时，泵压为 10MPa，开始按照打捞程序进行操作，每下放 0.02m，开动转盘转 5 圈，钻压不得超过 20kN，10：40 下放至 5811.4m，遇阻 20kN，泵压由 11MPa 升至 12MPa，立即停止下放，上提方钻杆遇阻，上提悬重为 2200kN，刹住刹把，开泵泵压升至 7MPa 憋泵，现场判断套住鱼头，继续上提至 2500kN 未提开，放至 2200kN 再上提至 2500kN，提活钻具，提方钻杆出转盘后开泵验证泵冲泵压：55 冲/min，15MPa，现场判断套住落鱼，11：00 开始起钻，23：30 起完钻，未打捞出落鱼，立即卸掉打捞筒，清洗干净后，仔细观察分析卡瓦磨损情况，螺旋卡瓦最下面一圈的齿有明显磨损，说明大鱼头已进入打捞筒卡瓦，但由于落鱼被沉砂掩埋，致使起钻遇阻严重，而鱼头进入卡瓦部分太短，且套鱼头时，划眼圈数过多，致使卡瓦最下面一圈齿磨损而套鱼不牢，起钻上提吨位过大，导致落鱼脱出卡瓦。鉴于以上分析，现场决定下入空打捞筒（不装卡瓦），利用壁钩上加工的合金齿套洗落鱼，将落鱼与井壁之间的沉砂套洗干净，便于下次的打捞施工，21 日 4：00 开始下钻，23：00 下钻至 5783m 接方钻杆开始划眼，22 日 1：30 划眼至 5805.3m（小鱼顶），4：30 顺利套洗至钻头刀翼，循环钻井液至 8：00 开始起钻。20：10 起完钻，起出壁钩内沿磨痕与钻头刀翼象吻合，确定打捞筒套洗至钻头刀翼，打捞筒装好 $\phi$169mm 的螺旋卡瓦后，立刻组合原钻具下钻，23 日 8：00 下钻至 5804m（小鱼顶），接方钻杆循环钻井液，8：30 开始套鱼，9：40 套至大鱼头，验证泵冲、泵压（54 冲/min，9.8MPa），钻具悬重 2000kN，慢慢下放方钻杆，遇阻 20kN，转动转盘 3 圈，钻压回零，继续下放，10：00 下放至钻头位置，上提 40kN，反转转盘 3 圈紧瓦，开泵，泵冲 54 冲/min 对应泵压 12MPa，上提方钻杆至小鱼顶位置 5805m，开泵，泵冲 52 冲/min 对应 12.5MPa，上提有遇阻反应（100kN 左右），现场判断套住落鱼，决定起钻，起钻前 300m 均有遇阻反应（100kN 左右）。24 日 0：00 起完钻，起出落鱼，事故解除。

6. 事故损失

事故损失时间：233 小时 30 分钟（非事故损失 26 小时 30 分钟）；报废管材：$\phi$172mm 螺杆一根；使用工具：卡瓦打捞筒。

7. 经验教训

使用螺杆钻具在起下钻作业过程中，在遇阻井段需开泵循环划眼时，要小排量慢慢开泵逐步增加排量，停泵时也要逐渐降低排量后再停泵，防止反扭矩释放钻具倒扣，造成钻具脱扣事故。

## 案例 42　T755 井氢脆断钻具

1. 基础资料

井号：T755 井。

事故井深：6039.30m。

事故地层：$O_2$yj。

井身结构：$\phi$444.5mm × 803.00m + $\phi$339.7mm × 801.27m + $\phi$311.15mm × 4200.00m + $\phi$244.5mm × 4198.14m + $\phi$215.9mm × 5978.00m + $\phi$177.8mm × 5976.00m + $\phi$149.2mm × 6039.30m。

钻井参数：钻压 80kN、转盘转速 60r/min、排量 17L/s、泵压 17MPa。

钻井液性能：密度 1.12g/cm$^3$、漏斗黏度 45s、塑性黏度 16MPa、切力 7Pa、pH 值 10、含砂量 0.1%、失水 5mL、泥饼 0.5mm、膨润土含量 35kg/m$^3$、固相含量 7%、黏滞系数 0.046。

2. 事故发生经过

2005 年 3 月 18 日 22：25 钻至井深 6029.00m 钻时由 18↓5min/m，22：53 钻至井深 6035.04m 停泵观察，观察至 23：30 无异常，恢复钻进。19 日 01：11 钻进至井深 6038.90m，迟到井深 6028.0m，气测值上涨，最高值：$\sum C_n$：0.335↑9.210%，$C_1$：0.042↑7.405 %，$C_2$：0.006↑0.1131%，$C_3$：0.0013↑0.0108%，$iC_4$：0↑0.0027%。继续钻进至 01：24，井深 6039.30m，迟到井深 6029.46m，停泵观察，发现井涌，01：26 关井观察立压、套压为 0MPa。经测量共涌出地层水 2.4m$^3$，氯离子含量由 5900↑53800$\mu$L/L，出口电导由 189↑5000mS/cm。

3 月 19 日 2：40 开始开泵节流循环，排量 9.57L/s，立压 6.2MPa，套压 0。液气分离器出口检测到硫化氢浓度最高为 20～50$\mu$L/L，节流循环期间共入井钻井液 17.62m$^3$，出口为密度 1.08g/cm$^3$ 地层水，3：10 关井，立压、套压 0MPa。地面钻井液加入除硫剂处理后于7：00开泵节流循环，至8：30关井，入井钻井液46.65m³，出口一直为密度1.08g/cm³地层水，液气分离器出液口检测硫化氢浓度50～150μL/L，点火时断时续，焰高1～1.5m。

3月19日14：20立压0MPa，套压1.8MPa，考虑部分钻具在裸眼内，开节流阀卸套压，液气分离器出口 $H_2S$ 含量20～70μL/L，关环形防喷器封井强起钻具至套管内（5963.23m），接方钻杆，钻具坐吊卡至悬重120kN。

3月20日4：58（井口立压0MPa，套压0MPa）配压井液时，钻台值班人员听到异常响声，发现井口钻具弹起，水龙头顶开滑车大钩，脱落倒在钻台前，井口钻杆从母扣以下0.59cm处断裂，下部钻具滑至防喷器以下，井口喷出一股液气混合物后停止，司钻随后赶到关全封闸板封井。

井内落鱼总长5963.23m，计算鱼顶深度76.07m，落鱼组合：13＃149.2mm HA517G钻头（0.18m）+330×310接头（0.48m）+ϕ120.7mm钻铤22根（191.77m）+ϕ88.9mm钻杆233根（2223.65m）+311×410接头（0.42m）+ϕ127mm钻杆368根（3537.59m）+鱼顶（ϕ127mm钻杆部分9.14m）。

3. 事故原因分析

（1）地层水中氯离子含量达53800μL/L，井口检测硫化氢浓度最高达150μL/L，可能是硫化氢腐蚀破坏造成钻具氢脆断裂。

（2）同时不排除钻具质量也存在问题而导致。

4. 事故处理方案

压井后进行打捞。

5. 事故处理过程

1）第一阶段落鱼打捞

（1）下ϕ200mm卡瓦打捞筒（126mm篮式卡瓦、127mm铣控环）：

3月21日13：30下钻至鱼顶位置（实探鱼顶深度217.59m，鱼顶下滑141.52m），慢转转盘套鱼顶，下压80kN，泵压有所增高，转动转盘磨铣，多次进行打捞均未成功，15：30起出打捞工具。

打捞钻具组合：ϕ200mm卡瓦打捞筒+回压阀+411mm×4A10接头+ϕ158.7mm钻铤3根+4A11×410mm接头+ϕ127mm钻杆。

（2）再下200mm卡瓦打捞筒（126mm篮式卡瓦、133mm铣控环）：

3月21日20：10再次下钻至鱼顶位置，套铣鱼顶后停转盘下压至80kN进行打捞，上提钻具悬重增加明显，缓慢上提至800kN后突然下降为ϕ500kN（打捞钻具原悬重180kN），多次上下活动钻具悬重50kN不变，22日2：30起至83立柱中部单根，发现钻杆距内螺纹端1.17m处管体断裂。

打捞出第一段落鱼长1163.20m，井下落鱼长4800.03m，计算鱼顶深度1239.27m，落鱼组合：13＃149.2mm HA517G钻头（0.18m）+330mm×310mm接头（0.48m）+ϕ120.7mm钻铤22根（191.77m）+ϕ88.9mm钻杆233根（2223.65m）+311mm×410mm接头（0.42m）+ϕ127mm钻杆247根（2375.11m）+鱼顶（ϕ127mm钻杆部分8.42m）。

起钻过程中井口有溢流现象，液面增加0.66m³，最高硫化氢含量18μL/L。

2）第二阶段落鱼打捞

（1）下202mm铅模：3月22日17：30～21：40下铅模至鱼顶位置（实探鱼顶位置1377.62m，鱼顶下滑138.35m），下压50kN对鱼顶进行打印。3月22日21：40～3月23

日2：30 起出铅模，起钻过程中钻井液槽检测到最高硫化氢浓度 37.6μL/L。

3月23日2：30～12：00 关井，甩事故钻具，加工套铣工具。

（2）下 ϕ220mm 卡瓦打捞筒（125mm 篮式卡瓦、129mm 铣控环）：3月23日16：00 下钻至鱼顶位置 1377.62m 对鱼顶进行套铣。钻压 5kN，转速 32r/min，泵压 3.0～4.0MPa。3月24日0：30 套铣鱼顶 0.64cm 后停转盘，下压 100kN，上提至 600kN 滑脱。套铣过程中检测硫化氢最高浓度 32μL/L。4：00 起出打捞筒，经检查发现引鞋底部磨损严重，外圆磨损明显；引鞋内铺焊合金环和铣控环有明显磨损痕迹。

（3）下 ϕ200mm 卡瓦打捞筒（配加长上筒、124mm 篮式卡瓦、129mm 铣控环）：3月24日9：00 下钻至鱼顶位置开始打捞，下压 100kN 后上提钻具至 930kN 滑脱。

11：30～17：00 起出打捞筒，经检查发现：篮式卡瓦内齿磨损明显，且一半尤为严重；打捞筒上接头水眼处有明显硬物刮擦痕迹；打捞筒上部连接的回压阀阀芯被上顶过量卡死。

3月24日17：00～3月26日1：00 关井，加工打捞工具，组合钻具（套压 0MPa）。

（4）下 ϕ200mm 卡瓦打捞筒（配加长上筒、124mm 篮式卡瓦、129mm 铣控环）：

3月26日6：00 下钻至鱼顶位置开始打捞，套入鱼顶下压 100kN 后上提至 670kN 滑脱，6：50～11：00 起出打捞筒。

（5）下 ϕ200mm 卡瓦打捞筒（配加长上筒、120mm 篮式卡瓦、129mm 铣控环）：

3月26日16：00 下钻至鱼顶位置，下压 100kN 后上提至 820kN 脱落。

根据本次打捞情况分析上提过程中虽然上提吨位较高，但下压过程中方入位置始终达不到上次打捞时方入，鱼顶进入打捞筒内部不多，认为卡瓦尺寸偏小。

（6）下 ϕ200mm 卡瓦打捞筒（配加长上筒、122mm 篮式卡瓦、129mm 铣控环）：

3月27日0：00 下钻至鱼顶位置，套入鱼顶后下压 100kN 上提至 1780kN 后悬重降至 1130kN（打捞钻具原悬重 490kN）。上下活动两次，悬重无变化。

3月27日16：20 起出落鱼，发现 ϕ127mm 钻杆下面第一根 ϕ88.9mm 钻杆从内螺纹端面以下 0.63m 处断裂。

起捞出落鱼钻具 2384.58m，井下落鱼长 2415.45m，计算鱼顶深度 3623.85m，落鱼组合为：13＃149.2mm HA517G 钻头（0.18m）+330×310 接头（0.48m）+ϕ120.7mm 钻铤 22 根（191.77m）+ϕ88.9mm 钻杆 232 根（2214.11m）+鱼顶（ϕ88.9mm 钻杆部分 8.91m）。

3月27日16：20 至 3月28日22：00 甩事故钻具，准备打捞工具。

3）第三阶段落鱼打捞

（1）下 202mm 铅模：3月28日22：00～3月29日11：10 下铅模对鱼顶位置（实探鱼顶位置 3747.14m，鱼顶下滑 123.29m），下压 50kN 进行打印。

3月29日11：10～18：50 起出铅模。

（2）下 ϕ200mm 卡瓦打捞筒（配加长上筒、124mm 篮式卡瓦、126mm 铣控环）：

3月30日5：00 下钻至鱼顶位置～7：00 对鱼顶进行套铣，均无法套入鱼顶。

（3）下 ϕ200mm 卡瓦打捞筒（配加长上筒、120mm 篮式卡瓦、129mm 铣控环）：

3月30日18：30 卡瓦打捞筒引鞋加工成铣鞋（内径加工至 120mm）开始下钻，3月31日4：00～15：10 对鱼顶进行套铣，进尺 1.10m 后，停止转盘下放钻具至 3755.88m（钻杆接箍处），多次上下活动修磨鱼顶，均能套至接箍位置。15：10～22：30 起出工具。

（4）下 ϕ200mm 卡瓦打捞筒（配加长上筒、124mm 篮式卡瓦、126mm 铣控环）：

3月31日22：30 组合 ϕ200mm 加长卡瓦打捞筒下钻。4月1日5：45 下钻至鱼顶位置开泵下放钻具开始进行打捞，下压100kN后上提钻具至1830kN后降至1460kN，上提悬重1580kN。

4月2日12：30起钻至16＃钻铤发现外螺纹距根部0.03m处断裂。起出落鱼总长2292.87m，井下落鱼总长122.58m。落鱼组合：13＃149.2mm钻头（HA517G）(0.18m)+330×310接头（0.48m）+$\phi$120.7mm钻铤14根（121.92m）。

4）第四阶段落鱼打捞

（1）$\phi$142.9mm卡瓦打捞筒：4月4日4：30组合打捞工具下钻探鱼顶至井深6036.19m遇阻60～100kN（原井深6039.30m，离井底3.11m）。为确定是否探到鱼顶加钻压5kN缓慢开动转盘进行处理至7：50，并用磁铁在钻井液槽捞铁屑观察。

打捞工具组合：$\phi$142.9mm卡瓦打捞筒+$\phi$121mm钻铤6根+$\phi$88.9mm钻杆+311×410接头+$\phi$127mm钻杆。

7：25～7：50井口出盐水，检测硫化氢含量3～8$\mu$L/L，7：50关井，立压，套压0。

为检测地层吸收能力和保护井内钻具，现场进行两次环空平推钻井液，两次平推共挤入钻井液137.9$m^3$，将地层流体全部挤回地层。

4月5日18：00～18：30开井，下放钻具至井深6036.19m遇阻100kN，从不同方向进行打捞，上提钻具超拉40～60kN后恢复原悬重1540kN。

因为井口溢流逐渐变大，打捞过程中（18：00～18：30）溢出钻井液6.41$m^3$；另外，鱼顶位置不十分明确，18：30起钻。

（2）下140mm铅模：为验证井下落鱼情况，现场决定下铅模进行打印。经请示同意，于4月7日6：00～6：30组合140mm铅模。

4月7日20：50小排量开泵下放钻具至井深6036.19m，下压50kN对鱼顶进行打印。4月8日14：00起出铅模。

从铅模打印情况看，铅印碰触位置（6036.19m）是落鱼或鱼顶不十分明确。从打捞情况看，6036.19m以上井段起下打捞筒和铅模都无阻卡显示，裸眼段（5976～6039.30m）长63.30m，落鱼总长122.58m，大部分落鱼钻具可能在井眼中重叠（插旗杆）或挤入大井径中。因此，打捞工作难度较大。

4月9日16：30接DST测试通知，进入测试准备工作。事故解除。

事故损失时间：491.5h；报废管材：$\phi$127mm钻杆8根、$\phi$88.9mm钻杆1根；$\phi$121mm钻铤1根；使用工具：$\phi$200mm打捞筒铣控环3只、篮式卡瓦5只、螺旋卡瓦2只；$\phi$200mm打捞筒1套；$\phi$142.9mm卡瓦打捞筒引鞋1只；$\phi$203mm铅模1只；损坏的设备：SL450－2水龙头一只、19m×$\phi$101.6mm一根、$\phi$133.35mm方钻杆一根。

T755井断钻具事故照片见图6－7～图6－9。

6. 经验与教训

（1）钻井队应认真总结教训，及时检查钻具，防止钻具事故发生。

（2）在含硫化氢区块钻井施工，应考虑使用抗硫钻具，并在钻井液中加足除硫剂和提高pH值。

（3）地层中含硫化氢要始终保持液柱压力大于地层压力，如果硫化氢进入井内要尽可能把它平推压入地层。

图 6-7　1#鱼尾照片

图 6-8　2#鱼尾照片

## 案例 43　TK829 井氢脆断钻具

1. 基础资料

井号：TK829 井。

事故井深：5889.80m。

事故地层：$O_2yj$。

工程施工参数：原悬重 1160kN、钻具断后悬重 150kN。

井身结构：$\phi$444.5mm 钻头×1200.00m+$\phi$339.7mm 表层套管×1199.49m+$\phi$241.3mm 钻头×5694.12m+$\phi$177.8mm×5691.12m+$\phi$149.2mm 钻头×5889.80m（裸眼）。

图 6－9　3#鱼尾照片

钻井液性能：密度 1.12g/cm³、漏斗黏度 46s。

2. 事故发生经过

TK829 井于 2004 年 10 月 25 日钻至井深 5889.80m。当日 10：00 接通知进行原钻具测试。2004 年 10 月 27 日 1：30 放喷口见油，1：50 接通知上提连续油管观察，累计举出钻井液及油水混合物 47m³。$H_2S$ 含量由 20μL/L↑100μL/L↑150μL/L↑500μL/L 最高达到 7749.9mL/m³（井队用硫化氢监测仪最大测值为 500μL/L）。经多次用油田水、钻井液压井、放喷均没有减轻硫化氢的含量，经上级同意决定：采用放喷减压后再压井。通过用油田水、钻井液多次压井都没有将井压住，只好继续放喷以减低油、气压力。于 11 月 10 日

23：00 大钩突然上弹。上提钻具时悬重只有 150kN（原悬重 1160kN），钻具在高浓度硫化氢的作用下产生氢脆而断裂。

落井钻具为：$\phi$149mm 钻头 + $\phi$120mm 钻铤 × 218.20m + $\phi$88.9mm 钻杆 × G105 × 2589.85m + $\phi$88.9mm × S135 钻杆 × 3038.49m。

3. 事故原因分析

由于地层油气中的硫化氢含量高，导致钻具氢脆断裂（2004 年 10 月 27 日 2：00 监测到有 $H_2S$ 气体至 11 月 10 日 23：00 钻具断裂时在硫化氢气体内合计使用时间为 357h）。

4. 事故处理方案

压井后打捞落鱼。11 月 23 日 21：00 压井成功后起钻（上级同意不打捞落鱼）。

5. 事故损失

损失时间：335 小时；使用工具：卡瓦打捞筒一只；落井钻具为：$\phi$149mm 钻头 + $\phi$120mm 钻铤 × 218.20m + $\phi$88.9mm 钻杆 × G105 × 2589.85m + $\phi$88.9mm × S135 钻杆 × 3038.49m。

6. 经验及教训

（1）对硫化氢含量高的井。各施工单位都要引起高度重视，防止设备损坏及人员的伤亡。

（2）测试方案要完善，已经发现井内 $H_2S$ 含量很高，要完善相应的技术措施和应急预案，避免造成人员伤亡和严重的环境污染。

# 第七章　影响井身质量的事故

井身质量的主要指标是：井斜、井径、井眼扩大率、狗腿严重度和井底位移等几项。其中井斜是衡量井身质量的最直接指标，井斜超标必须马上纠斜，而其他几项超标一般都没有要求填井纠正。

## 第一节　井　　斜

井斜是钻井工作中一个较为普遍的问题，它直接关系着钻井井身质量和钻井速度。

**一、井斜的原因**

钻井实践表明，井斜的原因是多方面的，如地质条件、钻具结构、钻井技术措施以及设备安装质量等。但归纳起来，造成井斜的原因主要有两个方面：第一是钻头与岩石的相互作用方面的原因，即由于所钻地层的倾斜和非均质性使钻头受力不平衡而造成井斜；第二是钻柱力学方面的原因，即下部钻具受压发生弯曲变形使钻头偏斜并加剧钻头受力不平衡而造成井斜。

**二、井斜的危害**

钻井实践表明，井斜的危害主要是包括井斜角和井斜方位在内的空间井斜变化产生“狗腿”的危害，在短距离内井斜突然变化产生的严重狗腿的危害更是不容忽视，特别是在钻深井时。

（1）钻杆和钻铤在狗腿井段旋转时要产生很大的弯曲交变应力，当最大应力（包括拉应力和弯曲应力）达到一定数值时即会产生钻具疲劳破坏。

（2）在狗腿井段，拉伸载荷在钻杆及接头与井壁之间产生一个较大的侧向力，它不仅使钻具和套管过度磨损，还会形成键槽，从而导致起钻困难，卡钻等一系列复杂情况和事故。

（3）钻杆接头在较大侧向力作用下靠着井壁旋转，摩擦产生的热会使接头温度升高到钢的临界温度之上，加之钻井液的冷却作用，接头交替受热和聚冷，其表面要产生热龟裂导致接头损坏。

（4）严重的狗腿有可能妨碍测井的进行和套管的顺利下入，并因环空水泥封固不均而影响井身质量。

### 案例 44　TK1228 井填井纠斜

1. 基本情况

TK1228 井于 12 月 3 日 13：00 打导管，井深 102m，下入 ϕ508mm 套管，下深 101.9m。12 月 6 日 14：00 一开，23 日 23：00 一开中完，井深 2603m，下入 ϕ339.7mm 套管，套管下深 2600.83m。2008 年 1 月 13 日 18：00 二开，3 月 12 日 12：00 钻进至井深 5692m，由于钻时突然变快，地层进入盐膏层，按设计要求二开中完。顺利下入 ϕ244.5mm 套管，套管下深 5689.48m，悬挂器位置 2505.89～2509.57m，套管回接至井口。2008 年 4 月 2 日 13：00 三开，于 4 月 18 日钻至井深 6064.5m，甲方通知三开中完，对 5692～5968m 井段井径由 215.9mm 扩眼至 273mm，下入 ϕ206mm 套管固井，套管下深 5575.8～

5967.5m。于6月9日11：00四开，钻具组合：ϕ165.1mm PDC钻头+ϕ120.6mm钻铤+ϕ88.9mm钻杆+ϕ127mm钻杆。7月4日22：00钻至井深6595m地质录井通知停钻，5日22：00起出钻头完钻电测。

2. 四开井斜数据

于6日22：00电测完毕，井斜数据如表7－1。

**表7－1 TK1228井井斜数据**

| 井深，m | 井斜，(°) | 方位，(°) | 垂深，m | 视位移，m | 东，m | 北，m | 闭合距，m | 闭合方位，(°) | 狗腿角，(°)/30m |
|---|---|---|---|---|---|---|---|---|---|
| 6070 | 2.99 | 76.15 | 6069.47 | 0.16 | 2.85 | －2.63 | 3.88 | 132.67 | 0.3 |
| 6080 | 2.96 | 77.89 | 6079.45 | 0.6 | 3.36 | －2.51 | 4.19 | 126.81 | 0.29 |
| 6090 | 2.94 | 78.24 | 6089.44 | 1.03 | 3.86 | －2.41 | 4.55 | 121.93 | 0.08 |
| 6100 | 2.91 | 76.1 | 6099.43 | 1.46 | 4.36 | －2.29 | 4.93 | 117.75 | 0.34 |
| 6110 | 3.01 | 76.79 | 6109.41 | 1.9 | 4.86 | －2.17 | 5.32 | 114.08 | 0.32 |
| 6120 | 3.05 | 79.9 | 6119.4 | 2.34 | 5.38 | －2.07 | 5.76 | 111.01 | 0.51 |
| 6130 | 3.29 | 74.12 | 6129.38 | 2.81 | 5.92 | －1.94 | 6.23 | 108.16 | 1.2 |
| 6140 | 3.54 | 72.28 | 6139.37 | 3.34 | 6.49 | －1.77 | 6.72 | 105.24 | 0.82 |
| 6150 | 3.67 | 71.78 | 6149.35 | 3.9 | 7.08 | －1.57 | 7.26 | 102.52 | 0.4 |
| 6160 | 3.9 | 69.35 | 6159.32 | 4.49 | 7.71 | －1.35 | 7.82 | 99.96 | 0.84 |
| 6170 | 4.13 | 66.71 | 6169.3 | 5.14 | 8.36 | －1.09 | 8.43 | 97.44 | 0.89 |
| 6180 | 4.36 | 68.85 | 6179.27 | 5.82 | 9.04 | －0.81 | 9.08 | 95.13 | 0.84 |
| 6190 | 4.5 | 72.5 | 6189.24 | 6.51 | 9.77 | －0.56 | 9.79 | 93.26 | 0.94 |
| 6200 | 4.47 | 74.07 | 6199.21 | 7.2 | 10.52 | －0.33 | 10.52 | 91.81 | 0.38 |
| 6210 | 4.32 | 74.39 | 6209.18 | 7.87 | 11.26 | －0.12 | 11.26 | 90.63 | 0.46 |
| 6220 | 4.25 | 73.92 | 6219.16 | 8.52 | 11.97 | 0.08 | 11.98 | 89.62 | 0.23 |
| 6230 | 4.15 | 79.53 | 6229.13 | 9.15 | 12.69 | 0.25 | 12.69 | 88.88 | 1.27 |
| 6240 | 4.04 | 83.44 | 6239.1 | 9.72 | 13.39 | 0.35 | 13.4 | 88.48 | 0.9 |
| 6250 | 3.96 | 85.62 | 6249.08 | 10.26 | 14.09 | 0.42 | 14.09 | 88.29 | 0.52 |
| 6260 | 3.91 | 85.09 | 6259.06 | 10.78 | 14.77 | 0.48 | 14.78 | 88.15 | 0.19 |
| 6270 | 3.79 | 84.88 | 6269.03 | 11.3 | 15.44 | 0.54 | 15.45 | 88.01 | 0.36 |
| 6280 | 3.69 | 88.13 | 6279.01 | 11.78 | 16.09 | 0.58 | 16.1 | 87.95 | 0.7 |
| 6290 | 3.63 | 83.36 | 6288.99 | 12.27 | 16.73 | 0.62 | 16.74 | 87.87 | 0.93 |
| 6300 | 3.5 | 85.77 | 6298.97 | 12.75 | 17.35 | 0.68 | 17.36 | 87.75 | 0.6 |
| 6310 | 3.77 | 87.32 | 6308.95 | 13.22 | 17.98 | 0.72 | 17.99 | 87.71 | 0.86 |
| 6320 | 4.18 | 88.29 | 6318.93 | 13.73 | 18.67 | 0.75 | 18.69 | 87.71 | 1.25 |
| 6330 | 4.67 | 86.71 | 6328.9 | 14.3 | 19.44 | 0.78 | 19.46 | 87.7 | 1.51 |
| 6340 | 5.17 | 86.86 | 6338.86 | 14.94 | 20.3 | 0.83 | 20.31 | 87.66 | 1.5 |
| 6350 | 5.64 | 87.54 | 6348.82 | 15.64 | 21.24 | 0.87 | 21.26 | 87.64 | 1.42 |
| 6360 | 6.22 | 83.21 | 6358.76 | 16.42 | 22.27 | 0.96 | 22.29 | 87.53 | 2.2 |
| 6370 | 6.77 | 83.71 | 6368.7 | 17.31 | 23.39 | 1.09 | 23.42 | 87.34 | 1.66 |
| 6380 | 7.33 | 81.98 | 6378.62 | 18.28 | 24.61 | 1.24 | 24.64 | 87.11 | 1.8 |

续表

| 井深，m | 井斜，(°) | 方位，(°) | 垂深，m | 视位移，m | 东，m | 北，m | 闭合距，m | 闭合方位，(°) | 狗腿角，(°)/30m |
|---|---|---|---|---|---|---|---|---|---|
| 6390 | 7.85 | 83.2 | 6388.53 | 19.33 | 25.92 | 1.41 | 25.96 | 86.88 | 1.63 |
| 6400 | 8.48 | 82.68 | 6398.43 | 20.45 | 27.33 | 1.59 | 27.37 | 86.68 | 1.9 |
| 6410 | 9.12 | 79.69 | 6408.32 | 21.68 | 28.84 | 1.82 | 28.9 | 86.39 | 2.36 |
| 6420 | 9.64 | 79.39 | 6418.18 | 23.02 | 30.44 | 2.12 | 30.52 | 86.02 | 1.57 |
| 6430 | 10.26 | 79.59 | 6428.03 | 24.45 | 32.14 | 2.43 | 32.23 | 85.67 | 1.86 |
| 6440 | 10.86 | 77.72 | 6437.86 | 25.97 | 33.94 | 2.79 | 34.05 | 85.29 | 2.07 |
| 6450 | 11.43 | 77.38 | 6447.67 | 27.6 | 35.82 | 3.21 | 35.97 | 84.88 | 1.72 |
| 6460 | 12 | 76.71 | 6457.46 | 29.32 | 37.8 | 3.67 | 37.98 | 84.46 | 1.76 |
| 6470 | 12.5 | 77.92 | 6467.24 | 31.12 | 39.87 | 4.13 | 40.09 | 84.08 | 1.69 |
| 6480 | 13.1 | 77.58 | 6476.99 | 32.98 | 42.04 | 4.6 | 42.29 | 83.75 | 1.81 |
| 6490 | 13.61 | 77.28 | 6486.72 | 34.93 | 44.29 | 5.11 | 44.59 | 83.43 | 1.54 |
| 6500 | 14.16 | 76.83 | 6496.43 | 36.96 | 46.63 | 5.64 | 46.97 | 83.1 | 1.68 |
| 6510 | 14.69 | 76.54 | 6506.11 | 39.08 | 49.06 | 6.22 | 49.45 | 82.78 | 1.6 |
| 6520 | 15.18 | 76.38 | 6515.77 | 41.28 | 51.56 | 6.82 | 52.01 | 82.47 | 1.48 |
| 6530 | 15.67 | 76.04 | 6525.41 | 43.56 | 54.14 | 7.45 | 54.65 | 82.16 | 1.49 |
| 6540 | 16.12 | 75.61 | 6535.03 | 45.91 | 56.8 | 8.12 | 57.38 | 81.86 | 1.4 |
| 6550 | 16.69 | 75.11 | 6544.62 | 48.35 | 59.53 | 8.84 | 60.18 | 81.55 | 1.76 |
| 6560 | 17.23 | 74.95 | 6554.19 | 50.87 | 62.35 | 9.59 | 63.08 | 81.25 | 1.63 |
| 6570 | 17.8 | 74.32 | 6563.72 | 53.49 | 65.25 | 10.39 | 66.07 | 80.95 | 1.8 |
| 6580 | 18.33 | 73.15 | 6573.23 | 56.21 | 68.23 | 11.26 | 69.15 | 80.63 | 1.93 |
| 6590 | 18.76 | 74.46 | 6582.71 | 58.99 | 71.28 | 12.15 | 72.31 | 80.33 | 1.8 |

从电测数据分析，从6300m井斜数开始增大，井斜从3.5°增至井底18.76°，位移从6520m开始递增，从52.01m增至井底72.31m。

四开钻井参数见表7－2。

**表7－2 TK1228井四开钻井参数**

| 序号 | 尺寸 mm | 型号 | 所钻井段，m | | 所钻地层 | 实际完成指标 | | | 钻井参数 | | | |
|---|---|---|---|---|---|---|---|---|---|---|---|---|
| | | | 自 | 至 | | 进尺 m | 纯钻进 h | 机械钻速 m/h | 钻压 kN | 转速 r/min | 排量 L/s | 泵压 MPa |
| 1 | 165.1 | HA517G | 6064.5 | 6086 | $D_3d$ | 21.5 | 9 | 2.4 | 40～80 | 60 | 25 | 7 |
| 2 | 165.1 | M1365 | 6086 | 6220 | $D_3d-S_1k$ | 134 | 95 | 1.4 | 40 | 60 | 22 | 16 |
| 3 | 165.1 | M1365 | 6220 | 6323 | $S_1k-O_3s$ | 103 | 129 | 0.8 | 40～60 | 60 | 22 | 15 |
| 4 | 165.1 | M1365 | 6323 | 6595 | $O_3s-O_2yj$ | 272 | 137 | 2.0 | 40 | 65 | 22 | 14 |

3. 井斜数据超标原因分析

（1）目前没有与该钻具组合（ϕ165.1mm钻头＋ϕ120.6mm钻铤＋ϕ88.9mm钻杆＋ϕ127mm钻杆）匹配的标准钻铤及扶正器，钻具稳定性降低，井斜控制较难保证。

（2）工程设计对深井段测斜工作要求不够明确。测斜要求：在4000m以后要求一趟钻测一次井斜数据，而在下部井段采用PDC钻头钻进时单只钻头钻进井段较长，一旦发生井斜，难以及时监测与控制。

（3）根据所统计的几口井，$S_1k$、$O_3s$井斜增加较快，分析认为可能存在地层倾角，有待证实。

4. 处理过程

根据甲方填井通知，对井段6270～6450m进行填井作业，工程扫塞至6270m，反复称重200kN不下沉，侧钻点6270m，7月13日使用MWD定向仪器加1.75°弯螺杆开始控时侧钻，井段6270～6287m，定向仪器显示井斜由3.9°降至3.5°，方位80°变到278°，井底返出100%岩屑，由于定向仪器坏，7月20日下入M1365 PDC钻头+1.5°螺杆复合钻进至井深6403m起钻换钻头。钻进参数：钻压40kN，转速40r/min，井斜3.8°，方位80.08°，返出岩屑正常。7月27日下入M1365 PDC钻头+5LZ120直螺杆+机械式随钻测斜仪复合钻进至井深6561m起钻换钻头。钻进参数：钻压30～40kN，转速45r/min，井斜5.49°，方位78.65°，返出岩屑正常。8月1日下入牙轮+常规钻具钻进，8月2日21：00侧钻至井深6594m。钻进参数：钻压40kN，转速60r/min，地质部门通知完钻，起钻电测。从发现井斜至填井纠斜完钻，共损失647h（26.96天）；报废进尺325m。

5. 经验教训

（1）利用测井手段确定$S_1k$、$O_3s$是否存在地层倾角。

（2）根据井身质量控制要求，优化选择合理的井身结构设计。

（3）在工程设计上对深井段测斜做进一步要求，建议在不改变井身结构和钻具组合的情况下，附带无线机械式测斜仪入井，坚持每打完一个单根测一次斜，根据井斜对比分析，及时调整钻井参数，采取防范措施；但这是以牺牲机械钻速的方法来求得井身质量，在S1144井就采用了这种井斜控制措施。

（4）改变入井钻具组合，当前各管具公司无相应尺寸的钻铤及扶正器，建议分公司购买127mm钻铤及直径为152mm的扶正器。

## 案例45　YQ6井填井纠斜

1. 基本情况

YQ6井是西北分公司布置在塔河油田于奇东地区的一口超深探井，由于本井的特殊构造位置，在施工中缺乏实用的邻井资料做参考，钻探过程中遇到了很多的钻井难题。

本井为四开结构井设计井深7600m。井深结构：$\phi$660.4mm×101.13m+$\phi$508mm×101.13m+$\phi$444.5mm×2600m+$\phi$339.7mm×2055.20m+$\phi$311.15mm×5683.13m+$\phi$244.5mm×5683.13m+$\phi$215.9mm×7025.81m（发现井斜时井深）。

2. 井斜经过

2008年6月14日10：00用36＃$\phi$215.9mm HJ537G钻进至井深6973.60m，扭矩增大，最大达到460kN·m（正常情况在300～360kN·m），后循环划眼，返出岩屑有掉块，循环投测起钻。16日2：30起钻完。测得井斜6968m/5.30°。钻进进尺62.45m，井斜增加3.32°，增斜率为5.32°/100m。钻进井段6911.15～6973.60m，钻头纯钻33h，机械钻速1.89m/h。钻具组合为：215.9mmHJT537GK钻头+$\phi$158.8mm钻铤×24根+$\phi$127mm钻杆×532根+$\phi$139.7mm钻杆。钻进参数：钻压120kN，转速60r/min，排量27L/s，泵压16MPa。

6月16日3：00换入37# $\phi$215.9mm HJ537G，下至最后2柱划眼到底开始钻进。小钻压吊打纠斜钻进至6977m，扭矩增大（320～460kN·m）逐步将密度提至1.17g/cm$^3$，井下情况无改善，打报告经工程处同意将密度提至1.18g/cm$^3$，不同意加入防塌剂，纠斜钻进扭矩仍然很大。接单根下放不到底。只有采取边吊打边划眼措施。19日8：00钻进至6990.55m，打稠浆带砂，打重浆投测起钻。测得井斜6974m/4.68°，钻进进尺16.95m，井斜减少0.62o，降斜率为3.66o/100m。钻进井段6973.60～6990.55m，纯钻25小时30分钟，机械钻速0.66m/h。钻具组合：215.9mmHJT537GK钻头+$\phi$158.8mm钻铤×24根+$\phi$127mm钻杆×532根+$\phi$139.7mm钻杆。钻进参数：钻压10～40kN，转速50r/min，排量27L/s，泵压16MPa。

6月20日12：00换入38# $\phi$215.9mm HJ537G，下至6934m，划眼到底，在6976m处遇阻，划眼扭矩增大320～420kN·m。在小钻压吊打钻进中6975～6999m下放遇阻300kN，开泵下放正常，在小钻压吊打钻进中，不定期的用稠浆带出指甲盖大小块状掉块。边吊打边划眼至7007m，井下情况有所好转。扭矩稳定在390～400kN·m。24日0：30钻进至井深7025.81m，循环后用稠浆带砂，返出掉块量不多，期间活动钻具下放遇阻，开泵下冲才能通过。投测斜仪起钻，测斜未成功。钻进井段6990.55～7025.81m，进尺35.26m，纯钻38h，机械钻速0.93m/h。钻具组合：215.9mmHJT537GK钻头+$\phi$158.8mm钻铤×21根+$\phi$127mm钻杆×536根+$\phi$139.7mm钻杆。钻进参数：钻压10～40kN，转速55r/min，排量27L/s，泵压17MPa。

6月25日4：00换入39# $\phi$215.9mm HJT537GK，20：30下钻到底，划眼（7008～7025.81m），用稠浆带砂，掉块少，打封闭液1.2m$^3$，投测起钻。26日20：30起钻完，测得井斜7021m/15.98°。经汇报后，准备回填井斜段。

6月26日23：00下光钻杆回填。

6月27日14：30下钻至5630m，循环等待回填措施。29日13：30下钻至7005m，划眼到底。循环至22：30，30日2：30起钻至5630m。循环等回填措施。7月2日，接三勘技术部通知，准备测多点。

7月3日2：30起钻完，接入28aHJT537GK钻头和无磁钻铤，18：00下钻完，循环测多点。7月4日14：00起钻完。所测多点数据也证明6936m/0.2°↑6964.81m/5.03°↑6993.50m/9.79°↑7020.20m/15.26°。

3. 处理经过

7月4日下光钻杆至5620m，循环等回填措施。7日6：00下钻到底，循环至8日21：50，开始固井回填。9日10：00起钻至2000m，候凝。11日2：30起钻完。

7月11日15：00下入牙轮钻头HJT537GK，组合24根钻铤下钻探塞（钻具逐根通径）23：00下钻至6192m遇阻，划眼通过；12日8：00探塞至6833m遇阻，划眼通过。探塞至6863.40m，转速35r/min，钻压60kN，再次下探至6864.00m，转速35r/min，钻压20kN不回。钻井液污染严重，边探边处理。探塞至6872.70m，钻压20kN，转速35r/min。塞面6872.70m，循环处理钻井液，钻塞至6877m后循环处理钻井液，钻塞至6893.42m，循环处理钻井液，起钻。

7月13日斯伦贝谢公司到井，7月15日根据工程处批示组织POWER－V和MWD下钻，准备进行侧钻，仪器在下钻途中进行了多次测试，信号正常。但当仪器下到6880m处，信号开始不正常，后几经测试，仍不能正常工作。后斯伦贝谢公司决定起钻更换仪器，更换仪器后进行了垂直侧钻作业。钻塞段：6893.42～6913.47m，从6913.47m开始垂直侧钻进行纠斜作业，侧钻至6936.71m，随钻测出井斜数据和老井眼多点数据基本相同，分析认为纠斜不成功。纠斜井段6913.47～6936.71m，纠斜进尺23.24m，纯钻58h，机械钻速0.40m/h。侧钻钻具组合：215.9mmMD537X钻头+POWER－V+215.9mm扶正器+浮阀+MWD+双向减震器+ϕ158.8mm钻铤×15根+ϕ165.1mm随钻震击器+ϕ127mm加重钻杆×6根+ϕ127mm钻杆×556根+ϕ139.7mm钻杆。侧钻钻进参数：钻压0kN，转速80r/min，排量27L/s，泵压19MPa。

7月23日下入1.83°弯螺杆进行侧钻，最后测斜数据为：测深6950m，井斜0.83°，方位261.90°，根据测斜数据显示已经钻出新眼，决定起钻换POWER－V进行垂直钻进作业。侧钻井段为6936.71～6959.4m，进尺22.69m，纯钻53小时30分钟，机械钻速0.42m/h，平均降斜率4.91°/100m，同时扭了方位。钻具组合为：215.9mm MD537X+螺杆（1.83°）+浮阀+MWD+ϕ127mm加重钻杆×15根+ϕ127mm钻杆×556根+ϕ139.7mm钻杆。钻进参数：钻压0kN，转速为螺杆转速，排量27L/s，泵压19MPa。

7月28日再次下入POWER－V仪器进行垂直侧钻钻进，钻至井深7015.04m，牙轮钻头使用到期，起钻更换钻头。侧钻井段：6959.4～7015.04m，进尺55.64m，纯钻46h，机械钻速1.21m/h。钻具组合：215.9mmHJT537GK+POWER－V+215.9mm扶正器+浮阀+MWD+双向减震器+ϕ158.8mm钻铤×6根+ϕ127mm加重钻杆×12根+ϕ165.1mm随钻震击器+ϕ127mm加重钻杆×3根+ϕ127mm钻杆×556根+ϕ139.7mm钻杆。侧钻参数：钻压80～100kN，转速90r/min，排量27L/s，泵压19MPa。

8月2日再次下入POWER－V仪器，8月3日24：00纠斜钻至原井深7025.81m，处理井斜超标复杂情况结束。从发现井斜至处理结束共用时747小时30分钟（31.15天），报废进尺112.34m。

井斜段测斜数据见表7－3。

**表7－3　井斜段测斜数据表**

| 电子多点测斜数据（纠斜前） | | | MWD随钻测斜数据（纠斜后） | | |
|---|---|---|---|---|---|
| 测深，m | 井斜，(°) | 方位，(°) | 测深，m | 井斜，(°) | 方位，(°) |
| 6907.57 | 0.53 | 133.54 | 6908.60 | 1.22 | 103.88 |
| 6936.12 | 2.00 | 89.55 | 6936.64 | 1.65 | 86.36 |
| 6964.81 | 5.03 | 82.45 | 6950.00 | 0.83 | 261.90 |
| 6993.50 | 9.79 | 93.67 | 6959.52 | 0.96 | 280.98 |
| 7020.20 | 15.26 | 94.72 | 6976.98 | 0.59 | 85.85 |
| | | | 6985.44 | 1.08 | 63.82 |
| | | | 6993.13 | 1.36 | 79.98 |
| | | | 6997.76 | 1.31 | 88.32 |
| | | | 7002.44 | 1.55 | 74.65 |
| | | | 7018.62 | 2.05 | 84.84 |
| | | | 7022.59 | 2.09 | 79.47 |
| | | | 7027.89 | 2.00 | 82.72 |
| | | | 7039.80 | 1.51 | 99.12 |
| | | | 7045.66 | 1.29 | 105.56 |

4. 井斜原因分析

在易斜井段的施工中，严格按照设计要求，各种钻井参数都比较保守，仍然导致井斜。经过初步分析认为导致井斜超标原因主要有：

（1）地质因素：地质因素是造成井斜的主要原因，根据钻进中井下情况和返出岩性分析，在该井斜增大的井段是一个破碎带，地层倾角大，地层的倾斜和破碎的非均质性使钻头受力不平衡，它对钻头产生一个横向力，把钻头推向地层的上倾方向，从而引起井斜。

（2）工程技术因素：因地层破碎，井径变化较大，在大井径位置，钻头接触井底的位置不定，从而造成井斜。另外井径变大，钻具外环空相对增大，底部钻具容易弯曲变形使钻头偏斜并加剧钻头受力不平衡而造成井斜。

## 案例 46　TK1221 井填井纠斜

1. 基础资料

井号：TK1221。

事故井深：3118.65m。

事故地层：吉迪克组。

工程项目的基础数据：牙轮钻头钻至井深 1430.79m 后换 PDC 钻头继续钻进，钻井参数：钻压 50kN、转速 130r/min、排量 49L/s。10 月 1 日在钻至井深 1847m 处随钻测斜仪测斜，发现井斜在 3°以上，井队随即进行吊打，钻压 20kN、转速 110～120r/min、排量 46～49L/s。

井身结构：$\phi$660.4mm × 56m + 508mm × 55.5m + $\phi$444.5mm × 1200m + 273.05m × 1198m + $\phi$241.3mm × 3118.65m。

钻井液性能：密度 1.19g/cm$^3$、漏斗黏度 42s、塑性黏度 14mPa·s、动切力 7.5Pa、失水 5.8mL、泥饼 0.5mm、含砂 0.3%、pH 值 9。

地层及岩性描述：吉迪克组。岩性：上部棕褐色、蓝灰色泥岩、膏质泥岩与灰白、浅棕色粉、细砂岩互层。下部棕褐色泥岩、膏质泥岩夹浅棕色粉砂岩及白色石膏薄层。

2. 事故发生经过

TK1221 井于 9 月 29 日二开开始钻进。为了更好、更方便地监测井身质量，井队采用胜利油田钻井工艺研究所的 $\phi$88.9mm 机械式无线随钻测斜仪对井身质量进行随钻跟踪监测，牙轮钻头钻至井深 1430.79m 后换 PDC 钻头继续钻进。钻具组合：PDC 钻头（FS2563BG）+ 偏心接头 + 3 根 $\phi$177.8mm 钻铤 + $\phi$235.5mm 扶正器 + 8 根 $\phi$177.8mm 钻铤 + 随钻测斜短节 + 6 根 $\phi$165.1mm 钻铤 + 6 根 $\phi$127mm 加重钻杆 + $\phi$139.7mm 钻杆 + $\phi$127mm 钻杆。钻井参数：钻压 50kN、转速 130r/min、排量 49L/s。10 月 1 日在钻至井深 1847m 处随钻测斜仪测斜，发现井斜在 3°以上，井队随即进行吊打：钻压 20kN、转速 110～120r/min、排量 46～49L/s。在吊打期间不间断进行随钻测斜，由于随钻监测在 2318m、2441m、2680m、2880m、2952m、3006m 测的井斜都在 3°左右，所以井队采用自浮式单点测斜仪进行测斜对比，测的数据不准确，后来分析可能是由于井斜较大，自浮测斜仪没有到达井底。10 月 8 日起钻时，投多点测斜仪，测的井斜为 3008m/9.08°，10 月 10 日钻至井深 3118.65m 停止钻进，由德州钻井所进行投多点测斜，发现在 2154m 和 2259m 井斜已达到 18°和 19°，而随钻测斜在这两点提供的数据分别是 2.5°和 1.5°，在 2318m、2441m、2680m、2880m、2952m、3006m 投多点测的值分别是 17.5°、17°、16°、11°、14°、12°，从随钻测斜和投多点测斜对比上看，数据相差较大。

由于本井井斜较大，不能继续正常钻进，10 月 10 日向西北分公司工程处提出申请，在 1700～2000m 处打水泥塞进行回填，10 月 11 日接到批复。

3. 事故原因

（1）钻具结构不合理，钻具组合未按设计执行。

（2）测斜短节安装位置过高距井底 102m。

（3）井队采用胜利油田钻井工艺研究所的 88.9mm 机械式无线随钻测斜仪（即随钻脉冲测斜仪）对井斜进行随钻跟踪监测当钻至井深 2318m 随钻脉冲测斜仪测得井斜已达设定值上限 3°（设定值为 0.5°～3°）未及时采用其他测斜方式进行验证，当钻至井深 3054m 井队方才使用自浮测斜仪验证，结果测斜仪未到底数据不准井队并没有查找原因和进行校正。

（4）测斜服务方对井斜进行随钻跟踪监测当钻至井深 2318m 随钻脉冲测斜仪测得井斜已达设定值上限 3°（设定值为 0.5°～3°）未及时向井队建议采用其他测斜方式对井斜进行验证。

4. 事故处理方案

对 1700～2000m 进行打水泥塞回填纠斜。

5. 事故处理经过

2007 年 10 月 10 日由德州钻井所定向服务方投多点测斜仪，测斜数据出来后，发现井斜和随钻测斜数据出入较大，并且井斜严重超设计，不能继续正常钻进。由华东钻井新疆指挥所向西北分公司工程处提出申请，在 1700～2000m 打水泥塞进行回填，10 月 11 日 10：30 得到批复，10 月 12 日对 1700～2000m 井段进行打水泥塞，10 月 14 日下钻探塞，10 月 14 日开始用 10kN 的钻压扫水泥塞（塞面井深 1680m）钻塞至井深 1747m，用常规钻具组合纠斜钻进，钻具组合为：$\phi$241.3mm 牙轮钻头 + 测斜短节 + $\phi$177.8mm 钻铤×1 根 + 扶正器（235.5mm）+ $\phi$127mm 加重钻杆×1 根 + $\phi$177.8mm 钻铤×9 根 + $\phi$165.1mm 钻铤×6 根 + $\phi$127mm 加重钻杆×5 根 + $\phi$139.7mm DP + $\phi$127mm 钻杆。钻至 1824m，井斜为 4.04°，并且振动筛上仍有水泥出现，说明轨迹没有脱离老井眼，10 月 18 日 9：00 组下螺杆钻具下钻纠斜（由贝肯工业发展股份有限公司服务方负责定向纠斜），钻具组合为：$\phi$241.3mm 牙轮钻头 + 螺杆（弯度 1.75°）+ 无磁长钻铤 1 根 + 无磁短钻铤 1 根 + $\phi$177.8mm 钻铤×5 根 + $\phi$165.1mm 钻铤×6 根 + $\phi$127mm 加重钻杆×5 根 + $\phi$139.7mm 钻杆 + $\phi$127mm 钻杆。19 日测钻成功改下常规钻具组合 $\phi$241.3mm PDC 钻头 + 测斜短节 + $\phi$177.8mm 钻铤×1 根 + 扶正器（235.5mm）+ $\phi$127mm 加重钻杆×1 根 + $\phi$177.8mm 钻铤×9 根 + $\phi$165.1mm 钻铤×6 根 + $\phi$127mm 加重钻杆×5 根 + $\phi$139.7mm 钻杆 + $\phi$127mm 钻杆钻进。在钻进过程中井队用自浮式单点测斜仪对井斜进行监测，井斜在 1°以内，符合设计要求。10 月 23 日 17：20 钻至发生事故井深 3118.65m，井队开始正常生产，事故解除。

6. 事故损失情况

事故损失时间：312.33h，合 13.01 天；报废进尺：1371.65m（纠斜点位置：1747m）；使用工具：长短无磁钻铤各一根、1.75°螺杆一根及其他定向工具。

7. 经验与教训

为了防止井斜，井队租用胜利油田钻井工艺研究所的 88.9mm 机械式无线随钻测斜仪（随钻脉冲测斜仪），对井斜进行随钻跟踪监测。当钻至井深 2318m 随钻脉冲测斜仪测得井斜已达设定值上限 3°（设定值为 0.5°～3°）未及时采用其他测斜方式进行验证，当钻至井深 3054m 井队才使用自浮测斜仪验证，结果测斜仪未到底（数据不准）井队并没有及时发现和进行校正。

出发点是及时监测井斜，由于随钻测斜仪跟踪监测数据不准确的误导，已经井斜发现不了，造成本井井斜事故的发生。

## 案例 47　TK1245 井填井纠斜

1. 基本情况

井号：TK1245 井。

二开井斜井段：2007～2865m。

地层：2007～2112m 库车组；2112～2865m 康村组。

岩性：棕黄色泥岩灰白色细砂岩不等互层。

钻具组合：ϕ241.3mm FS2563BG 钻头+ϕ177.8mm 钻铤×2 根+扶正器+ϕ177.8mm 钻铤×1 根+扶正器+ϕ177.8mm 钻铤×3 根+ϕ158.75mm 钻铤×18 根+ϕ127mm 加重钻杆×15 根+ϕ127mm 钻杆。

钻井参数：钻压 30～40kN、转速 110～120r/min、排量 50～60L/s、泵压 17～20MPa。

钻进中测斜情况：1940m/0.5°；2280m/0.8°；2700m/1°；2850m/9°（士奇测斜仪测斜数据测斜仪罗盘为 20°罗盘）。

复测数据：2007m/0.68°、2203m/2.75°、2414m/7.26°（海蓝电子单点测斜仪）。

2. 处理经过

钻进中测斜数据是 1940m/0.5°、2280m/0.8°、2700m/1°。2 月 5 日 8：00 钻进至 2865m 复测（2850m/9°）发现井斜超标。

2 月 5 日 8：00～8 日 16：00 回填（实际回填井段 1860～2450m，纠斜井深 2298.00m，报废井尺 567.00m）。

13 日 18：00 钻塞至井深 2298.00m，钻具组合：ϕ241.3mm 钻头+ϕ177.8mm 钻铤×2 根+扶正器+ϕ177.8mm 钻铤×1 根+扶正器+ϕ177.8mm 钻铤×3 根+ϕ158.75mm 钻铤×18 根+ϕ127mm 加重钻杆×15 根+ϕ127mm 钻杆（井斜：2283m/3.0°）。

16 日 8：00 下入 2.5°弯螺杆，侧钻至井深 2325.00m，钻具组合：ϕ241.3mm 钻头+螺杆+2.5°弯接头+无磁钻铤+ϕ177.8mm 钻杆×3 根+ϕ127mm 加重钻杆×15 根+ϕ127mm 钻杆）。

23 日 1：00 钻进至井深 2865.00m，复杂解除，钻具组合：ϕ241.3mm 钻头+螺杆+ϕ177.8mm 钻铤×2 根+扶正器+ϕ177.8mm 钻铤×1 根+扶正器+ϕ177.8mm 钻铤×3 根+ϕ158.75mm 钻铤×18 根+ϕ127mm 加重钻杆×15 根+ϕ127mm 钻杆。

处理井斜时间：2008 年 2 月 5 日 8：00～23 日 1：00，共计 425h。

3. 井斜原因分析

（1）地层情况存在软硬交错，钻时不均匀，易导致井斜。

（2）测斜仪器不灵，而未及时发现仪器问题，导致在井深 2280m 及 2700m 处读数与实际井斜数据偏差很大，造成井斜超标。

（3）上部地层砂泥岩互层交接面多，这也是导致井斜超标的一个重要因素。

## 案例 48　TK1007 井填井纠斜

1. 基础资料

井号：TK1007 井。

事故井深：2261.60m。

事故地层：$N_1k$。

工程施工参数：钻压40kN、转速110r/min、排量43L/s、压力12.5MPa。

井身结构：ϕ660.4mm×50m+508mm×50m+ϕ444.5mm钻头×1200.00m+ϕ339.7mm表层套管×1198m+ϕ241.3mm钻头×2261.60m。

钻井液性能：密度1.10g/cm$^3$、漏斗黏度40s、pH值9.0、含砂0.3%、泥饼0.5mm。

2. 事故发生经过

TK1007井2004年10月20日钻进至1836.00m，测斜（测深：1832m，井斜：0.56°），10月21日钻进至2249m测斜（测深：2245m，井斜：11.59°），对井底复测2次，井斜11.39°、11.44°，吊打钻进至2261.60m。起钻至1836m并更换2套测斜仪对1832m进行复测3次，井斜分别为：1.76°、1.73°、1.46°（井队测斜仪测斜数据为0.56°），10月22日起钻拉多点并数据处理，证实井底已井斜过大：测深2253.10m，井斜11.98°，方位214.05°，水平位移35.82m。

井队发现井斜问题后能及时更换2套测斜仪对1832m进行复测3次，通过多点验证，证实井底已井斜过大。事故发生后，井队立即向项目组、开发处进行了汇报，开发处批示进行填井。

3. 事故原因分析

（1）导致本次事故的主要原因是钻具未能按设计要求进行组合，用ϕ158.75mm钻铤替代ϕ177.8mm钻铤。

（2）钻铤数量不够，缺ϕ177.8mm钻铤6根。

（3）井队的测斜仪未定时进行校对，在测斜中，测量的井斜数据偏小，未能及时发现井斜增大，也未采取相应纠斜措施。

（4）未按设计要求及时测斜，300～400m才测一次。

4. 事故处理方案

填井纠斜。

5. 事故处理过程

2004年10月21日，开发处批示进行填井，根据多点数据制定了事故处理方案，并报西北分公司开发处进行了审批。10月23日进行了回填施工（设计回填井段1600～2261.60m），10月24日下钻探塞，塞面深度1380m，至10月26日扫塞至1600m吊打出新井眼，10月28日7：30钻进至2261.60m，恢复原井深，事故解除。

6. 事故损失

损失时间：156.5h；报废进尺：661.60m；消耗材料：阿克苏G级水泥57t。

7. 经验与教训

（1）钻井队应该严格执行设计。本井钻具未能按设计要求进行组合，用ϕ158.75mm钻铤替代ϕ177.8mm钻铤。

（2）未按设计要求及时测斜，300～400m才测一次。

（3）井队的测斜仪未定时进行校对，在测斜中，测量的井斜数据偏小，未能及时发现井斜增大，也未采取相应纠斜措施。今后应加强对测斜仪器定时进行校对。

## 第二节　井径扩大影响固井质量

塔河油田施工中的长裸眼井段，揭示多个不同孔隙压力地层，坍塌压力及地层特征变化大。侏罗系、三叠系、石炭系硬脆性泥岩存在严重的垮塌问题，威胁井下安全，需要适当高的钻井液密度才能平衡下部井段的高地层坍塌压力，而较高的钻井液密度会使上部裸眼井段液柱压差变大、高渗透性地层泥饼变厚，易造成上部井段粘附卡钻和起下钻遇阻卡。钻井液技术上针对二叠系、石炭系应力大，易坍塌、掉块，除采取相应防塌措施外，将 API 失水控制在 5mL 以内，并根据地层应力防塌需要，调整钻井液密度至 1.32～1.34g/cm$^3$，采用聚合醇、沥青质防塌剂、有机硅护壁剂等防塌材料复配，解决侏罗系、三叠系、二叠系、石炭系硬脆性泥岩的垮塌问题，保证井下安全，同时减小井径扩大率，能够提高固井质量，从而提升井身质量。

### 案例 49　TP7 井井径扩大固井质量不合格

1. 基本情况

TP7 井是一口探井。该井自 2005 年 12 月 30 日开钻，至 2006 年 7 月 2 日完钻，设计完钻井深 6588m，实际完钻井深 6588m。

井身结构：$\phi$660.4mm×303.49m + $\phi$508mm×302.92m + $\phi$444.5mm×1039m（$\phi$406.4mm×3000m）+ $\phi$339.7mm×2990.72m + $\phi$311.15mm×5534m + $\phi$244.5mm×5534m + $\phi$215.9mm×6502m + $\phi$177.8mm×6500.02m + $\phi$149.2mm×6588m（裸眼完钻）。

2. 固井质量

由新疆钻井 70005 井队施工的 TP7 井，在四开钻进过程中，由于钻井队所备防塌剂荧光指标不能满足地质录井要求，无法使用，造成井眼垮塌，平均井径扩大率达 60.55%，设计注水泥浆量 40m$^3$，实际注入水泥浆量 81m$^3$，环空水泥浆返高仍未达到设计要求。同时由于井径扩大率严重影响到顶替效率，致使该次固井井段不合格率达到了 69.3%，最终该次固井评定为不合格。

从图 7-1 中可以看出，井径曲线从 5960～6030m 已经超出测井的井径最大范围（最大只能测出 $\phi$406.4mm 的井径），对照固井质量的声幅测井曲线 5950～6050m 井段声幅值达到 60%以上，质量都是不合格。

### 案例 50　TK334 井井径扩大固井质量不合格

1. 基本情况

TK334 井是一口开发井。该井自 2007 年 9 月 23 日 17：30 开钻，至 2007 年 12 月 5 日 3：00 完钻，设计完钻井深 5470m，实际完钻井深 5463m。

井身结构：$\phi$346.10mm×1202.00m + $\phi$273.05mm×1200.48m + $\phi$241.30mm×5409.08m + $\phi$177.80mm×5407.11m + $\phi$149.20mm×5463.00m（裸眼完钻）。

2. 固井质量

TK334 井在二开钻进过程中，钻井参数、水力参数及钻井液性能选择不合理，造成下部井段特别是三叠系、石炭系段井径扩大率达到 30.1%，一级固井封固段不合格率为 31.1%，其中三叠系、石炭系固井质量不合格率达到 70%，严重影响到后期采油和上返措施等。测井曲线见图 7-2。

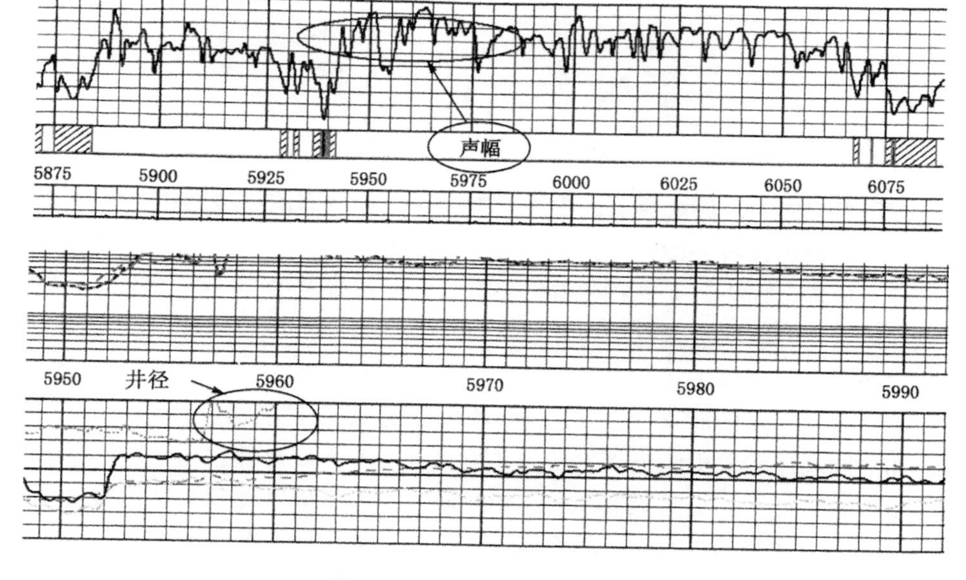


图 7-1　TP7 井声幅测井曲线

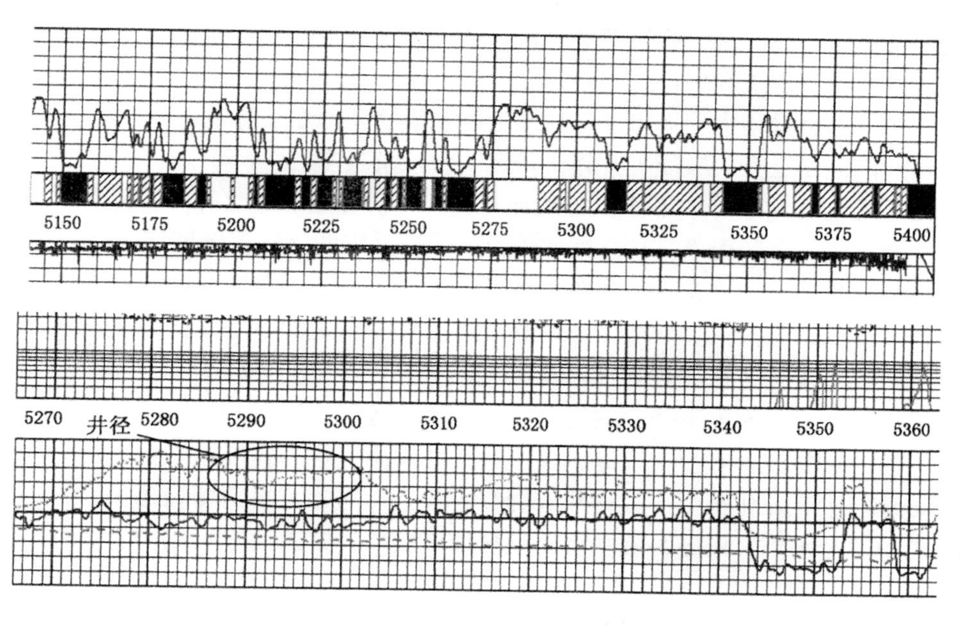


图 7-2　TK334 井声测井曲线

# 第八章　井　　控

井喷失控是损失巨大、影响恶劣的灾难性事故，这一点当前已达共识。井喷失控的危害是非常大的：（1）损坏设备；（2）死伤人员；（3）浪费油气资源；（4）污染环境；（5）报废井；（6）造成大量资金损失。尤其在注重社会效益与经济效益的今天，无论是地质家还是钻井工程师都应把防止井喷作为自己的主要职责。

造成井喷必须有三个基本条件：（1）要有连通性好的地层；（2）要有流体（油、气、水）存在；（3）要有一定的能量，也就是说要有一定的地层压力。

油层、油气同层或水层由溢流而发展为井喷总有一个渐变过程，但是气层不同，从溢流到井喷是一个暂短的过程，有时只有几分钟的时间。因为气体的体积与压力成反比与温度成正比，天然气在向上运移的过程中，随着温度的下降，体积要有些许收缩，但随着压力的下降，体积要大量的膨胀，在井底一方天然气到井口时要膨胀数百倍甚至数千倍，其速度之快，能量之大可想而知。所以及时发现溢流并及时关井是搞好井控的关键。

钻进中钻速加快或有蹩、跳钻现象时，要注意观察是否会发生溢流，只要有地层流体侵入井内，必然有以下现象发生：

（1）钻井液返出量增大。返出量与注入量之差值就是地层流体的侵入量。

（2）钻井液池面上升。液面上升越快，说明侵入量越多。

（3）循环系统压力上升或下降。若地层压力高于井底压力，打开高压层时，泵压会上升。但由于油、气、水的侵入，环空液柱压力下降，又可使循环系统泵压下降。

（4）钻进时悬重增加或减少。当钻开高压层时，井底压力增加，悬重要下降。钻井液油气侵后，密度降低，悬重又会增加。若钻遇高压盐水层，盐水密度大于井浆密度时，则悬重下降，盐水密度小于井浆密度时则悬重增加。

（5）返出的钻井液密度下降，黏度上升，温度增高。

（6）返出的钻井液中有油花气泡出现，这是进入油气层的直接标志。

（7）若地层中有硫化氢溢出，钻井液会变成暗色，同时可嗅到臭鸡蛋味。

（8）若钻遇盐水层，则钻井液中氯离子含量增加。若钻遇油气层，则气测时的烃类含量增加。

（9）起钻时灌不进钻井液，或灌入量少于起出钻具体积。

（10）停止循环时，井口钻井液不间断的外溢。

（11）下钻时返出的钻井液量多于下钻具应排出的体积，井口外溢间隔时间缩短或不间断的外溢。

（12）钻进时放空，或钻入低压层，会发生井漏，当液面下降到一定程度时，同层或其他层的井底压力小于地层压力时，就转漏为喷。

发现以上情况时，应立即停钻，循环观察，根据各种情况综合分析，尽早地发现溢流，采取措施关井压井。

## 案例 51 TK929H 井井喷

1. 基本情况

TK929H 井是西北分公司在塔河油田布置的一口开发井，该井设计井深 5052.74m（斜深），实际完钻井深 5078m（斜深）；完钻层位 $T_2a$；ϕ244.5mm 技术套管下深 3997.86m；ϕ177.8mm + 139.7mm 复合尾管下深 5077.5m。

2006 年 3 月 14 日钻达 5078m，3 月 16 日 9：00 钻头出井结束钻井施工，进入完井施工阶段。3 月 20 日 18：00 尾管固井施工正常结束。

2006 年 3 月 23 日下钻扫 ϕ177.8mm 套管内水泥塞，探得塞面 4697.38m，球座位置 4698.38m（与实际下深相符），扫塞至 4771m（期间均为混浆带），在扫至 4761m 时曾对 ϕ177.8mm 套管进行试压，15MPa，稳压 30min，压降 0.2MPa，试压合格。24 日井队组合钻具下钻扫 ϕ139.7mm 套管内水泥塞，塞面 4771m（较设计塞面高 127.38m），浮箍位置 5021.69m，扫塞至 5068m，26 日上午 9：30 进行试压，试压 15MPa，10min，压力降至 12MPa，试压失败，于是起钻。在检查防喷器闸门和地面管汇后再次试压失败。

3 月 27 日，井队下钻送测井仪器，准备测固井质量，由于仪器对接后信号不好，在上下活动测井电缆时电缆从马龙头处拉断，对接枪头留在钻具内并将钻具水眼堵死，28 日被迫起钻，由于钻具水眼不通，起钻喷浆严重，14：10 起钻至 427.27m 时，发现井涌，抢接 5″钻杆立柱，尚未来得及下放就发生井喷，立即关万能防喷器并从压井管汇端放喷，此时断入井内的测井对接头突然冲出钻具，原来被堵的水眼疏通，钻井液开始从钻具水眼内喷出，导致井喷。井内钻具组合：测井仪器（11.85m）+ ϕ73mm 油管×40 根（386.44m）+ 变扣接头（0.25m）+ ϕ88.9mm 钻杆×3 根（28.73m）+ 311×410（0.39m）+ ϕ127mm 钻杆×3 根（29.16m），总长 456.82m。

2. 井喷处理经过

井喷发生后，井队立即通知公司相关部门及领导，并组织人员撤离至安全区域。启动应急预案，油田企业经营部等领导及西北分公司主要领导到现场指导确定如下抢险方案：“开防喷器后钻具如果下行就丢钻具到井里，然后全封关井；如果上行，就利用导向滑轮强行拉下来后，半封关井，强接旋塞”。20：30 开始实行方案，于 21：20 成功丢钻具落入井内、全封关井成功，随即组织人员点火放喷；22：00 研究压井方案，23：00 接压井车同时组织上压井液，于 29 日 2：45 关放喷闸门，开始实施平推压井，到当日 8：20 压井期间泵压最高 33MPa，最低 15MPa，共注入 1.70g/cm³ 重浆 75m³（压井方提供数据）、1.40g/cm³ 重浆 150m³，开井观察后井口稳定，压井成功，后续转入打捞井内钻具。

3. 事故原因

（1）固井质量达不到要求，ϕ127mm 套管试压不合格。

（2）由于本井是水平井，管内外水泥塞会在凝固过程中发生沉降，产生管内外连通通道，同时，在水平段内套管回压阀也存在关闭不严的可能。

（3）测井仪对接头断在钻具水眼内，堵塞水眼导致起钻过程中喷浆严重，造成井筒内缺少足够钻井液以平衡压力。

（4）28 日 13：00 坐岗人员发现钻井液罐液面并没有因为灌浆而发生改变，相反液面有少量的上升，立即汇报给大班人员，大班人员检查井口没有发现溢流，没有采取任何措施还继续起钻，错失了控制井喷事故的最好时机。14：10 从井内快速出现溢流，溢流量较大，抢接钻具过程中发生井喷。

（5）录井队过早撤离，使完井作业中缺少了一道重要的监控手段。

（6）完井作业在套管内进行，井队对可能存在的风险认识不足，抱有侥幸心理，思想麻痹，没能及时发现和控制溢流。

4. 事故损失

（1）从3月28日14：20井喷事故发生至5月25日10：30井内落鱼全部打捞出井，时间共计1388小时10分钟（57.84天），其中纯事故时间1240小时30分钟（51.69天）。

（2）损坏公锥1只，$\phi$127mm钻杆、$\phi$88.9mm钻杆、$\phi$73mm油管各1根，另外39根$\phi$73mm油管弯曲。

（3）钻井液消耗：

①压井消耗：密度1.70g/cm$^3$重浆110m$^3$，密度1.40g/cm$^3$重浆215m$^3$。

②平推以及起钻压水眼消耗：密度1.50g/cm$^3$重浆140m$^3$，重晶石粉60t。

③维护性能消耗：烧碱500kg、KPAM 100kg、土粉8t。

（4）使用工具：

磨鞋10只，共入井16次；打捞矛2只，共入井4次；铅模3只，3次入井；公锥1只，入井1次；套铣筒7只，7次入井；卡瓦打捞筒4只，共12次入井；$\phi$149.2mm牙轮钻头1只，2次入井；现场加工套铣及打捞筒用加长筒两只，配合接头4只。

（5）其他消耗材料：油料及配件费用共计625242.07元。

5. 事故经验与教训

（1）井控意识淡薄，起钻灌浆、坐岗监测为最基本井控常识，作业指令对坐岗有明确的要求，班组未能严格执行，反映井队的井控意识较差，在井控管理方面存在严重低级漏洞。

（2）井控措施不得力，溢流发生后，由于最后一柱管具是$\phi$73mm油管，而防喷器芯子是$\phi$127mm半封和全封，立即抢接$\phi$88.9mm钻杆（钻杆上带311×410接头）然后抢接$\phi$127mm钻杆，由于回压阀在$\phi$127mm立柱上，无法及时安装内防喷工具，延误了时间，造成井喷。

（3）井控工具准备不得力，没能及时有效地抢接内防喷工具关井。未能尽早发现溢流和及时关井是这次井喷的主要原因。

（4）对$\phi$139mm套管未试住压的问题没有引起足够重视（认为固井质量差造成试压问题），没有意识到因此可能导致地层流体侵入井筒。

（5）井控工作是整个钻井生产工作的重中之重，任何时候都不能忽视，绝不能认为套管已固又未进行射孔，在套管中作业不会有意外发生，而忽视井控工作。思想麻痹，对套管试压失败没有引起足够重视是造成本次井喷事故的重要原因。

## 案例52　T705井井喷

1. 基本情况

T705井于2002年2月4日18：00开钻，2002年6月14日16：30完钻，完钻井深5878m。钻井周期设计为3.83台月（115天），实际周期为3.47台月（104.06天）。进行过两次DST测试共占用306小时5分钟。因揭开风化壳在177.8mm尾管固井中发生井漏，两次挤水泥补救固井质量。四开钻遇严重漏失层，钻井中有进无出，并放空5.54m，井内油气层活跃。

井身结构：$\phi$444.5mm×499m+$\phi$399.7mm×497.32m+$\phi$311.15mm×3900m+$\phi$244.4mm×3897.62m+$\phi$215.9mm×5628.5m+$\phi$177.8mm×5627.25m+$\phi$149.2mm×5878m。

井口装置：2FZ35-35+FH35-35，双闸板内装了一副127mm芯子和一副88mm芯子，没有装全封闸板芯子。

2. 第二次中测井内情况

该井5月30日23：20～23：25钻至井深5820.38m发现井漏，23：25～23：45井口不返浆，边漏边钻31日1：45钻至井深5825.50m，共漏失77.9$m^3$，平均漏速58.44$m^3/h$。1：45～2：30把钻具起至套管内漏2.5$m^3$，至3：40先后灌浆4.6$m^3$，静止漏速1.2$m^3/h$，到10：00累计漏失量为83.5$m^3$。

经汇报请示，5月31日18：00通知井队第二次中测。下钻到底测漏速15$m^3/h$，6月1日2：00起钻到2231.99m等待中测，6月2日3：00起钻至200m井深（因井控要求不能空井停待）。6月2日15：50起钻完，开始下中测工具。

测试工具坐封井深为5599m，测试井段5629.25～5825.50m，用$\phi$7mm油嘴求产，日产油309.6$m^3$，日产气2273$m^3$，井口压力稳定在8.1MPa，用$\phi$5mm油嘴求产，日产油181.44$m^3$，日产气1856$m^3$，稳定压力9.5MPa，第二次中测累计出油210.47$m^3$。

求产后，经反复循环压井，替钻井液42$m^3$，卸井口、解封，起出两柱就溢流2$m^3$，但关井立套压为0，节流循环，在套压为0的情况下漏37.4$m^3$，分离器无法分离稠油及钻井液混合物。改管线替7.5$m^3$钻井液排完稠油和钻井液混合物。因地面钻井液用光，关井配浆，立套压为0。经多次节流循环和平推压井于6月8日12：30起出测试工具。中测起下工具漏失钻井液102.3$m^3$。并且有多次溢流发生。

3. 最后一趟钻的井内情况

起完中测工具后，有关指令要求再打20m完钻，下钻中漏浆14.6$m^3$，到底循环漏11.8$m^3$，节流循环漏9.5$m^3$。钻进中漏浆36$m^3$，钻到5841m放空至5846.54m（即钻遇5.54m的溶洞），在放空井段钻井液有进无出。强行钻进至5849.15m漏浆16$m^3$，地面钻井液再次漏光，起9柱钻杆至套管内溢流2.4$m^3$，关井立套压为0，在配浆的同时汇报请示。

6月9日17：30有关指令要求再打20m完钻。配好钻井液下到底钻进，有溢流2$m^3$，关井立压为0，套压4～9MPa。节流循环，因液动节流阀不好液面上涨12$m^3$。用手动节流循环，套压4MPa。平推密度1.11$g/cm^3$钻井液128$m^3$，关井观察立套压为0，开井间断灌浆22.8$m^3$，又发现溢流1$m^3$，关井观察立套压为0。又反推5$m^3$钻井液，开井无溢流。恢复钻进，井口不返浆，钻至5859.72m漏失钻井液95$m^3$，地面无钻井液关井配浆，配浆后抢钻，钻进中钻井液有进无出（有断续放空现象）。

经请示再加深10m，有进无出强行钻进，6月11日19：50钻至5878m完钻。完钻后关井配浆，立套压为0。开井后有溢流，再关井立套压为0，请示汇报，勘探处通知用稠浆平推压井。12日15：00～18：50平推压井两次计126$m^3$，开井观察漏16$m^3$，起钻至9⅝″套管内又漏22$m^3$。开井观察先是微漏无溢流，后有溢流。关井配钻井液，14日2：00～10：00再次分两次平推126$m^3$钻井液。从11日19：50钻完5878m后，直至14日16：30用时68小时40分钟，经反复观察和平推压井，才起出钻具，本井正式完钻。

4. 井内复杂情况的认识

该井第二次中测后井内逐渐变得复杂。中测后第一个指示精神是打20m口袋完钻，钻进中钻遇5.54m溶洞。要求再次加深20m，钻进中有进无出，并且还有断续放空现象。要求还加深 10m，钻进中还是有进无出。第二次中测后所钻的 50m 可能是更好的油层。钻至 5878m 完钻后经反复观察，井漏井涌无规律可循。下面是 5 月 30 日～6 月 14 日所发生的井漏和平推压井分类情况（不完全统计）。

共漏失钻井液 1033.2$m^3$（包括平推压井）分类如下：

| | |
|---|---|
| 平推压井 6 次 | 用钻井液 389.2$m^3$ |
| 起钻 | 漏钻井液 73$m^3$ |
| 下钻 | 漏钻井液 69.6$m^3$ |
| 节流循环 | 漏钻井液 46.9$m^3$ |
| （有进无出）钻进 | 漏钻井液 377.4$m^3$ |
| 其他（观察、测漏速等） | 漏钻井液 77.1$m^3$ |

以上分类不难看出，有反常规现象，如起钻有抽汲作用漏 73$m^3$，下钻有压力激动漏 69.6$m^3$，起钻比下钻漏的多是解释不清楚的。

5. 测井前的准备工作

鉴于井内复杂，而且无规律可循，井队也多次请示不能保证测井安全。6 月 14 日 15：30 左右，勘探处、总调和西南测井队经理一行 3 人来井队，井队工程师提出井内复杂，如果测井中途发生溢流，井队准备砍电缆抢下钻具压井。勘探处及总调明确表示，不准砍电缆，反复交代放射性仪器不能留在井内。钻井工程师又提出如果测井中真的发生溢流怎么办？测井监理当时表示关环形防喷器可以封零。平台经理立即表示异议，说环形防喷器不准封零，不能长时间关井，因此，当时未能提出有效预防井喷预案。

6. 井喷过程

14 日 16：30 起钻完，本井完钻，准备电测井，23：50 前两趟测井完，井内平稳。根据勘探处的要求（放射性测井前平推压井一次）下了 3 排钻杆（760m 长），准备关井平推，2：15平推了密度 1.13g/$cm^3$ 的钻井液 60$m^3$，又平推了密度 1.11～1.12g/$cm^3$ 的钻井液 60$m^3$，共计平推了 120$m^3$钻井液，3：30 起完了 3 排 $\phi$127mm 钻杆，灌入 9$m^3$钻井液，井口满，开始第三次电测井，6：30 发现溢流 1$m^3$，6：45 溢流 1$m^3$，7：00 溢流 11$m^3$，7：15 溢流加速无法计量，7：20 喷出转盘面，7：22 喷高达二层平台，井口失控。

7. 抢险关井过程

井喷事故发生后，各级领导都赶到现场，组织人力和各种抢险物资。建立健全各种组织机构。采取各种有效的抢险措施。首先是消防、清障（清理井场及井口前障碍物）。同时组织井控专家讨论研究处理方案。

最难处理的还是电缆和仪器，特别是电缆在井口上不来，也掉不下去，即便有全封闸板也封不住（本井没装全封，只装了一副 127mm 和一副 88mm 半封闸板芯子）。

6 月 16 日 14：00～14：43 进行了第一次压井施工：打开压井管汇平板阀，调整放喷管线出口方向；关环形防喷器，关井成功；关压井管汇的放喷管线时环形防喷器密封失效，压井失败。

6 月 16 日下午经现场考察测井仪器和电缆已被井内喷出流体冲到井外，经现场抢险指挥部决定，制定以下抢险方案：

首先是把井架前的障碍物清干净，把喷出来的电缆和仪器清走用砂石垫好井场以利吊车和推土机进入钻台前。

然后采取强下钻具关半封闸板（把 88mm 的闸板芯子也抢换成 127mm 的闸板芯子，这样两套127mm的闸板以防只有一个因刺漏关不住。）进行压井，具体步骤：

（1）用两根$\phi$127mm钻杆加一根短钻杆，两根钻杆中间加一旋塞，入井时母接头向下，下部接导引用的带锥度接头（引锥），下部钻杆靠近母接头处套一焊环，上带三个小环（用于穿棕绳人拉扶正钻杆），用七分钢丝绳穿过吊卡经滑轮导向，用拖拉机牵引加压，用于加压强行下入钻杆。钻具组合（自下而上）：$\phi$127mm引锥×0.46+$\phi$127mm钻杆×9.57m+旋塞×0.50m+$\phi$127mm钻杆×9.57m+$\phi$127mm钻杆×2.48m（短钻杆）。

（2）拖拉机牵引了7m加压钻具下到位后先关下半封，再关上半封，然后关旋塞，最后关放喷管线软关井成功。

经充分准备，强行下钻具到位，于6月18日12：00关井成功。关井压力4MPa，用压裂车压入密度1.14g/cm$^3$的盐水225m$^3$，井内平稳。从15日7：20发生井喷至18日12：00关井成功，井喷事故时间76小时40分钟。之后转入井喷善后治理工作，井喷事故解除。

8. 经验和教训

（1）钻进中大段放空发生井漏、井涌等异常活跃的复杂井不该在没有充分准备下电测井，更不该放射性测井。

（2）在不能砍断电缆抢下钻具压井的约束下，恐惧放射性污染干扰了人的思维和决策。

（3）无论产生任何后果，初期应有关环形防喷器的动作，哪怕不成功，因为这是当时唯一井口控制的希望！

## 案例53　T811（K）井井喷

1. 基础资料

事故井深：5730.18m。

地层：$O_2$yj。

T811（K）井是一口开发井，该井自2003年10月7日开钻，至2003年11月30日完钻，设计完钻井深5960m，实际完钻井深5730.18m。

2. 事故经过简述

2003年11月30日22：00通知试油，至2003年12月3日13：00结束试油。至2003年12月17日1：40完井。12月7日13：10，T811（K）井压井后，下钻至第二柱，钻杆内返出盐水，冲高1m左右，旋塞无法接上，抢接方钻杆，此时井内钻杆被顶着往上行（0.3m/s），无法接方钻杆，关半封，钻杆内喷势急剧增大，发生井喷。

3. 事故原因

压井后下钻第二柱就井喷，显然是井没有压稳，压井不成功，井控经验不足。

4. 事故处理经过

12月7日13：40，井场停电、停柴油机、停锅炉、熄火。各有关领导到达现场，成立现场抢险小组，制定抢险措施，组织抢险灭火设备到现场。

12月7日18：00，打开两侧放喷管线放喷，观察钻具内喷势变化情况。同时研究下一步措施方案。

（1）12月8日4：00，喷势减弱，11：50用吊车提住井内钻杆，开井提出第二根时，再关半封，11：51用拖拉机拉B型大钳卸开提出的钻杆，抢接旋塞。

（2）12月8日12：00，关闭旋塞，井喷得到控制，本次井喷共喷出原油3000m$^3$左右。

（3）12月9日0：00，清理现场及设备，10：00启动柴油机，14：00～15：50反循环压井成功，17：30 起出井内钻杆，18：00 恢复正常生产。事故解除。

5. 经验教训

加强井控安全教育，增强全员井控意识，保证井控设备和工具齐备良好。做好井控培训，搞好井控演练，同时加强井控的管理工作。这样遇到溢流和井涌才能够及时准确地控制井口，防止井控事故发生。该井压井后下钻第二柱就井喷，显然是井没有压稳，压井不成功。如果有坐岗观察，早就应该有溢流和井涌的显示，早发现后可以尽快关全封平推压井，井控经验不足和责任心不强没早发现溢流是这次井喷事故的根本原因。

## 案例 54　AD4 井井喷

AD4 井是塔河油田艾丁地区西部的一口重点探井。2007 年 3 月 10 日 20：50，该井在完井下油管作业过程中出现溢流，关闸板防喷器无效，发生井喷事故。事故发生后，在西北分公司的统一指挥下，经过 46.5 小时的连续抢险，于 3 月 12 日 19：29 防喷器关闭成功，井喷得到控制。该井是这一区块第一口重大突破和发现高产油气井，发生井喷时无阻流量预测达到 200m³/h 左右，给井场周边环境造成了较严重的影响。

1. AD4 井基本井况

（1）地理位置：位于新疆库车县境内；构造位置：阿克库勒凸起西斜坡。

（2）设计井深 6655m，完钻井深 6558m，完钻层位为奥陶系。

（3）井身结构：ϕ444.5mm × 803m + ϕ339.7mm × 802.4m + ϕ311.1mm × 4400m + ϕ244.5mm×4398m + ϕ215.9mm×6451.36m + ϕ177.8mm×（4243.5～6448.5）m + ϕ149.2mm×6558m。

（4）发生井喷时井口装置（自下而上）：9⅝″×13⅜″套管头（70MPa）+ 套管升高短节（BX160×BX158）+ SFZ18－35 试油防喷器（ϕ73mm 与 ϕ88.9mm 闸板组合）采油大四通。

（5）发生井喷时井内油管串（自下而上）：ϕ73mm×2937.15m（305 根），ϕ88.9mm×280m（32 根），油管长度：3217.15m。

（6）钻井台高：9m。

（7）该井在前期钻、测井时的异常情况：

2 月 28 日～3 月 5 日该井在钻至 $O_2yj$ 组 6460～6558m 发生放空，漏失密度 1.13g/cm³ 钻井液 203.1m³，漏失 1.14～1.19g/cm³ 盐水 1500m³。同时发生溢流见油气（未发现硫化氢）。

3 月 6～7 日通井至 6558m 完钻；漏失密度 1.19g/cm³ 盐水 548m³；密度 1.03 g/cm³ 清水 281m³；密度 1.20g/cm³ 盐水 30m³；密度 1.16g/cm³ 盐水 130m³。

3 月 8 日 10：00～23：30 测井期间漏失密度 1.19g/cm³ 盐水 149m³；密度 1.03g/cm³ 清水 15m³；密度 1.16 盐水 401.5m³。

2. 发生井喷事故经过

2007 年 3 月 8 日该井在测井结束后进入完井阶段，完井队到达施工现场后，14：00～16：00 完井队在地面分别对试油防喷器 ϕ88.9mm、ϕ73mm 闸板试压，高压 30MPa，低压 2MPa，各稳压 30min，无压降，试压合格，防喷器开关可靠。

3 月 9 日钻井队进行拆钻井井口装置准备，完井队技术管理人员组织召开“拆换井口技术交底会”，明确各施工方职责并依据设计进行了技术交底。井队在拆双闸板钻井防喷器前，用密度 1.19g/cm³ 的压井液 200m³ 进行了一次平推压井。拆换井口时现场监督进行了全过程监控并签字认可。并向井内灌入密度 1.03g/cm³ 现场水 15m³，1.19g/cm³ 的压井液 200m³，

1.16g/cm$^3$的压井液260m$^3$，累计补液475m$^3$。在坐上采油四通后，立即进行下油管作业，在此作业期间井口检测未发现硫化氢气体。

3月9日20：20～3月10日4：00下$\phi$73mm油管至1500m，期间井筒灌入密度1.16g/cm$^3$的盐水340m$^3$。

3月10日4：00出现溢流，关闭$\phi$73mm试油防喷器并连接防喷阀门，控制溢流。4：00～5：30环空平推密度1.19g/cm$^3$的压井液85m$^3$，5：30～10：30钻井队配密度1.19g/cm$^3$的压井液250m$^3$，10：30～12：20，钻井队用密度1.19g/cm$^3$的压井液进行油管平推压井15m$^3$，环空平推压井180m$^3$。

3月10日12：20打开$\phi$73mm防喷器，环空未见液面，井内倒吸。12：20～20：10继续下完井管柱，在下完井管柱过程中，完井队要求钻井队连续向环空灌压井液，井队遂开始以25m$^3$/h的排量连续向环空补密度为1.16g/cm$^3$的压井液。

20：10完井管柱下至$\phi$73mm油管2937.15m（305根）+$\phi$88.9mm油管280m（32根），发现环空溢流，溢流物为井内压井液。钻井队人员立即启动紧急预案抢装防喷旋塞阀，完井队3名人员立即抢关$\phi$88.9mm试油防喷器闸板2次，但防喷器两端手柄均旋转7～8圈（正常关闭需旋转14.5圈）后无法继续旋转到位，使用1.2m加力杆2人共同旋转防喷器手柄，仍无法关闭。期间该井由溢流发展至井涌，井涌高度超过试油防喷器上端面约1m，溢流物为井内压井液。

20：22～20：30钻井队上提完井管柱，将$\phi$88.9mm油管接箍提出试油防喷器上法兰端面约10cm，对试油防喷器再次进行试关操作，防喷器两端手柄均旋转7～8圈后无法继续旋转到位，使用1.2m加力杆2人共同旋转防喷器手柄，仍无法关闭。期间井口井涌高度超过试油防喷器上端面由1m增至1.5m。

20：30向分公司应急中心报告。20：30～20：40钻井队将小方补心及防喷器防磨衬套取出。

20：40～20：50抢接油管挂和防喷旋塞阀（准备将油管挂放置采油大四通内，以便将该井油套同时控制）。在钻台紧急组装连接油管挂变丝3½"EUE双公+3½"EUE母×3½"FOX公+3½"FOX双母+3½"FOX公×3½"BGT公，以及油管挂送放单根，在组装变丝接头时油管液压钳损坏，立即更换备用液压钳，然后继续连接油管挂，此时环空井涌高度至转盘面，油管内井涌高度约1m，开始出现原油，井队固定式$H_2S$检测仪开始报警（设定报警值15$\mu$L/L）；井队人员发出撤离指令，全场人员被迫撤离。在钻台人员组装连接油管挂期间，2名施工人员又进行试关$\phi$88.9mm防喷器闸板2次均未成功。

21：15现场人员疏散完毕，在距井口300m处的进入井场道路上设立警戒，值班人员佩戴硫化氢防护用品对硫化氢浓度进行监测，未监测到硫化氢气体（该区域不处于下风口位置）。

3. 井喷事故处理经过

3月11日西北分公司成立应急抢险突击队。为提供准确、可靠的抢险准备资料，3月11日11：30突击队员佩戴空气呼吸器及硫化氢检测仪进入井场踏勘：钻台面硫化氢浓度大于500$\mu$L/L（硫化氢监测仪量程为500$\mu$L/L）；在靠近钻台处的下风口，硫化氢浓度80$\mu$L/L；井场边缘硫化氢浓度8～10$\mu$L/L。井口喷出物为高温稠油，并有原油伴生气及大量蒸汽，喷出的稠油坠落到人体上有灼烫感，井口原油厚达60cm，人员无法到达井口。

3月12日15：05，突击队员分别从钻机东西两侧进入钻台下强行安装试油防喷器远程控制开关工具。此时井内原油携带大量硫化氢气体喷出井口高约30余米，由于喷流速度大，喷出原油温度很高（井口温度约70℃），消防队用水炮对井口实施降温工作。由于钻台两翼作业条件极端恶劣，喷流物弥散，硫化氢浓度高，能见度极低，同时突击队员佩戴正压式呼吸器、雨衣等防护用具，行动速度受到很大制约，经过连续几次的艰苦作业，16：08安装远程防喷器开关工具成功。16：45～19：00突击队员又多次进入钻台下作业，在油管上抢穿$1\frac{1}{4}''$围绳成功，使油管在井口内摆动居中，19：29抢关试油防喷器成功。观察井口无异常后，立即组织泵车向环空打入密度为1.14g/cm$^3$的盐水50m$^3$压井，观察钻台上油管内已无喷势，20：16突击队员上钻台，安装油管旋塞阀成功，并关闭旋塞阀，井口得到有效控制。

图8－1为井喷及处理现场照片。

图8－1　AD4井井喷及处理现场

4. 事故伤亡情况

这次井喷事故期间没有发生人员伤亡。

5. 事故损失

（1）直接经济损失：初步预测落地原油约6000m$^3$。

（2）间接经济损失：地表清理费用预计189580元。

6. 井喷原因分析

（1）艾丁地区是塔河油田主体区块西扩的一个重要勘探领域，近几年的钻探表明，该区块的奥陶系发育有岩溶缝洞型储集体，AD4 井是该区块上的一口勘探井（完钻井深 6558.00m，完钻层位 $O_2yj$），该井钻井过程中，在 $O_2yj$ 组 6518～6543m 井段钻遇 25m 的放空段，意味着可能存在高压油气层。

（2）由于该井漏失严重（钻井和测井期间累计漏失压井液 3257.6$m^3$，换井口和下油管期间漏失压井液 620$m^3$），从 3 月 10 日 12：20～20：10 向环空连续补液过程中，当补液量发生变化时未引起重视也未采取有效措施，导致该井在下油管作业中第二次出现溢流，因此补液不足是发生井喷事故的主要原因。

（3）通过该井抢险方案及方案成功实施的情况说明，该井井口不正，$\phi$88.9mm 半封闸板芯未带导向装置，造成完井管柱在井口不居中时不能进入试油防喷器半封闸板芯的两个半圆凹槽中，这是导致试油防喷器关闭失败的重要原因。油管在防喷器中的位置见图 8－2。

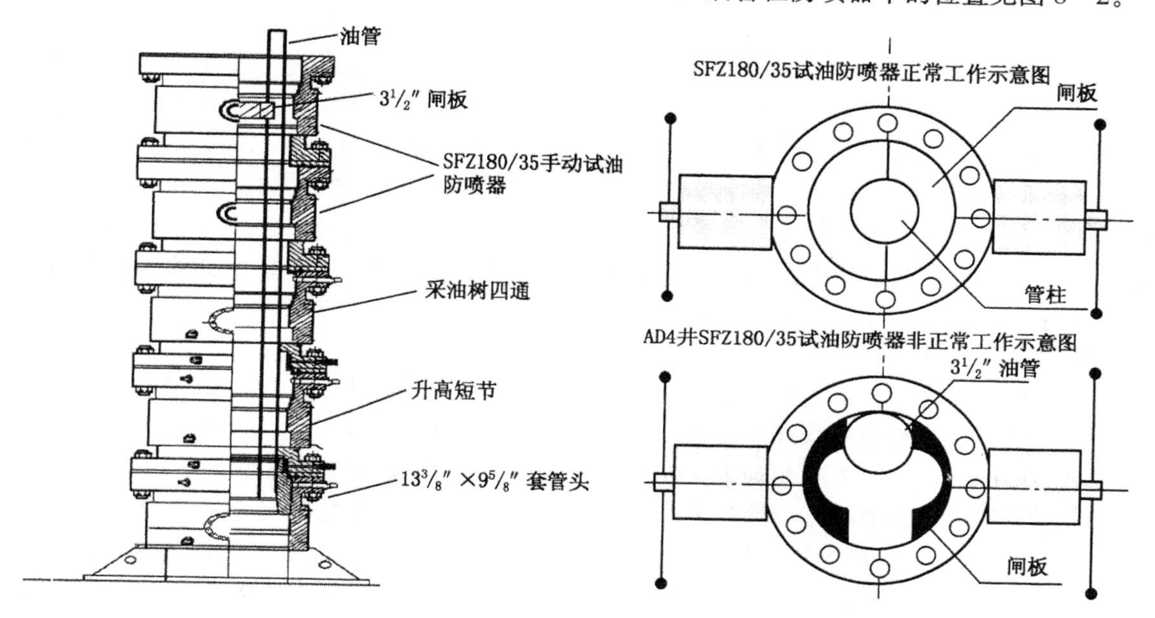


图 8－2　油管在防喷器中的位置示意图

（4）发现溢流后，因抢关试油防喷器失败，井队作业人员抢装油管挂，进行坐油管挂封堵环空，在连接组装过程中，由于工序多、作业时间长，由溢流到井涌、井喷发展速度快、间隔时间短，井口出现硫化氢，且浓度超标，施工人员被迫撤离，造成组装连接时间不足，封堵油、套工作失败。

（5）发现硫化氢气体超标后，由于井队启动井控和硫化氢逸散应急预案，切断电源，井场无动力和照明，造成作业人员无法再次进行抢装油管挂作业。

7. 经验及教训

（1）钻井队和完井队作为该井作业期间井控责任主体，在该井漏失严重（钻井和测井期间累计漏失压井液 3257.6$m^3$，换井口和下油管期间漏失压井液 620$m^3$），且漏速快，地层物体上返速度快，发生多次溢流现象的情况下，没有引起足够的重视，对前期的相关资料未进行仔细研究，未制定有效可行的压井措施。

（2）手动试油防喷器在应急状态时需要人员靠近井口操作存在人身不安全因素，在修完井作业和完井作业时应配备远程控制液动防喷器。

(3) 加大作业队伍应急预案演练力度，不断提高现场作业人员操作技能和应对突发事件的处置能力。

## 案例55　YT3井溢流放喷

1. 井漏、溢流发生经过

YT3井于2006年8月4日3：40四开（其中三开结束井深为5487.5m，177.8mm尾管悬挂井段3835.2～5485.5m），8月5日取心一次，取心井段5506.94～5515.52m，取心进尺8.58m，心长8.26m，收获率96.27%。2006年8月7日10：35钻至5524.81m时钻压由80kN下降到0，泵压由20.6MPa下降到17.1MPa，出现放空，井段为5524.81～5526.11m，钻井液有进无出，降低排量用130mm缸套双阀灌浆，仍无钻井液返出，此时漏失钻井液13.5m³漏速无法测定。钻井液性能：密度1.12g/cm³，漏斗黏度47s，失水5mL；地层：奥陶系一间房组。放空后立即起钻到套管里汇报并等待西北局下步施工指令。11：00～11：30起钻过程中漏失钻井液21.5m³，平均漏速43m³/h。等待指令过程中共漏失钻井液60m³，平均漏速30m³/h。14：30接到江汉新疆项目组转达西北分公司工程处指令要求下钻强行钻进8～10m后进行中途测试。17：10下钻强行钻进至5534.54m（强行钻进进尺8.43m），强行钻进过程中共漏失钻井液140m³（钻井液性能：密度1.12～1.08 g/cm³、漏斗黏度47～40s），平均漏速54.3m³/h。停泵准备起钻到套管里，17：15发现高架槽内有钻井液外溢，17：17关井，套压5MPa，立压2MPa。

2. 溢流、压井过程

2006年8月8日17：15发生溢流，17：17关井，套压5MPa，立压2MPa，溢流量0.54m³。17：33采用双阀从环空平推压井，平推量10m³后，套压、立压均降为零，钻井液密度1.16g/cm³，17：37开井观察，发现高架槽仍然有小股钻井液外溢，立即关井观察，套压5MPa，立压2MPa；19：35立压、套压不变，20：50第二次环空平推压井，平推32.55m³后，立压、套压为零，钻井液密度1.16g/cm³。22：10处理储备钻井液，22：45考虑到钻具内外压差平衡问题，从钻具内平推20m³密度为1.16g/cm³的钻井液，22：47开井观察，立压、套压为零。23：02井口溢流，22：06～23：10打重浆2m³密度为1.29g/cm³，23：23关井观察，立压为0.3MPa，套压为0，0：00准备压井钻井液。

8月9日0：35～0：55开泵正向平推密度为1.16g/cm³的钻井液15m³（开井）；1：10开泵循环；1：29打1.16g/cm³钻井液10m³；2：00起钻至5470.43m（在套管内），起钻前打入密度为1.29g/cm³的钻井液2m³；4：30开井观察，有小股溢流，开井过程中共灌浆18.83m³；4：35关井，套压为7MPa；5：05节流放喷（右侧放喷管线），套压为7.0MPa，立压为28MPa；5：07套压为7.5MPa，关下旋塞（关闭失灵），立压由28MPa上升至38MPa；5：16套压为10MPa；5：20套压为9.5MPa；5：34套压为12MPa；5：39套压为8MPa；5：40倒换到后侧放喷管线（套压为10MPa，立压为28MPa）；5：45点火，套压为16MPa，立压为26MPa，应急中心消防队到井场待命，压井队伍准备并接压井管线，井队加长右侧放喷管线；7：24套压16MPa，立压为26MPa；10：10套压为15MPa，立压为25MPa；10：12放喷管线火焰自动熄灭，放喷管线喷出水夹少量天然气，井场监测无$H_2S$气体；10：34套压10.5MPa，立压24MPa；11：15套压12MPa，立压24.9MPa，继续接压井管线（从高压立管闸门处接钻具内压井管线）；11：50套压14MPa，立压25MPa。各路应急队伍到井场，开始清理井场多余物品（清障），消防车喷水降温，各自做好应急准备。12：00 因后车方向的放喷管线离油罐等易燃易爆物品近，改换成右侧放喷管线。13：20 西北分公司领导组织召开现场压井会，制定压井方案。13：45～14：05 压井准备工作。14：05～15：30 水泥车用 1.47g/cm³ 钻井液正向压井，数据见表 8-1。

**表 8-1　压井数据**

| 时　　间 | 排量，L/s | 套压，MPa | 立压，MPa |
|---|---|---|---|
| 14：05 | 0.3 | 10.5 | 25.5 |
| 14：18 | 0.3 | 10.5 | 24 |
| 14：21 | 0.26 | 10.5 | 23.5 |
| 14：25 | 0.26 | 10.5 | 23 |
| 14：29 | 0.26 | 10.5 | 22 |
| 14：31 | 0.26 | 10.5 | 21.5 |
| 14：36 | 0.26 | 10.5 | 21 |
| 14：38 | 0.26 | 10.5 | 20.8 |
| 14：41 | 0.26 | 10.5 | 20 |
| 14：43 | 0.26 | 10.5 | 19 |
| 14：47 | 0.26 | 10.5 | 18 |
| 14：50 | 0.4 | 10.5 | 17 |
| 14：55 | 0.4 | 10.5 | 16.2 |
| 14：57 | 0.4 | 11 | 15.5 |
| 15：02 | 0.4 | 11.9 | 15 |
| 15：06 | 0.4 | 12.2 | 13.8 |
| 15：09 | 0.4 | 12.2 | 13 |
| 15：11 | 0.4 | 12.2 | 12 |
| 15：13 | 0.4 | 12.2 | 10.8 |
| 15：15 | 0.4 | 12.2 | 10 |
| 15：18 | 0.4 | 12.2 | 9 |
| 15：20 | 0.4 | 12.2 | 8 |
| 15：23 | 0.4 | 12.2 | 6 |
| 15：24 | 0.4 | 12.2 | 5 |
| 15：27 | 0.4 | 12.2 | 3.7 |
| 15：29 | 0.4 | 12.2 | 2.5 |
| 15：30 | 0.4 | 12.2 | 2 |
| 15：30 | 0.4 | 12.2 | 0 |

15：30 正向压井结束，注浆 30m³，钻井液密度为 1.47g/cm³。停泵时套压到 12.2MPa，立压为 0。15：36 时套压上升到 13.9MPa，立压为 0。15：55 对环空压井管线试压 20MPa，于 16：21 开泵环空平推压井，同时为保证立压为 0，以备压井后换方钻杆下旋塞，水泥车以 0.2m³/min 排量从钻具内泵入钻井液，压井数据见表 8-2。

表 8－2 压井数据

| 时 间 | 套压，MPa | 立压，MPa | 排量，L/s |
| --- | --- | --- | --- |
| 16：21 | 13.8 | 0 | 0.45 |
| 16：24 | 13.5 | 0 | 0.45 |
| 16：29 | 13.5 | 0 | 0.45 |
| 16：34 | 13 | 0 | 0.45 |
| 16：38 | 13.8 | 0 | 0.45 |
| 16：40 | 13 | 0 | 0.45 |
| 16：41 | 12.5 | 0 | 0.45 |
| 16：45 | 12.2 | 0 | 0.45 |
| 16：51 | 12 | 0 | 0.45 |
| 16：52 | 12 | 0 | 0.6 |
| 17：01 | 11.9 | 0 | 0.6 |
| 17：04 | 11.8 | 0 | 0.6 |
| 17：06 | 11.5 | 0 | 0.6 |
| 17：11 | 11 | 0 | 0.6 |
| 17：15 | 10.2 | 0 | 0.6 |
| 17：20 | 10 | 0 | 0.6 |
| 17：27 | 9.8 | 0 | 0.6 |
| 17：31 | 9.5 | 0 | 0.6 |
| 17：42 | 8.9 | 0 | 0.6 |
| 17：50 | 8.2 | 0 | 0.6 |
| 17：55 | 8 | 0 | 0.6 |
| 18：00 压井管汇螺栓松，紧扣 10 分钟 | 8 | 0 | 0.6 |
| 18：13 | 8 | 0 | 0.6 |
| 18：23 | 7.5 | 0 | 0.6 |
| 18：28 | 7.3 | 0 | 0.6 |
| 18：35 | 7.2 | 0 | 0.6 |
| 18：38 | 7 | 0 | 0.6 |
| 18：58 | 6.4 | 0 | 0.6 |
| 19：03 | 6 | 0 | 0.6 |
| 19：08 | 5.8 | 0 | 0.6 |
| 19：13 | 5.4 | 0 | 0.6 |
| 19：20 | 5 | 0 | 0.6 |
| 19：39 | 4.8 | 0 | 0.6 |
| 19：49 | 4.5 | 0 | 0.6 |
| 19：50 | 4 | 0 | 0.6 |
| 20：05 | 4 | 0 | 0.6 |

20：05 环空平推和钻具内平推同时停止（套压 4MPa，立压 0），节流放回水，20：05～20：10 换接方钻杆下旋塞；20：15 套压 3MPa，立压 0。整个压井过程中使用钻井液 180$m^3$ 油田水 50$m^3$，井队储备 220$m^3$。（密度为 1.12$g/cm^3$ 的钻井液 150$m^3$、1.47$g/cm^3$ 的为 100$m^3$、1.16$g/cm^3$ 的为 150$m^3$、油田水 50$m^3$）。

20：30 抢险小组召开会议，西北分公司抢险小组组长安排下步工作：

（1）采用小排量及时补充钻杆内钻井液液柱压力，随后采用开小节流阀放喷；

（2）保持井内微漏状态，灌入 1.16$g/cm^3$ 的钻井液或者相应当量密度的盐水；

（3）储备好 1.3$g/cm^3$ 的重钻井液，准备起钻打入重浆，保证井下安全；

（4）准备跟踪记录好立压、套压变化；

（5）做好整个施工过程的详细记录报告。

20：30～22：55 关井观察，8 月 9 日 8：25 用 1.16$g/cm^3$钻井液节流循环，压力变化和节流循环情况见表 8－3。

**表 8－3　压力变化和节流循环情况**

| 时　　间 | 套压，MPa | 立压，MPa | 工　　况 | 备　　注 |
| --- | --- | --- | --- | --- |
| 22：00 | 8 | 0 | 关井观察 | |
| 22：55 | 10 | 0 | （1）开始节流循环 | 泵入 20.7$m^3$ |
| 23：25 | 9.5 | 0 | 停止节流循环 | |
| 1：05 | 11.7 | 0 | （2）开始节流循环 | 泵入 55.2$m^3$ |
| 2：25 | 10 | 0 | 停止节流循环 | |
| 4：35 | 13 | 0 | （3）开始节流循环 | 泵入 31.05$m^3$ |
| 5：20 | 9.5 | 0 | 停止节流循环 | |
| 8：00 | 12.5 | 0 | （4）开始节流循环 | 泵入 17.25$m^3$ |
| 8：25 | 9.5 | 0 | 停止节流循环 | |
| 10：00 | 11 | 0 | 准备从环空平推压井 | |

3. 事故原因分析

发生此次井涌放喷事故的主要原因为：

（1）该队对本区块奥陶系一间房高压油气层认识不足；

（2）井队对内防喷工具储备不足：备用的上下旋塞、箭形阀、投入式止回阀和单流阀的储备未到位；

（3）采取措施不当，技术措施落实不到位：于 8 月 8 日凌晨 4：35 发生井涌。关井压力：套压 7MPa，立压 2MPa，立压迅速上升，到 5：05 立压 28MPa↑38MPa。井队发现（第一次）溢流未采取平推进行有效压井，从时间上分析，30min 内完全可能控制立压上升，可以避免后期的放喷泄压。

4. 经验教训

（1）通过此次井涌放喷事故，可以看出，一些井队在井控工作的落实上存在着一些不足：井控工具备用不足、技术措施落实不到位、井队在处理突发情况时经验不足。

（2）加强井控工作监督力度，着重于井控技术措施的落实，增强井控工作防范意识，提高对突发事件的应对能力。

## 案例56　S7201井节流放喷

1. 溢流发生经过

S7201井于2006年1月25日0：30岩心出筒完，至5：00灌油田水（井漏比较严重）、抢下光钻杆，下入2040m，至5：00已向井内灌入油田水106$m^3$，5：00以后每隔1h向井内灌浆2$m^3$。12：10井口发生溢流关井，立、套压为2MPa，至12：25立、套压为2MPa，开始节流循环。

2. 放喷压井过程

25日12：30立压10MPa，套压8MPa，至12：40立压20MPa，套压15MPa停泵，关下旋塞节流放喷，喷出物为钻井液、油田水带油气，无$H_2S$。至13：20套压32MPa，此压力稳定至13：50，喷势猛烈，伴有巨大的轰鸣声，喷高10m多，喷出物为油气。15：00套压下降至26MPa，放喷口点火成功，火焰高达30m，长40～50m，原油最远喷出约100m。16：10拟定压井方案压井：（1）采取用密度为1.14g/$cm^3$油田水正循环压井；（2）当油田水返至井口，放喷火灭时关节流，停止放喷，采取用油田水平推继续压井，直至压井结束。17：20套压下降至22MPa，并稳定。至21：10压井前的准备就绪，至21：20压井管线试压50MPa，至21：57打背压23MPa，开下旋塞，至23：40开始正循环压井，井内注入密度为1.14g/$cm^3$油田水74$m^3$，套压由22MPa下降至19MPa，调节节流阀关井，此时套压为25MPa，正循环压井结束，放喷管线出口火熄灭。

接着开始平推压井，至1月26日0：48向井内平推油田水（密度1.14g/$cm^3$）68$m^3$，套压由25MPa下降至8MPa，并稳定，此时开启节流阀二次从放喷口点火，火焰平喷长约10m。至2：30套压下降至0MPa，放喷口仍有小量火焰，至5：30放喷口火熄，立套压均为0，停止压井作业，而后打开半封闸板，开井正常压井作业结束。

3. 压井损失时间

自1月25日21：57正循环压井开始，至1月26日5：30压井结束，共用时为7小时33分钟，此次压井作业用密度1.15g/$cm^3$油田水424$m^3$。

4. 下步施工方案

开井后用钻井泵连续向井内注油田水，至10：00已向井内注油田水108$m^3$，漏速24$m^3$/h。

拆卸井口压井管线，清理井场。下一步井队连续以24$m^3$/h的排量向井内灌浆，下钻至管鞋以内，准备测试。

5. 经验教训

发生井漏后在没有摸清漏速的情况下，没采取连续向井内灌浆，而是每隔1h向井内灌浆2$m^3$，导致井内液柱压力不够，地层流体大量涌入井内造成严重溢流。关井后井口形成高压，不得不节流放喷。

0：30岩心出筒完，至5：00已向井内灌入油田水106$m^3$，漏速也达到了23.6$m^3$/h，和压井后的漏速24$m^3$/h应该是接近或一致的。而5：00以后每隔1h向井内灌浆2$m^3$，至12：10井口发生溢流关井，总共才向井内灌浆8$m^3$，远远低于井内漏速，而7h的漏失量不低于165$m^3$，几乎达到空井地步。这是造成溢流放喷的根本原因。

## 案例 57　AD6 井溢流、井漏和压井

1. 溢流发生过程

AD6 井 2007 年 2 月 28 日钻进至井深 6486.09m 时，井内返出原油，勘探处通知继续钻进；17：07 当钻至 6488.73m 时，出现溢流（原油），井队立即关井求压，套压及立压为 0，至 3 月 1 日 0：34 节流循环；1 日 12：55 继续钻进钻井液漏失，当钻至井深 6495.54m 时，褐色稠油涌出钻井液槽，关井进行节流循环，循环中有大量气体排出，1 日 12：57 点火，火焰高达 4m，至 14：00 排气结束；1 日 14：00～16：20 用密度 1.13g/cm$^3$ 的钻井液反推 100m$^3$，正推 1.14g/cm$^3$ 油田水 60m$^3$ 入井，未见返出钻井液。

2. 溢流处理过程

3 月 2 日工程处来现场指导，鉴于目前情况平推密度 1.14g/cm$^3$ 的油田水 175m$^3$ 未见返出，开井无液返出，指示强钻；至 5 日 22：20 用密度 1.15～1.16g/cm$^3$ 油田水强行钻进，钻进中油田水失返至井深 6558.00m 完钻（钻进期间放空 23.00m，放空井段 6518.00～6541.00m）。四开钻进共漏失钻井液 203.1m$^3$，油田水 1429.00m$^3$，漏失井段 6490.00～6543.00m，层位 $O_2$yj。

3. 通井测井作业

3 月 6～8 日 10：00 通井，在通井期间出现溢流多次，用 1.19g/cm$^3$ 油田水压井；至 9 日 24：00 测井，当电缆起至 4900.00m 时出现溢流，及时关井压井、起出电缆。在通井及测井期间共约漏失油田水 1474.5m$^3$，清水 281.0m$^3$。

此后换装井口进行完井测试。

# 第九章　固 井 事 故

固井是钻井工程中的最重要环节，固井的主要任务是在地层与井口之间建立可靠的联系通道，并能可靠的封隔开油、气、水层，为油气井长期稳定有效地进行生产奠定基础。但是由于各方面的原因，还是经常出现一些问题。固井的重要环节是下套管和注水泥，本章主要介绍两个环节中发生的事故和复杂问题。

## 第一节　套 管 事 故

### 一、卡套管

卡套管的原因有两种：一是粘吸卡，由于套管与井壁的接触面积大于钻杆与井壁的接触面积，而套管的上扣时间又多于钻杆的上扣时间，所以粘卡的机会比钻杆多，特别是钻井液性能不好时卡套管的机会更多。二是井壁坍塌或砂桥卡。在下套管过程中或下套管以后发生井塌或砂桥，卡住套管，阻塞了钻井液和水泥浆的循环通道，后果更严重。

1. 卡套管的原因

钻井液性能不好、井壁稳定性不好、洗井不好、压漏地层引起井塌或砂堵、灌浆不好挤毁回压阀造成坍塌堵塞环空。

2. 预防卡套管的措施

(1) 处理好钻井液性能减小其摩阻系数、保证套管对扣顺利、缩短套管上扣时间、认真灌浆防止挤毁回压阀、勤活动钻具减少静止时间。

(2) 下套管过程中发现井漏、井塌等现象时应起出套管，下钻处理，井下正常后再下套管。如果已下到设计井深，根据漏失情况决定是否固井或起出套管。

(3) 要控制下放套管速度、分段循环每次开泵先小排量后逐渐开至正常排量，防止压力激动憋漏地层。

3. 套管遇卡后的处理方法

套管遇卡之后的处理方法与处理卡钻有类似的地方，但也有很大不同，即保护套管串不被破坏是首要任务，套管在强大拉力下很容易从接箍处滑脱，所以可以全压但不能多提。套管与井壁之间的环形间隙较小，要想套铣倒扣是不可能的，所以提断套管，将面临报废部分或全井的结局。因此套管遇卡之后要特别慎重处理。

(1) 粘卡：在能循环钻井液的情况下，注入解卡剂解卡，效果比较好。参考粘吸卡钻的处理方法。

(2) 塌卡或砂卡。可分为以下 3 种情况进行处理：

①井内已形成砂桥，但尚有部分钻井液返出，应坚持小排量低泵压循环，提高钻井液黏度、切力，逐渐打开通路，恢复正常循环后固井。

②套管已下到底，发生塌卡或砂卡，循环时发生漏失。大多数情况下，发生坍塌和漏失的地层是上部松软地层，回压不高，此时可立即进行水泥固井，把水泥浆挤入，会得到满意的效果。

③如果套管未下到底，但距目的层不远，可以先固井，然后钻通水泥塞和套管鞋，通井循环到底，采取挂尾管的办法再把油气层封固好。

## 二、套管下完后循环不通

### 1. 压阀堵死

套管内掉入东西如通径规、棉纱、手套、螺纹脂刷子等，开泵后压力只升不降，此时应立即下射孔枪在阻流环附近射孔，恢复循环，然后固井。

### 2. 固井漏或砂堵而循环不通

开泵后泵压升高，钻井液只进不返，这可根据井下情况采取不同的措施。

（1）如果漏层在上部松软地层，泵压不太高，又有较大吸收量，可以直接注水泥。如果漏层在中硬地层，也有一定的吸收量，只是泵压较高，也可以挤入水泥浆，但水泥浆的稠化时间和初凝时间适当的延长。

（2）如果漏层就是生产层，挤水泥会严重伤害生产层；或者地层吸收量很小，不具备挤水泥的条件，那只好把井口固定好，在坍塌层段以下生产层以上的适当位置射孔，用小钻杆或油管带封隔器下入套管中，将封隔器坐封到射孔位置之下，循环畅通之后，再注入水泥浆封好生产层。

### 3. 因井漏而循环不通

这种情况下不能贸然固井，分情况进行处理：

（1）如果已知油气层压力不高，漏层在油气层以上，而且有可靠的井控设备，可以固井。注水泥碰压后，关防喷器并从环空间断地泵入钻井液，维持环空压力。

（2）如果不知漏层位置，而且油气层压力较高，有发生井下井喷的危险，或者漏层就在油气层，应先堵漏后固井。可将堵漏钻井液替入环空，分段挤注，待井下恢复循环后，再关井挤进一部分堵漏钻井液。静止一段时间后，再挤进一部分堵漏钻井液，待地层承压能力符合固井要求时，循环好钻井液再固井。

## 三、套管或回压阀挤毁

回压阀挤毁的主要原因是灌钻井液不足，而套管挤毁的原因有以下几种：

（1）灌浆量不足，形成内外压差太大。

（2）把抗挤强度低的套管混入强度高的套管中。

（3）套管加工质量或钢材性能达不到标准。

防止套管挤毁的办法主要是灌好钻井液，以套管抗挤强度的一半控制掏空深度，按设计要求定时足额灌入钻井液，灌浆量以见到管内液面为准。

## 四、套管断落

套管断落的处理办法：

（1）如上部套管从接箍中滑脱而接箍螺纹仍然完好的话，可以下入新套管对扣连接。

（2）如下部套管断落，可下入锥形引鞋扶正，并注入水泥进行固定。

（3）如断落套管很短，或只一个套管鞋，用锥形引鞋无法扶正，只好下磨鞋磨铣。

（4）如套管从中间断开而且断口错位的话，如果能下入小一级的钻头，则下入小一级的钻头钻进；如小一级的钻头也无法下入，则下入铣锥修整下部断口，直至上下通行无阻，再下入一层套管，将断口隔开；如果连铣锥也无法下入，那只好用磨鞋磨出一条通路，进行侧钻了。

## 第二节　注水泥过程中的复杂问题

**一、注水泥过程中发生漏失**

原因是水泥封固段有低压层存在。根据漏失压力的大小，可采取如下固井方式：

(1) 用低密度水泥浆固井；

(2) 双级或多级固井适用以下情况：①要求一次注入的水泥浆量过大，水泥柱过长，有过大的静液柱压差，有可能压漏下部地层。②下部有气层，为防止水泥凝固时产生过多的失重，造成气窜。③井筒上下均有需要封隔的地层，但中间有大段的地层不需要封隔。

(3) 先期完成：钻进至油气层顶部，先下套管固井，将上部的高压层，易坍塌层等复杂层封掉，然后用低密度钻井液钻开下部油气层的方法。下部油气层钻开后，可采用以下完井方式：裸眼完成法、衬管完成法和尾管完成法。

**二、注水泥过程中突然憋泵**

造成的不良后果是：水泥浆返不到设计位置，该封的地层没有封住；套管内留下过多的水泥塞。原因有：管内堵塞、水泥浆闪凝、胶凝作用、桥堵作用。

**三、替浆结束碰不起泵压**

碰压不成的原因大致有以下几点：阻流环位置螺纹不密封或阻流环挤碎；未放胶塞或者胶塞不密封；计量不准；套管串某处破损。

### 案例58　TP7井断套管

1. 基础资料

事故井深：3000m。

事故地层：$N_1j$。

井身结构：$\phi$444.5mm×3000m＋$\phi$311.15mm×5516m＋$\phi$215.9mm×6504m＋$\phi$149.2mm×$\phi$6588m。

2. 事故发生经过

2006年1月18日16：30开始下339.7mmP110B×12.19mm技术套管。在施工前制定了下套管技术措施，在施工过程中严格执行钻井工程设计与固井设计中对下$\phi$339.7mm套管的技术措施及要求。1月19日21：50开始在倒数第二根套管下放过程中遇阻22：03下放至450kN恢复原悬重（原悬2100kN），该单根下放可压活，上提困难。22：08接联顶节，下放至井深2990.72m时套管内钻井液倒喷，22：19上提至2800kN，下放至150kN，再次上提下放无效。

3. 事故发生后

于1月20日1：30接循环头开泵，憋压至10MPa无法憋通。2006年1月22日15：30卸联顶节下钻探底。1月23日00：00下放至井深2322m时遇阻50kN，接方钻杆开泵下放，钻压反映为沉砂。循环一周后接地面单根下放。在开泵的情况下可正常下放。18：00以20r/min转速下放至井深2907.80m时，遇阻40kN，扭矩增大，转盘憋停，反复多次拨动无法下放。

4. 事故原因

由于套管脱落造成环空压力激动，井壁坍塌，套管卡死。套管质量问题是造成这次事故的主要原因。

5. 事故处理方案

（1）立即建立循环；

（2）继续下送套管。

6. 事故处理过程

1月23日挤帽子，注入水泥浆66.4m$^3$封固了井口以下400m左右环空。候凝结束后，下钻探底。下放至井深2322m时遇阻50kN，接方钻杆开泵下放，钻压反映为沉砂。循环一周后接地面单根下放，在开泵的情况下可正常下放。19：30下至井深2907.80m时遇阻40kN，循环洗井至22：40启动转盘，转盘蹩跳，筛子上返出金属碎屑，至1月24日01：00停转盘时共计进尺0.23m。因转盘蹩跳严重，起钻。钻头起出后情况如下：主要磨损特征为断齿，内外排齿断齿比例为20：14，大部分断齿出现在内排齿。现场分析认为这主要是由于套管变形、错位所引起。

1月25日04：30下入308mm铅印，共下压铅模两次，角度相差180°，对落鱼顶进行照相。根据铅模印痕测绘有关数据如下：

（1）理论管串接箍顶：2910.77m。遇阻位置：2907.80m（钻压20～40kN，转盘转速30～36r/min）；转盘钻至：2908.03m；遇阻与最近套管接箍距离：2907.80－2910.77＝2.97m。

（2）套管接箍壁厚：13mm；套管本体壁厚：12.19mm；套管接箍内径：345mm；套管本体内径：315mm；外螺纹端倒角壁厚：8mm。

（3）铅印起出情况：在铅模的一侧打印上一道圆弧状槽子，槽子最宽处约7mm，最窄处约3mm；槽子最深处深约为22mm，最浅处深度约为11mm。对印痕进行测绘后根据圆弧求出圆心，初步估算鱼顶直径大约为277mm。现场分析：铅模印痕反映出的鱼顶断面为尖茬状，可能属于单向套管变形。

26日11：00用215.9mm钻头试穿过套管鱼头。下至井深2908.03m遇阻，在鱼头位置转动转盘多次无效，钻头无法穿过套管鱼头，估计套管上下鱼头错位。决定起钻。

27日00：00用166mm铣齿接头试下，下至2908.03m遇阻，启动转盘改变方位再试下多次仍然无法通过。钻压加至20kN，转盘转速40r/min，排量50L/s，下放至鱼头位置扭矩增大，钻压波动较大。循环起钻。

27日14：30开始下入135×311mm铣锥，至19：30下钻至2908.33m遇阻（鱼顶位置在2908.03m。现场分析：0.30m的差值可能是由于铣锥的下部已经进入套管鱼头0.30m所产生），启动转盘磨铣套管鱼头，开始返出铁屑为细丝状夹杂片、块状，至04：00磨铣至2908.50m，钻压不降，扭矩几乎没有，返出为粉末状铁屑。铣锥起出后在铣锥上磨出的印痕宽：25mm，深：4mm。从铣锥底部到磨痕外径210mm处的垂直长度为0.24m。现场分析：根据最近这几次下钻、下工具试过鱼头遇阻的情况来看，套管鱼头处可能已经向内卷曲，加上套管偏靠井壁一侧，所以每次下钻到该位置遇阻，反复拨动仍然无法通过。如果不将鱼头卷曲的部分处理掉，则不论是工具还是电测仪器都可能在卷口处遇阻。1月28日18：00下入$\phi$149.2mm钻头，顺利通过套管鱼头，下放到2912.17m。初步估计是在$\phi$88.9mm钻杆与$\phi$139.7mm钻杆的转换接头处遇阻，反复拨动钻具仍然无法下放。钻具起出后情况如下：在钻杆本体处刻划出宽度为2mm、深度为1mm的沟槽。现场分析：$\phi$88.9mm短钻杆长度仅为2.90m，刚性较大，上面直接过渡到$\phi$139.7mm钻杆，所以

ϕ88.9mm 短钻杆在鱼头错位处遇阻，并且紧贴套管鱼头产生偏磨。根据以上情况，决定起钻，降低下部钻具的刚性，将 ϕ88.9mm 短钻杆甩掉，换为 3 根 ϕ88.9mm 钻杆后再次试下，如果能够通过鱼头则下至浮箍位置循环起钻，准备电测。29 日 09：00 下钻到底，ϕ149.2mm 钻头顺利通过鱼头，继续下行至 2919.44m 遇阻 40kN，多次活动无法下放。1 月 30 日 02：20 开始进行成像电测（电测仪器型号：EXCELL 2000 9，外径：83mm），下放到 2907m 遇阻，无法下放。根据已经测出的电测数据来看，电测仪器的磁定位组件在 2906.50m，加上仪器自身长度 5m，估算遇阻位置在 2911.50m，而原排管串中距离 2911.50m 最近的接箍位置分别为 2898.93m 和 2910.30m，即：鱼头位置有可能产生在套管接箍处。

30 日 19：30 下入 135×311mm 铣锥（同前）至 2908.50m，遇阻，拨动后可以下放，分析有可能已经进入套管鱼头正眼，以钻压 20～80kN、转速 40～50r/min、冲次 100 冲/min 对鱼头进行磨铣至 21：40 后，由于磨铣时扭矩几乎没有，钻压不降。01：20 扭矩开始波动，将钻压降至 20kN 磨铣。筛子上返出铁屑以粉末状为主，间夹少量片状、卷曲状。至 02：45，井深至 2908.80m。02：50 扭矩突然增大，上提遇卡 40kN，提至 140kN 提活。03：50 扭矩再次突增，上提至 50kN 提活。至 05：30 上提下放过鱼头已经比较顺利，接单根继续下探，06：30探至 2912.00m，因落鱼仍然在裸眼中呈倾斜状态，并且 ϕ177.8mm 钻铤刚性大，把铣锥憋向套管一侧，导致铣锥对套管的偏磨，产生巨大扭矩（零钻压情况下扭矩仍然较大），考虑到潜在着铣锥继续向下行所存在的硬卡钻风险，决定起钻根据起出后的铣锥情况决定下步措施。

31 日 13：00 铣锥起出情况如下：切削刀翼在全长范围内普遍磨损，最大外径处从 ϕ311mm 磨损至 ϕ298mm，堆焊的钨钢层已磨损大部分。由于钨钢切削层的磨损造成了切削刀翼与套管的干磨，形成巨大扭矩。考虑到下列原因决定起钻：（1）下部钻具组合刚性较大，且套管仍然倾斜，铣锥紧贴套管一侧偏磨；（2）扭矩异常潜在着扭断铣锥的风险。

31 日 19：50 下入 ϕ300mm 磨鞋准备对鱼头进行进一步处理。过了鱼头（2809.50m）后出现扭矩，控制钻压在 5kN 以内对套管进行充分磨铣。从 19：50 磨铣至 2 月 1 日 04：30 磨铣至井深 2919.08m 后，扭矩几乎没有，只有钻压，长时间没有变化。10：30 又出现磨铣进尺，至 20：00 井深 2919.63m，磨速变慢起钻。磨鞋起出后，最大外径从 ϕ302mm 磨损至 ϕ293mm，切削层厚度从 13mm 磨损至 8mm。

2 月 2 日 10：00 下入 139mm×311mm 铣锥，在过鱼头位置时，遇阻 20kN，转动转盘后顺利下放，来回反复试过三次无反应。过了鱼头后，至 2920m 又开始遇阻，启动转盘开始磨铣套管，扭矩平稳，钻压稳定在 10kN 以内。磨至井深 2919m 上提活动钻具时遇卡 300kN，转动转盘变换方位后提出，继续住下磨进。在井段 2921～2930m 无反应后可以直接下放钻具。下放至 2930m 后遇阻 10kN，启动转盘开始磨铣，至 14：30 磨至井深 2931.19m 后钻压波动正负 40kN，泵压波动 5～10MPa，可能已经探至浮箍。探到浮箍后为创造电测条件，在鱼头至浮箍井段继续磨铣修套管内壁至 04：30 起钻。铣锥起出后在直线部分产生了明显磨损，最大外径从 ϕ311mm 磨损至 ϕ296mm，而锥度部分磨损不明显。

具备电测条件后，2 月 3 日 11：00 开始进行成像电测。根据电测图可计算出如下数据：

（1）离上鱼头最近的接箍为：电测图中的接箍位置 2896.6m + 系统误差 2.3m = 2898.9m。

（2）上下鱼头间的裸眼长度为：上鱼头井深 2923.3m − 下鱼头井深 2910.3m = 13m。

（3）下鱼头以下套管长度为 80.42m，共 7 根套管。

23：35 下钻至井深 2920.40m，遇阻 40kN，转盘拨动后下放至 2920.47m 遇阻 100kN，启动转盘产生蹩跳，可能已经到达鱼头，以钻压 5～10kN、转速 35r/min、排量 22L/s 磨铣鱼头。至 2 月 4 日 11：30 磨至井深 2920.78m 起钻。钻头起出后，共掉齿 47 颗。

2 月 4 日 22：50 下入 300mm 磨鞋，至井深 2920.87m 遇阻，开始以钻压 5～40kN、转速 40r/min、泵冲 80 冲/min 磨铣鱼头。至 2 月 5 日 11：00 磨铣至 2921.80m，共磨进 0.93m。磨鞋起出后情况如下：磨鞋外径从 300mm 磨至 298mm，磨鞋底面磨出三个深度大约 10mm，直径 13mm 的眼；另外，在三个眼周围磨出一圈直径 70～80mm 的痕迹，在磨鞋其中一个水眼周围磨出一圈直径 50mm 的痕迹；磨鞋工作部分与本体出现一道宽度 1mm 的裂痕，搬动磨鞋有明显的框动感。

2 月 7 日 05：30 下入 $\phi$311mm 铣锥到鱼头，顺利通过鱼头位置并磨铣划眼至井深 2930.60m，泵压上升 3MPa，钻压波动，分析可能由于井底不干净所致，起钻，准备下入 $\phi$241.3mm 钻头试过鱼头。

2 月 8 日 03：50 下入 $\phi$241.3mm 钻头至 2921.15m 处遇阻，拨动转盘仍无法通过鱼头，起钻。准备再次下入铣锥带 $\phi$311mm 扶正器对套管鱼头位置再进行磨铣。

2 月 8 日 19：00 下入铣锥带 $\phi$311mm 扶正器至井深 2914.77m 遇阻 100kN，反复活动仍不能通过；19：15 启动转盘以钻压 10～20kN、转速 45r/min、泵冲 80 冲/min、扭矩控制在 125 N·m 划眼，至 20：15 分划眼至 2914.80m。从铣锥底部至扶正器工作面长度为 6.17m，由此推算出当前扶正器位置：2914.77－6.17＝2908.60m，即前面遇阻过的套管上鱼头位置。21：40 扭矩、钻压突然消失，下放至井深 2915.38m，上提钻具遇阻 120kN，下放钻压至 80kN 未压开，上提至 150kN 提开，转动转盘后下放至 2918.58m 再次遇阻，压至 200kN 未压开，上提 190kN 提活，启动转盘继续划眼此井段。2 月 9 日 10：00 磨铣划眼至井深 2930.93m，已接近套管附件位置，由于铣锥无法扫附件，并且 $\phi$308mm 的扶正器已经能够顺利通过上下鱼头，已经具备下 $\phi$241.3mm 钻头的条件，所以起钻准备下入 $\phi$241.3mm 钻头扫附件。铣锥起出后情况如下：铣锥外径从 $\phi$299mm 磨损至 $\phi$296mm，扶正器外径从 308mm 磨损至 306mm，在扶正器螺旋工作面前端磨出一道宽约 25mm，深度约 15mm 的磨痕。

2 月 9 日 22：45，$\phi$241.3mm 钻头顺利通过鱼头，至井深 2930.08m 遇阻，开始以钻压 10kN、转速 45r/min、泵冲 120 冲/min 划眼，扫附件。02：00 振动筛上返出铝合金碎片，由此估计可能已经到了浮箍位置。至 04：00 扫至井深 2930.43m，钻压降为零，从井段 2930.43m 至 2976m 开泵转转盘下放无反应后，从 2976m 至 2987.25m 开泵停转盘下放无反应，至 2987.25m 遇阻，可能已经探到浮鞋，07：00 开始以钻压 10kN、转速 45r/min、泵冲 120 冲/min 划眼，扫附件。由于浮箍底距浮鞋理论距离为 57.44m，所以估算浮鞋底部：2930.43m＋57.44m＝2987.87m。此即证明：套管未沉到井底。

15：00 扫至井深 2987.87m，扫穿附件。继续下探井底，15：23 探至井底 3000m。

2 月 11 日 03：00 开始下入 $\phi$311mm PDC 钻头带 $\phi$311mm 扶正器下钻通井，准备再次试下，以验证该钻头是否能够通过鱼头及附件。08：00 下至井深 2908m 遇阻，开始以钻压 5kN、转速 50r/min、泵冲 120 冲/min 在此井段划眼，10：30 划至井深 2911m 时钻压回零，扭矩消失，停转盘可以下放钻具。过下鱼头时遇阻 10kN，指重表摆动一下后再无反应，钻头平稳通过鱼头。下放至 2929m 遇阻，已经到达浮箍位置，继续以上述参数划眼，扫除残留附件，15：30 浮箍扫穿后下放钻具至 2987m 再次遇阻，仍以上述参数扫浮鞋。19：20 扫至井深2987.87m，浮鞋穿。上提钻具过上下鱼头及附件位置已无反应。

至此，已具备打灰塞条件。

2月12日10：00下入铣齿接头至井深2896m，准备进行试漏。至14：50用固井水泥车试漏至18.5MPa，挤入水泥3.8$m^3$，地层压破，泄压后回吐钻井液2$m^3$。继续下钻至2991m，打水泥塞，共注入水泥浆16$m^3$，使用天山G级水泥22t，水泥浆平均密度1.84g/$cm^3$，替入井浆30$m^3$。抢提钻具至2200m，19：30至20：00关井挤入水泥浆6$m^3$，压力憋至24MPa，关井憋压候凝。至2月13日01：00开井泄压，回吐钻井液1.4$m^3$。至此已具备三开条件，经请示工程处后，同意以此状况进行三开施工。

7. 事故损失时间

578小时52分钟（24.49天或0.82台月）。

8. 经验教训

下套管前必须调整好钻井液，认真通井划眼保证井眼畅通，同时要检查好套管并用规定的扭矩上扣到位，防止套管脱扣。确保套管顺利下到位。

## 案例59　AT101井套管粘卡

1. 基础资料

事故井深：1041.46m。

事故地层：$N_2k$。

井身结构：$\phi$444.5mm钻头×1199m。

入井管串结构：$\phi$339.7mm×1041.46m（入井$\phi$444.5mm套管扶正器18只）。

钻井液性能：密度1.16g/$cm^3$、漏斗黏度70s、中压失水8mL、含砂量0.8%、pH值9、静切力3/6Pa、塑性黏度18mPa·s、$Cl^-$含量4520mg/L、固相含量42.9kg/$m^3$、黏滞系数0.0262。

地层及岩性描述：地层为库车组（$N_2k$）；岩性为黄灰、灰白色粉砂岩、细砂岩与黄灰色、棕灰色泥岩略等厚互层。

2. 事故发生经过

10日15：45下完92根，接第93根套管时，因2根套管上扣时错扣，井内套管不能活动，静止45min，甩掉第93根套管后立即活动套管串发现已经粘卡。

事故发生后：立即采取措施，在套管和设备允许的范围内上提下放活动套管串，同时向有关部门汇报和请示。

3. 事故原因分析

$\phi$339.7mm套管上扣困难错扣后，造成套管在井内静止45min，静止时间过长是卡套管事故的主要原因。

4. 事故处理方案

在套管和设备允许的范围内活动套管串。

5. 事故处理经过

在套管和设备允许的范围内活动套管，逐渐提高吨位上提、下放活动套管，上提最大吨位为2000kN，下放为0，多次活动套管串无效。经请示工程处，批示就地固井。

6. 经验教训

一开要保证钻井液净化和确保井眼质量，防止下套管过程中套管静止时间过长（本井静止 45min)；在保证井眼质量的前提下要加强操作技能的培训，以免事故的发生。

## 案例 60 AT7 井表套粘卡

1. 基础资料

事故井深：801m。

井身结构：ϕ444.5mm 钻头×801m。

套管设计下深：ϕ339.7mm×799m。

实际下深 577.71m，钢级 P110，壁厚 10.92mm，偏梯扣，国产。

入井管串结构：浮鞋 + 4 根套管 + 浮箍 + 套管组合。

2. 事故发生经过

2006 年 11 月 1 日 4：30 开始下 ϕ339.7mm 表层套管，至 12：00 下到井深 577.71m 时，套管错扣，处理套管错扣中套管静止，发生粘卡，至 15：00 经循环活动管串无效，套管中途卡死，循环正常。

3. 事故原因分析

下套管过程中，套管队连接套管时，操作失误，发生错扣，处理过程中，耽误时间较长，有十多分钟，井内套管长时间静止，造成压差粘卡套管。

4. 事故处理方案

请示上级主管部门，就地固井。

5. 事故处理经过

11 月 1 日 15：30，经请示西北分公司工程技术处，决定就地固井。18：40 开始固井，20：18 替浆碰压，固井结束，施工正常，候凝。

6. 经验教训

套管队下套管过程中，发生错扣，处理过程中，井内套管较长时间静止，造成压差粘卡套管，对下一开次的施工带来安全隐患。在今后工作中，要求塔河油田施工单位严格执行现场工作程序，规范操作，杜绝类似事故的发生。

## 案例 61 T761 井卡套管

1. 基本情况

T761 井三开用 ϕ311.15mm 钻头穿过盐层钻至 5394.66m 中完钻。经过反复扩划井眼，通过电测井径，计算盐膏层蠕变速度能够满足下套管和固井要求，经工程处同意开始下复合套管。

于 4 月 24 日下入 ϕ273mm + ϕ244.5mm 复合尾管后，在下送入钻具至 3780.00m（4 月 24 日22：00)，发生卡钻和悬挂器坐挂事故，在处理过程中又发生井漏，经过降密度处理，井下无漏失，又经过两次泡解卡液，仍未能解卡，至 5 月 5 日 10：00 接到工程技术处通知，就地固井，事故累计损失时间（4 月 24 日 22：00～5 月 5 日 10：00）252h（10.5 天)。

2. 事故发生经过

T761 井于 2005 年 4 月 24 日 1：30 起钻完，做下套管准备工作；2：00 开始下 ϕ273mm + ϕ244.5mm 复合尾管；17：10 下完套管，灌满钻井液后，称套管重量为 1480kN，接完悬挂器后，于 18：10 开始下送入钻具；至 22：00 下送入钻具至 3780.00m 遇卡，此时悬重为 1860kN，正常下放为 1700kN，摩阻 160kN（在套管内摩阻 100kN)，遇卡后经多次上提至

2500kN，下放至 900kN 活动无效，发生卡套管事故。

基础数据：浮鞋位置井深 3780.00～3779.70m；$\phi$273mm 套管串总长 196.25m（井深 3779.70～3583.45m）；$\phi$244.5mm 套管串总长 2177.83m；悬挂器长 4.14m（井深 1403.77～1399.66m）；$\phi$127mm 钻杆长 402.99m（含 411×520 接头）；$\phi$139.7mm 钻杆长 995.84m（$\phi$339.7mm 套管引鞋位置为 3205.95m）。

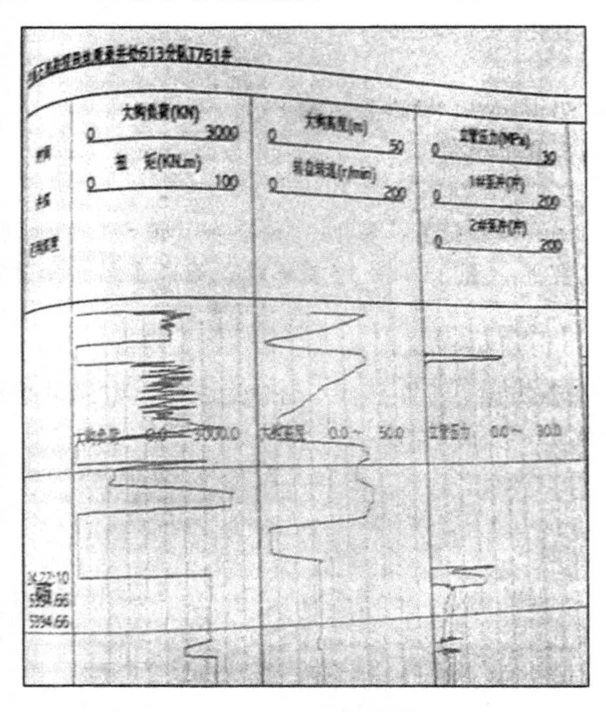

图 9－1　T761 井测井曲线

发生卡钻前的一柱钻杆（35 号），下放过程中有摩阻增大现象，当时判断可能是有粘卡现象，因此适当增加下压吨位，继续下套管，当立柱下完抢接上新的立柱（接立柱时间小于一分半钟），重新下钻，下压至 900kN，未能活动开，又上提至 2500kN，也未能活动开，发生卡套管事故。当时现场判断为粘附卡钻，经请示工程处，准备泡油解卡。

图 9－1 为 T761 井测井曲线。

3. 事故处理过程

4 月 24 日 22：00～25 日 7：30 小排量循环钻井液（泵压 5MPa；排量 12L/s）。25 日 2：00 经测卡点计算，发现计算的卡点为 1331.74m，处于悬挂器以上的位置（悬挂器位于 1403.77～1399.66m）。计算结果如下：拉伸试验：1900～2140kN（钻具伸长 0.36m）～2350kN（钻具伸长 0.33m）～2540kN（钻具伸长 0.3m）；三次平均伸长 $l=33$cm，三次平均拉力 $F=21.33$kN；$\phi$139.7mm 钻杆 $K_1=8980$kN；$\phi$127mm 钻杆 $K_2=7150$；$\phi$139.7mm 钻杆 $L_1=995.84$m；$\phi$127mm 钻杆 $L_2=402.99$m。根据公式 $l_1=L_1\times F/K_1=995.84\times 209.03/8980=23.18$cm；$l_2=L_2\times F/K_2=402.99\times 209.03/7150=11.78$cm；$l_1+l_2=34.96\text{cm}>l=33$cm。

根据公式 $L=L_1+K_2\times(l-l_1)/F=995.84+7150\times(33-23.18)/209.03=995.84+335.90=1331.74$m。理论卡点：1331.74m。

25 日 7：30～7：50 发生井漏，井口断流，漏失钻井液 7.77m$^3$（$\rho=1.67$g/cm$^3$），漏速为 46.62m$^3$/h；8：10 小排量泵入钻井液 4.07m$^3$；11：20 静置，降地面钻井液密度 1.67g/cm$^3$↓1.61g/cm$^3$；11：40 泵入密度为 1.61g/cm$^3$钻井液 18.5m$^3$，井口未见返出；14：00 地面配胶液及准备井场水；14：20 环空灌井场水 4m$^3$，井口见返出；15：30 静置观察，环空液面下降 2m；16：20 从钻杆内泵入密度为 1.42g/cm$^3$钻井液 19.27m$^3$，井口未见返出；20：15 关井，从环空挤入井场水 40m$^3$，泵压最高为 8MPa，排量为 6.92L/s，停泵后泵压为 6MPa；20：30 泄压，开井；24：00 从钻杆内泵入密度为 1.41g/cm$^3$钻井液 52m$^3$，井口见井场水返出（0：00 井口断流）。

26 日 0：00～2：00 清罐，准备井场水；4：40 关井，由环空挤入井场水 40m$^3$，泵压最高为 8MPa，停泵后泵压为 6.5MPa；5：45 泄压，开井；8：40 从钻杆内泵入钻井液

61.96m³，井口见钻井液返出，建立循环；13：30 循环调整钻井液密度至 1.44～1.48g/cm³（漏失钻井液 18.04m³）；14：05 配解卡液，解卡液配方：柴油 21m³ + 淡水 6.3m³ + DJS－3（4.5t）+ 快 T 2t；16：25 替入解卡液 26m³，替密度为 1.44g/cm³ 钻井液 93m³（解卡液浸泡井段 3780～3205m）；27 日 16：00 活动钻具，最高上提至 2800kN，未能解卡。

28 日 17：00 循环替出解卡液，降钻井液密度至 1.35g/cm³；29 日 5：00 循环钻井液，同时配膨润土浆 40m³ 并进行水化；24：00 循环降钻井液密度至 1.25g/cm³，配解卡液，解卡液配方：柴油 15m³ + 淡水 12m³ + DJS－3（4.4t）+ 快 T 2.02t + 有机土 0.5t + 重晶石 16t，解卡液密度为 1.25g/cm³。

29 日 0：00～1：15 替入解卡液 30m³，替密度为 1.25g/cm³ 钻井液 93m³（解卡液浸泡井段 3780～3205m）。

5 月 5 日 10：00，1000～2400kN、300～2600kN 之间活动钻具（多次最高上提至 2800kN 未能解卡）。

5 月 5 日 10：00 接到工程处通知，就地固井，井队开始替出解卡钻井液，并循环钻井液，做固井准备工作。

5 月 6 日固井结束，固井施工正常。

4. 事故原因分析

（1）第一次对盐层扩孔经测蠕变速率不满足下套管的要求，因此改用 DBS 扩孔器其本体外径 $\phi$308mm，扩孔器刚出下至 3342m 遇阻被迫扩划至井深 3720m，后因扩划困难改用单扶划至盐层顶部。从以往下 $\phi$273mm + $\phi$244.5mm 复合套管的井分析上部老井壁被破坏过往往下套管困难，新井壁的建立不如老井壁质量好，可能是卡套管的原因之一。

（2）该井为克服盐层蠕变满足下套管的要求，将钻井液密度提至设计高限 1.67g/cm³，大压差及 $\phi$273mm 包角大套管不能加扶正器，可能导致压差卡套管。

（3）根据下套管过程及后续施工过程情况分析，此次卡套管可能有两种原因：一是套管先粘附卡钻，后悬挂器坐挂；二是下套管过程中先悬挂器坐挂，后套管粘附卡钻。

5. 经验教训

（1）从本井卡套管事故情况来分析，在下套管前的井眼准备相对较为充分，但在下套管过程中发生卡套管事故，下 $\phi$273mm + $\phi$244.5mm 复合套管环空间隙较小，对下套管存在高风险。

（2）加强对套管附件的检查、检测，在发生井下异常后能够进行有效处理。

（3）在下套管过程中遇阻卡后，上提下放吨位不宜过大。避免在处理过程中引起套管附件（悬挂器）提前工作，给后续处理事故带来困难。

## 案例 62　S115 井悬挂器中心管落井

1. 事故发生经过

S115 井于 2004 年 5 月 28 日 16：30 将 $\phi$244.5mm 套管下到底，5 月 29 日 1：30 固尾管结束，固井施工顺利。1：50 开始起钻，至 2：00 共起 10 个单根，悬重由 1030 $\downarrow$ 1010kN，开始循环替浆，泵冲 92 冲/min，立压 18.0MPa。循环至 3：10 井口有水泥浆返出，3：30 开始返出钻井液。10：00 循环钻井液，5 月 30 日 6：44 停泵候凝。5 月 31 日 18：00 起钻完。检查发现 $\phi$244.5mm 套管悬挂器支撑套 + 倒扣螺母 + 密封芯子 + 中心管落井，鱼长 4.82m。

2. 现场调查

发生事故后，项目组立即组织监督到现场进行事故调查，并会同悬挂器厂家，对事故发生的经过进行分析。

从固井后开始起钻，起 10 个单根后，悬重由 1030kN 降至 1010kN，摩阻正常。随后开始循环替浆，清洗环空。

在 5 月 30 日 6：44 开始起钻，11：00 共起出 40 柱钻杆。在连续起钻过程中，阻力较大，最大拉力由 940kN 升至 1100kN。循环 20min，泵冲 52 冲/min，立压 5.0MPa。12：40 起出 4 柱，此时悬重由 800kN 升至 990kN，第二次开泵循环。14：12 停泵开始起钻，悬重 730kN 正常，最高达到 1050kN，17：25 起出 9 柱，第三次开泵循环。19：04 停泵起钻，悬重由 550kN 升至 760kN，起出 7 柱后，恢复正常值，23：10 开泵循环，立压 0.9MPa，悬重 330kN。此时井内钻具 340m。在以后起钻过程中，摩阻较大，上提困难，5 月 31 日 18：00 起钻完。

分析整个过程，初步认为：悬挂器倒扣时提升短节下部接箍与载荷支撑套连接螺纹锁紧销钉被剪断，循环钻井液转动钻具时扣被甩松，起钻至有水泥环井段转动钻具时梯形扣完全倒脱导致脱落。

3. 事故处理经过

事故发生后，施工单位协同悬挂器厂家人员，立即制定打捞方案，组织工具，对落鱼进行打捞。

（1）6 月 1 日 6：00～9：30 下入加工的双内螺纹接箍进行对扣打捞，未对上扣，但是内螺纹接箍端面有磨痕。

（2）6 月 1 日 10：00～13：30 下公锥（$\phi$82～115mm×0.9m）探落物，公锥无法进入水眼，未捞获，下深 241.13m。

（3）6 月 1 日 19：05～21：15 下公锥（$\phi$44～86mm×0.95m）探落物，公锥无法进入水眼，未捞获，出井后公锥有 1/4 面磨痕；下深 241.13m。

（4）6 月 1 日 21：30～0：00 第 3 次下公锥（$\phi$44～86mm×0.95m）探落物，未捞获，出井公锥在 $\phi$44～55mm×0.30m 处偏磨外圆；钻具管串：公锥 + $\phi$127mm 钻杆，下深 241.13m。

（5）6 月 3 日 0：30～2：45 下铅模（$\phi$280mm×0.17m，全长 0.35m）探落物，用 50kN 钻压打铅印后起钻，落物有下移现象，顶深降至 242.13m，铅模出井后，打出落物印痕杂乱。钻具管串：铅模 + $\phi$177.8mm 钻铤×6 根 + $\phi$127mm 加重钻杆×15 根 + $\phi$127mm 钻杆。

（6）6 月 3 日 3：30～7：40 下入从渤海管具租赁的专用可退式打捞矛（$\phi$55～65mm×0.64m，$d_i$=10mm，有效 $L$=0.35m），钻压 20～30kN 进行打捞；起钻后发现打捞矛有效段掉井。原因为打捞矛细端原有 3/4 接触面断痕，打捞时因受压而断落。

钻具管串：可退式打捞矛 + 211×310 接头 + 311×410 接头 + $\phi$177.8mm 钻铤×6 根 + $\phi$127mm 加重钻杆×15 根 + $\phi$127mm 钻杆，落物下移，顶深由 245.76m 降至 247.57m。

（7）6 月 3 日 9：30～12：00 第二次下铅模（$\phi$280mm×0.17m，全长 0.35m）探落物，落物已下移至井深 260.68m，以 100kN 钻压打铅印后起钻；根据铅模判断，打捞矛掉落部分在落物顶部。

（8）6 月 3 日 2：00～5：00 下入打捞爪（$\phi$177.8mm 套管自制：$\phi$177.8mm×$\phi$154.78mm×1.56m，割 4 开口，宽 35～45mm，开口纵深 0.24m），下压 10～30kN，落鱼

下移至 272m 处，起出未捞获；5：00～13：00 下探，落鱼下移至 552m 处。

鉴于事故处理情况，6 月 4 日与塔指技服签订打捞合同。6 月 5 日 10：00 制定出初步方案，打捞公司处理情况：

(1) 6 月 6 日 8：10 打捞人员与打捞工具到井。10：00～14：00 组装 ϕ285.75mm 打捞筒 + ϕ285.75mm 壁钩，22：00 下钻至井深 558.32m，16：30 下压 10～20kN 拨动落鱼，17：50 起钻完。

钻具组合：ϕ285.75mm 打捞筒 + ϕ285.75mm 壁钩 + 631×410 接头 + 411×520 接头 + 安全接头 + 上击器 + 521×410 接头 + ϕ177.8mm 钻铤×3 + ϕ127mm 加重钻杆×15 + ϕ127mm 钻杆×16 + 521×410 接头 + ϕ127mm 钻杆×2。钻具总长：558.32m。

打捞参数：每次下压 20kN，轻拨 1/4 圈，结合扭矩重复操作。

(2) 6 月 6 日 19：35～20：50 下 ϕ225mm 强磁至 550m 处，开泵循环，憋泵 8MPa，反复上提下放冲水眼未开，23：00 下探至 736.9m 处，无阻卡显示，起钻；7 日 2：00 起钻完，换工具。

钻具组合：ϕ225mm 强磁 + ϕ127mm 钻杆×26 柱。

强磁出井后打捞起轴承环（ϕ195mm×ϕ114mm×10mm），有啮咬印，并吸出较多条状铁屑（3～66mm）；强磁打捞器水眼被水泥堵死。

(3) 6 月 7 日 3：10～10：00 下 ϕ280mm 强磁至井深 730m 处，开泵循环后下探至 736.9m 处无阻卡显示，落鱼下移。18：00 下探至井深 2956.42m 处遇阻（中途开泵循环 5 次），下压 10kN 后起钻，8 日 1：00 起钻完。入井钻具：ϕ280mm 强磁 + ϕ127mm 钻杆。强磁出井后捞出打捞矛卡瓦碎片 8 片（全瓦的 3/5）、滚珠 7 颗、轴承架碎片、少量铁屑。

(4) 6 月 8 日 1：30～7：30 下 ϕ285.75mm 壁钩探到起钻前遇阻点 2956.42m 有轻微阻卡显示，再探无显示，落鱼下移，下探到井深 2958.95m 处，开泵下压 20kN 后遇阻点下落至 2960.62m，下压 20～100kN 位置不变起钻，起出 2 单根后因钻具水眼返喷钻井液，接钻杆开泵循环，下探时在 2957.13m 处遇阻，落物可能随壁钩上移 3.49m，反复下压遇阻点不变，14：00 循环钻井液均匀后起钻，19：00 起钻完，未捞获。

钻具组合：ϕ285.75mm 壁钩 + ϕ285.75mm 打捞筒 + 631×410 接头 + 411×520 接头 + 安全接头 + 液压上击器 + 521×410 接头 + ϕ177.8 钻铤×6 + ϕ127mm 加重钻杆×15 + ϕ127mm 钻杆。

(5) 6 月 8 日 19：00～9 日 3：40 下 ϕ285mm 磨鞋 2956.38m 处遇阻，开泵正常后磨进，加压 30～50kN 无扭矩，判断为水泥块，9：30 加 150～200kN 下压至井深 2959.85m，10：00 磨进至井深 2960.0m 处，进尺 0.15m，磨进速度变慢，15：00 磨至井深 2960.1m，21：00 起钻完。

钻具组合：ϕ285mm 磨鞋 + 630×410 接头 + 411×520 接头 + 安全接头 + 液压上击器 + 521×410 接头 + ϕ177.8mm 钻铤×6 + ϕ127mm 加重钻杆×15 + ϕ127mm 钻杆。

磨进参数：钻压 30～50kN、转速 55r/min、排量 30L/s、压力 10.2MPa。

6 月 9 日 6：30～13：30 振动筛处返出较多水泥块和少量铁屑，15：00 仅有水泥出现；起出磨鞋外径由 285mm 磨损至 284mm，底面有 2/3 断齿，正中心磨出一阶梯状圆坑（ϕ55mm×23mm，最大磨损外径 124mm）；随钻捞杯中带出变形的支撑弹簧半个，滚珠 8 颗，滚珠架碎片、打捞矛卡瓦碎片、中心管上部丝扣碎铁屑等。

(6) 6 月 9 日 22：30 接 ϕ285mm 强磁打捞器，4：30 下钻至 2960.1m 遇阻，5：00 开泵

轻压 10kN 后拨动 2 圈，上提 1.0m，再下压拨动，反复 3 次，6：25 循环，13：00 起钻完。钻具组合：ϕ280mm 强磁 + 411×520 接头 + ϕ127mm 钻杆，强磁吸出条状铁屑约 850g。

（7）6 月 10 日 14：00～21：00 下钻至井深 2959.94m，3：00 钻进至井深 2960.07m，进尺慢，6 月 10 日 10：00 起钻完。

钻具组合：ϕ311.15mm 巴拉斯钻头 + 随钻捞杯 + 630×410 接头 + 411×520 接头 + 安全接头 + 液压上击器 + 521×410 接头 + ϕ177.8mm 钻铤×6 + ϕ127mm 加重钻杆×15 + ϕ127mm 钻杆。钻井参数：钻压 20～50kN、转速 40r/min、排量 28.7L/s、压力 9.5～10.5MPa。

钻进中泵压变化较大，起出钻头磨出 ϕ90～240mm 外圆，最大外径与载荷支撑套外径相吻合，磨损半径内钻头牙齿磨平。

（8）6 月 11 日 10：00～17：00 下套铣筒遇阻（井深 2958.19m），6 月 12 日 1：30～8：00 起钻完。钻具组合：ϕ273.05mm 套铣筒 + 631×410 接头 + ϕ177.8mm 钻铤×3 + 411×520 接头 + 开式下击器 + 521×410 接头 + ϕ127mm 加重钻杆×15 + ϕ127mm 钻杆。钻井参数：钻压 20～50kN、转速 40r/min、排量 28L/s、压力 7.3～8.2MPa。套铣至 2960.70m 处，泵压由 8.2MPa 突升至 9.3MPa，停泵下压 100kN 起钻。起钻后套铣筒带出载荷支承套（高度为 0.1m，原高 0.22m，其余部分被磨掉）。

（9）6 月 12 日 8：00～15：05 下 ϕ285mm 强磁打捞器探鱼顶位置 2960.88m，变换 4 个方向分别下压 40kN 后起钻，23：30 起钻完。钻具组合：ϕ285mm 强磁打捞器 + ϕ127mm 加重钻杆×15 + ϕ127mm 钻杆，强磁打捞器吸出碎铁屑 0.4kg。

（10）6 月 12 日 23：30～6 月 13 日 5：10 下 ϕ285.75mm 卡瓦打捞筒至井深 2960.88m，7：10 开泵换方向下探，13：00 起钻完。钻具组合：ϕ285.75mm 卡瓦打捞筒 + 631×410 接头 + ϕ177.8mm 钻铤×6 + ϕ127mm 加重钻杆×15 + ϕ127mm 钻杆。

下钻在 2960.69m 遇阻，下压 20kN 后遇阻位置到 2960.88m，与第 9 次打钻位置相同；以 10r/min 轻拨，下压 20kN 后遇阻点下移 0.43m，与打捞筒卡瓦与引鞋距离相符，下压 150kN 后变为 0.93m，与打捞筒长度相符，泵压在 2961.62m 处由 8.4MPa 升至 8.6MPa；反复试探后分析认为已捞到落物，起钻。

起钻后捞出中心管及密封芯子，倒扣螺母套在中心杆上；密封芯子上移，与倒扣螺母、螺母座与打捞矛卡瓦碎片在打捞筒内；从外观判断落井部件为回收重复使用。

（11）6 月 13 日 13：00～19：10 下 ϕ280mm 强磁至井深 2960.30m 遇阻，正循环至 21：00 投球反循环（球下行 16min，40 冲/min 泵压由 2MPa 升到 4MPa），22：00 反循环下压 20kN 起钻（井深：2961.37m），6 月 14 日 7：15 起钻完，强磁吸出支承套滚珠轴承下盖板一块，铁屑少量。钻具组合：ϕ280mm 强磁 + 631mm×410mm + ϕ127mm 钻杆。

（12）6 月 14 日 8：15～13：30 下 ϕ285mm 磨鞋至 2961.51m，6 月 15 日 8：30 磨进 8.01m（井深：2961.51～2969.52m），14：00 起钻完。钻具组合：ϕ285mm 磨鞋 + ϕ177.8mm 钻铤×6 + ϕ127mm 加重钻杆×15 + ϕ127mm 钻杆。

钻井参数：钻压 40～50kN、转速 50r/min、排量 30L/s、压力 10MPa。

井深 2961.51～2965.66m 进尺 4.15m，钻时 12h，磨进中扭矩变化大（1～4kN·m），平均机械钻速 0.346m/h；井深 2965.66～2969.52m 进尺 3.86m，钻时 7h，平均机械钻速 0.55m/h，扭矩变化平稳（0.7～1.0kN·m）；进尺 8.01m 超过送入工具中心管长度 3.97m，结合磨进中的机械钻速和扭矩变化，判断井下落物已处理完。

4. 事故损失

事故损失时间：356h（5 月 31 日 18：00～6 月 15 日 14：00）。

事故打捞费用：22 万元（不包括井队租赁的打捞工具费用）。

5. 事故原因分析

（1）套管悬挂器存在质量问题：①悬挂器接箍与下部螺纹连接存在间隙；②锁紧销钉抗剪强度差或质量问题；③梯形扣大小端尺寸相同，易倒扣。6 月 3 日在现场由有关人员实地对已起出的实物进行了鉴定。

（2）水泥浆领浆初凝时间短。固井设计中领浆初凝时间为 360min，从 5 月 28 日 22：20 开始注水泥，至 5 月 29 日 3：10 循环返出水泥浆流动情况看，水泥浆领浆已初凝，粗算时间只有 290min。也是造成起钻困难的原因。

（3）在固完井后，井队未按照固井协调会议要求起钻 12 柱，为了事后少钻水泥塞，而只起了 3 柱 + 1 单根，即开始循环，由于水泥浆流动性差，$\phi$127mm 钻具与 $\phi$339. 7mm 套管之间环容较大，导致水泥浆领浆从井口排出后，环空仍滞留较多水泥浆，导致后期起钻困难。多次开动顶驱循环，转动钻具，造成已松动、倒扣的悬挂器下部部件脱落。

（4）对入井工具检查不细，造成在打捞过程中，打捞矛带伤入井，导致打捞矛有效段落井，增加打捞难度，延长了事故时间。

6. 经验教训

（1）在施工中，要严格执行技术措施，不能擅自改变施工方案，确保施工顺利。

（2）对入井工具进行认真检查，不合格工具严禁入井。

（3）抓好固井施工的任何一个环节，从套管附件、悬挂器装配质量等均要在地面进行检查，确保固井施工和后期作业顺利完成。

（4）固井施工单位必须按设计配制水泥添加剂，做好水化试验，保证水泥浆性能达到设计要求。

## 案例 63　YT3 井替浆憋泵

1. 基础资料

井号：YT3 井。

事故井深：5487. 5m。

事故地层：$O_3q$。

井身结构：$\phi$444. 5mm 钻头 × 500m + $\phi$339. 7mm 表层套管 × 499. 87m + $\phi$311. 15mm 钻头 × 4000m + $\phi$244. 5mm 技术套管 × 3996. 8m + $\phi$215. 9mm 钻头 × 5487. 5m + $\phi$177. 8mm 尾管 × 5485. 5m。

入井管串结构：浮鞋 + $\phi$177. 8mm 套管 2 根 + 浮箍 + $\phi$177. 8mm 套管 2 根 + 浮箍 + $\phi$177. 8mm 套管 2 根 + 球座 + $\phi$177. 8mm 套管 50 根 + 定位短节 1# + $\phi$177. 8mm 套管 21 根 + 定位短节 2# + $\phi$177. 8mm 套管 73 根 + 悬挂器 + 送入工具 + $\phi$127mm 钻杆。

固井前钻井液性能：密度 1. 30g/cm$^3$、漏斗黏度 59s、塑性黏度 17mPa · s、动切力 9Pa、失水 4mL、泥饼厚度 0. 5mm、膨润土含量 32g/L、含砂 0. 2%、固相含量 13%、pH 值 9、摩阻系数 0. 052。

2. 事故发生经过

该井于 2006 年 7 月 24 日 19：50 开始下 $\phi$177. 8mm 套管，25 日 20：30 送放到位。验通

小排量循环2小时20分钟，投球，泵送球到位，坐挂成功，憋通球座倒扣，循环35min；26日1：40固井注前置液，水泥浆，释放小胶塞，钻井泵替浆，替$19m^3$时，排量$1.6m^3/min$，泵压由2MPa上升到7MPa，替到$34m^3$时，泵压由12MPa降到7MPa，替到$38m^3$时，泵压由12MPa上升到17MPa，替到$43m^3$时，泵压由17MPa上升到20MPa，憋泵，换水泥车用清水挤替到$54.2m^3$，排量$0.26m^3/min$，泵压由20MPa上升到31MPa，差$11.4m^3$未替到位，26日3：50结束施工。

3. 事故原因分析

尾管管串下到位后，钻井队未按固井设计的排量和循环时间对井眼进行充分洗井（现场钻井泵170mm缸套，双阀，16L/s排量循环2小时20分钟，投球泵送40分钟，憋掉球座后，循环35分钟），井眼不干净，固井施工过程中导致泥饼和岩屑在环空堆积，发生桥堵，引起憋泵。

另外，钻井队未按固井设计下入套管扶正器，设计37只，只下了14只（因弹性扶正器没有固定销子）。固井队组织井下固井工具不力，送到现场后，钻井队工程技术人员现场验收不仔细，没有及时发现问题，在下套管过程中，分别出现了弹性扶正器没有固定销子、定位短节与套管扣型不符和钢级不匹配的情况，等定位短节，下套管中断4小时30分钟。

4. 事故处理方案

要求固井队做好下步尾管重叠段挤水泥的各项准备工作，根据候凝48小时后探、扫塞和测井情况，尽快实施挤水泥作业。

5. 事故处理经过

7月28日4：00下钻具探水泥塞面为4856m，水泥塞长超设计562m，扫水泥塞声幅测井，套管环空水泥返高和试压情况基本符合下一步施工需要，未进行尾管重叠段挤水泥补救，8月4日3：40四开。

6. 事故损失

时间：105小时；使用工具：$\phi$149.2mmHA517L钻头一只。

7. 经验教训

此次固井事故主要是因为违反设计，未充分循环洗井，固井队组织井下固井工具不力，下套管过程中，分别出现了弹性扶正器没有固定销子、定位短节与套管扣型不符和钢级不匹配的情况，等定位短节，下套管中断4小时30分钟。造成固井施工中出现井下复杂情况，导致水泥封固段不够，水泥塞超长，延误钻井进度。事故发生后，积极提供各种资料和方案，及时钻扫水泥塞，力争把损失降到最低。现场服务人员认真分析事故原因，并对全部操作过程进行反思，找出失误，总结经验教训。积极为下步工作做好准备，确保入井工具质量，彻底杜绝类似事故再次发生。

## 案例64　YT1－2H井循环憋泵

1. 基础资料

事故井深：5000m。

井身结构：$\phi$215.9mm钻头×5000m＋$\phi$177.8mm＋$\phi$139.7mm油层尾管×4997.23m。

入井管串结构：$\phi$139.7mm浮鞋＋$\phi$139.7mm套管组合＋$\phi$139.7mm×$\phi$177.8mm变径短节＋$\phi$177.8mm套管组合＋1#$\phi$177.8mm浮箍＋$\phi$177.8mm套管组合＋2#$\phi$177.8mm浮箍＋$\phi$177.8mm套管组合＋$\phi$177.8mm球座短节＋$\phi$177.8mm套管组合＋$\phi$244.5mm×$\phi$177.8mm

尾管悬挂器＋$\phi$127mm 送入钻具。

$\phi$139.7mm 浮鞋下深 4997.23m；$\phi$139.7mm×$\phi$177.8mm 变径短节下深 4650.66m；1＃$\phi$177.8mm 浮箍下深 4628m；2＃$\phi$177.8mm 浮箍下深 4616.66m；$\phi$177.8mm 球座短节下深 4605.22m；$\phi$244.5mm×$\phi$177.8mm 尾管悬挂器下深 3139.93m。

2. 施工经过

2006 年 10 月 17 日 5：30 下套管顺利到位，开泵 9MPa 顶通，循环钻井液，泵压 9～16MPa，排量 28.7L/s，循环正常，9：20 停泵、投球，开泵准备泵送，泵压 15～20MPa，憋泵，井口间歇少量返浆，活动钻具 1380～1600kN，无效。12：30 现场判断，坐挂球已到达球座短节位置，换水泥车憋球座，泵压到 29MPa，突然降到 19MPa，判断球座憋掉，13：45 接方钻杆憋压到 20MPa，活动钻具，井口仍不返浆。19：40 从环空憋压 10～20MPa，稳压 20min 后。20：40 再用水泥车正憋，泵压最高达到 25MPa，排量 $1m^3/min$，泵压不升，停泵后，压力降到 18MPa 稳住，不降。

3. 事故原因分析

套管到位后循环正常，停泵投球过程中，发生憋泵，属于地层不稳定，环空裸眼垮塌堵塞造成。

4. 事故处理方案

起出送入钻具和中心管，测井、射孔、下封隔器裸眼段挤水泥，重叠段挤水泥。

5. 事故处理经过

10 月 18 日 10：00，倒开悬挂器，起出送入钻具和中心管，测井，查找环空憋堵位置；10 月 19 日 6：00 电测，判断在井深 4148m 处环空憋堵；10 月 21 日 16：30 对 4156～4158m 段进行了射孔，在 4188.53m 位置下封隔器坐封，开泵泵压 11.5MPa 顶通，循环洗井到 15：55，固井准备；17：45 固井结束，起钻；10 月 21～23 日候凝；10 月 23～31 日扫塞至 4989m，起钻；10 月 31 日～11 月 2 日测井结束；11 月 2 日～11 月 3 日下钻，16：00 确定地层吸收系数；18：20 尾管重叠段挤水泥施工；18：30 替清水 $2m^3$，憋压 17MPa，关井候凝；11 月 5 日 0：00～12：00 组合钻具下钻至 3115m；13：00 扫塞至 3134m。

6. 经验教训

本次事故主要是环空裸眼垮塌憋堵引起的，要求钻井队加强对地层方面的了解和熟悉，有针对性地控制井眼复杂情况，保证井壁稳定和井眼畅通，避免类似事故的发生。

## 案例 65　TK1118X 井灌浆引起内堵

1. 基础资料

井号：TK1118X 井。

事故井深：6162m。

事故地层：$O_{31}$。

井身结构：$\phi$660.4mm × 306.61m ＋ $\phi$508mm × 305.41m ＋ $\phi$444.5mm × 3000m ＋ $\phi$339.7mm×2997.38m＋$\phi$311.15mm×5208m＋$\phi$244.5mm×5208m＋$\phi$215.9mm×6162m＋$\phi$177.8mm×6158.78m。

入井管串结构：$\phi$177.8mm 浮鞋 ＋ 变丝接头 ＋ $\phi$177.8mm 套管 3 根 ＋ 变丝接头 ＋ $\phi$177.8mm 浮箍＋变丝接头＋$\phi$177.8mm 套管 2 根＋变丝接头＋$\phi$177.8mm 球座＋变丝接头＋$\phi$177.8mm 套管 49 根＋变丝接头＋$\phi$177.8mm 套管 1 根＋$\phi$177.8mm 套管定位短节＋

ϕ177.8mm 套管 27 根 + ϕ177.8mm 套管定位短节 + ϕ177.8mm 套管 1 根 + 变丝接头 + ϕ177.8mm 套管 23 根 + 变丝接头 + 悬挂器 + 送入工具 + 钻杆。

下套管前钻井液性能：密度 1.24g/cm³、漏斗黏度 58s、塑性黏度 24mPa·s、动切力 9Pa、失水 4mL、泥饼厚度 0.5mm、含砂 0.2%、pH 值 9、摩阻系数 0.034。

2. 施工经过

该井于 2007 年 11 月 10 日 10：30 送放 ϕ177.8mm 尾管到位灌满钻井液后，4L/s 排量开泵顶通，泵压 4MPa，井口返浆 3min。泵压逐渐上升至 8MPa，井口不返浆。以后逐步憋压 4→8→12→15→22MPa 不通。活动套管已卡。改用水泥车进行顶通，由 16MPa 升至 32MPa 无法建立循环。

3. 事故原因分析

该井套管到位后，开泵循环不正常，压力持续上涨，地层未漏，说明管内不畅通。钻扫球座、浮箍、浮鞋后，尾管内下入封隔器坐封，18MPa 建立循环，说明判断是准确的，经调查，该井在下套管灌浆过程中，使用砂泵由 2 号罐往套管内灌浆。2 号罐未经清洁，灌浆泵未经滤网，造成钻井液中的杂质沉淀至球座或浮箍处，使管内憋堵，无法建立循环。

4. 事故处理方案

倒扣起出中心管，组合钻具下钻，下入 ϕ146mm HA537G 钻头。下钻到位，钻扫球座、浮箍、浮鞋后，起钻完毕。钻具接封隔器下钻，下至 5029.21m 坐封，18MPa 建立循环；控制环空返高 400m 注水泥作业，候凝 24h 后再对回接筒位置进行挤水泥施工。

5. 事故处理经过

11 月 11 日 9：00 对球座位置以上测井找卡点，未发现有地层坍塌迹象。11 月 11 日 21：00组合钻具下钻，下入 ϕ149mmHA537G 钻头。11 月 12 日 17：00 下钻到位钻扫附件，扫完后于 11 月 14 日 4：50 起钻完毕。钻具接 CVV211－148 封隔器下钻，于 11 月 14 日 15：30下至 5029.21m 坐封封隔器，憋压 18MPa 建立循环。

水泥车通管线试压 20MPa，注前置液 4m³，然后注水泥浆 8m³，平均密度 1.85g/cm³，再注后置液 2m³，井队大泵先替 1.63g/cm³ 重浆 8m³，再替常规浆 48m³，共替浆 56m³，替浆结束后，上提 150kN 封隔器解封，直接起出所有钻柱，下光钻杆进行回接筒处挤水泥作业。

07：00～09：50 循环 1.5m³/min，压力 18～19MPa；09：50～10：30 井队大泵挤入 1.1m³，压力由 0～20MPa，停泵 2min 压力不降，放回水，回吐 0.8m³；改用水泥车挤，水泥车挤入 1.3m³，压力 0～20MPa，停泵 2min，压力不降，继续挤到 25MPa，挤入 0.3m³，合计挤入 1.6m³，停泵 3min，压力不降，放回水，回吐 1.4m³。

10：30～11：00 施工准备，循环钻井液；11：00～11：10 通管线试压 20MPa；11：10～11：25 注前置液 10m³；11：25～11：30 注水泥浆 4m³；11：30～11：32 注后置液 1.1m³；11：32～12：05 替浆 39m³，压力 12MPa；12：05～13：50 起钻 15 柱；13：50～15：30 循环 150m³，1.5m³/min，压力 19MPa，未见水泥浆返出；15：30～15：48 关封井器，正挤 1m³，压力 15MPa，再挤 0.4m³，压力至 20MPa，再挤入 0.4m³，压力至 25MPa 停泵，累计挤入 1.8m³；15：48～15：53 停泵 5min，压力 25MPa 不降，关井候凝 24h 后，起钻探扫水泥塞。

事故损失时间：106.3h；使用工具：ϕ146mm 钻头一只；封隔器一只。

6. 经验与教训

本次事故虽然未导致恶性或不可补救的后果，但很大程度上影响了固井质量及建井周期，其原因主要是因为钻井队使用沙泵将不清洁钻井液灌入管内导致杂物在球座或浮箍位置堆积最终憋堵。针对此问题已对灌浆问题进行排查，明确要求以后不允许沙泵灌浆，确保入井钻井液清洁。

## 案例 66　AD6 井打水泥塞插旗杆

1. 基础资料

井号：AD6 井。

事故井深：5868.77m。

井身结构：ϕ215.9mm 钻头×6063.90m+ϕ177.8mm 套管×6061.5m+ϕ149.2mm 钻头×6185.26m。

入井钻具组合：ϕ88.9mm 钻杆 185 根（1897.19m）+变换接头 1 个（0.27m）+ϕ73mm 钻杆 448 根（4288.22m）+ϕ73mm 钻杆笔尖（1.58m）。

压井液性能：密度 1.13g/cm$^3$。

2. 打水泥塞施工经过

5 月 4 日 21：00～22：10 正循环洗井，泵压 9MPa，排量 500L/min，进口泵入密度 1.13g/cm$^3$压井液 30m$^3$，出口返出压井液 29.7m$^3$，停泵后环空返液 0.2m$^3$后停止，井内基本无漏失。22：10～22：20 注前置液，密度 1.05g/cm$^3$，排量 300～400L/min，泵压 7MPa，注入量 3m$^3$；21：20～22：30 注水泥浆，密度 1.83g/cm$^3$，排量 300～400L/min，泵压 7～2MPa，注入量 3m$^3$；22：30～22：32 注后置液，密度 1.05g/cm$^3$，排量 300～400L/min，泵压 2MPa，注入量 0.5m$^3$；22：32～23：20 替浆，密度 1.13g/cm$^3$，排量 300～400L/min，泵压 2～8MPa，注入量 16.3m$^3$；23：20～5 月 5 日 00：20 起钻 16 立柱（32 单根）（其中前 5 柱钻杆外溢压井液，第 6 柱压井液开始自由下落），第 17 柱时管柱遇卡，剩余钻具浮重 980kN。00：20～01：30 现场采取上提管柱、反洗、正洗、下压管柱等措施，最大上提吨位至 1320kN；大泵反打 18MPa，未通；正打 5min，压力 10MPa，排量 500L/min 进地层压力无变化；环空不返液；最大下压 300kN，解卡无效。01：30～02：10 用水泥车反打 30MPa，注入量 1.3m$^3$，未通；02：10～02：30 水泥车正打注入量 0.5m$^3$，压力 0↑20MPa，停泵 5min，压力由 20↓5MPa，进地层，环空不返液。

大力上提下放活动钻具，试提悬重至 980、1100、1200、1300kN 钻具提出钻台平面 0、1.49、2.86、3.56m。多次重复此方法操作，管柱无位移。正转转盘 15～30 圈，停转盘转盘倒转 15～30 圈，管柱无位移。

开泵正循环打压 15MPa 左右，停泵 5min 泵压下降至 10MPa 左右，环空返液 0.5m$^3$。

用 35 型水泥车，正循环打压 30MPa，排量 300～400L/min 进口泵入密度 1.13g/cm$^3$压井液 126m$^3$，出口返出密度 1.13g/cm$^3$压井液 112m$^3$，漏失 14m$^3$。期间反循环打压 32MPa，排量 300～400L/min，进口泵入密度 1.13g/cm$^3$压井液 24m$^3$，出口返出密度 1.13g/cm$^3$压井液 20m$^3$，漏失 4m$^3$。

继续大力上提下放活动钻具，最高上提 1300kN，管柱无明显位移。

继续用水泥车正憋压，压力 30MPa，排量 45L/min，出口排量 40L/min，漏失5L/min，累计漏失 900L，同时大力上提下放活动钻具，上提悬重至 1100、1200、1300kN 钻具提出钻台平面 0、1.67、2.88、4.25m。多次重复操作，管柱无位移。

继续大力上提下放活动钻具，最高上提 1350kN，管柱无明显位移。（期间倒扣，起甩 $\phi$88.9mm 钻杆 1 根，接换 $\phi$120mm 钻铤短节 2 根（长度 5.65m），接方钻杆对扣、紧扣，为爆炸松扣做准备。）

继续大力上提下放活动钻具，上提悬重范围 980～1300kN，管柱无位移。

3. 事故原因分析

由于卡点位置在 $\phi$177.8mm 套管内，而且反循环不通，可以断定为水泥浆闪凝造成钻具遇卡。而造成水泥浆闪凝的原因为前置液（隔离液）隔离效果不理想，水泥浆直接与井内介质（油田水）接触造成水泥浆提前稠化。

（1）水泥浆大样分析：

①施工前大样稠化试验：120℃×70MPa×70min，水泥浆密度 1.85g/cm³，稠化时间为 325min。施工结束取样进行稠化试验：120℃×70MPa×70min，水泥浆密度 1.83g/cm³，稠化时间为 265min。

②污染试验：取前置液、水泥浆、压井液进行污染稠化试验：120℃×70MPa×60min（25%压井液：75%水泥浆）(图 9－2)；120℃×70MPa×60min（10%压井液：90%水泥浆）(图 9－3)。

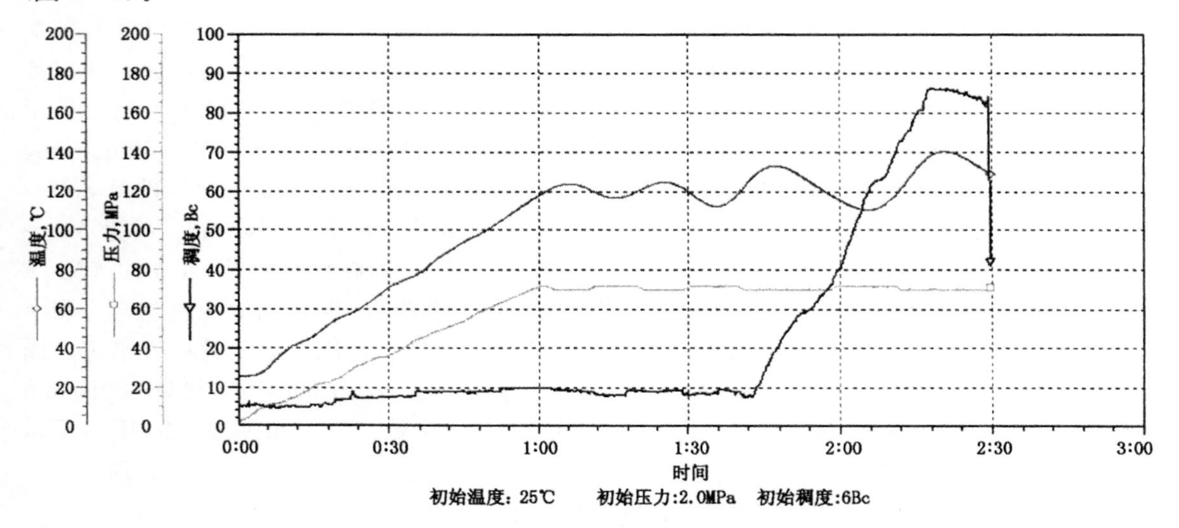


图 9－2　AD6 井水泥塞（钻井液复检）稠化曲线

从 22：20 开始注水泥浆开始到 00：20 事故发生，时间为 120min，图 9－2 显示 120min 时稠度已经达到 40Bc，分析认为闪凝的原因是水泥浆与压井液直接接触后造成的。

（2）水泥浆上返及与压井液接触分析：

AD6 井注灰管柱如图 9－4 所示。

①有关数据：

$\phi$177.8mm 套管与 $\phi$73mm 钻杆环空容积：14.08L/m。

裸眼（按 $\phi$149.2mm 计算）与 $\phi$73mm 钻杆环空容积：13.30L/m。

$\phi$88.9mm 钻杆内容积：3.85L/m。

$\phi$73mm 钻杆内容积：2.34L/m。

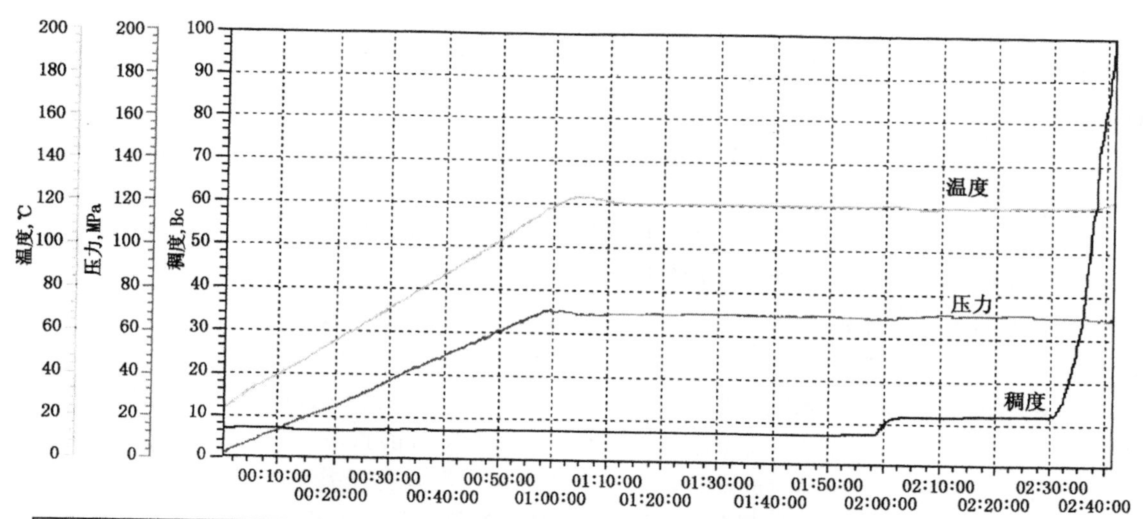


| 试验名称 AI6井钻井液(1:9) | | | | 样品编号 002 | | 试验日期2007-05-07 11:04:32 | | 初始稠度开始 | 15min |
|---|---|---|---|---|---|---|---|---|---|
| 初始温度 | 23.7℃ | 初始压力 | 1.7MPa | 初始稠度 | 7.1Bc | 终凝稠度 | 100Bc | 初始稠度结束 | 30min |
| 目标温度 | 123.9℃ | 目标压力 | 69.4MPa | 30Bc稠化时间 | 2:34:57h:m:s | 稠化时间 | 2:41:22h:m:s | 主检测人 王玉霞 | |
| 40Bc稠化时间 | 2:36:12h:m:s | 50Bc稠化时间 | 2:36:56h:m:s | 60Bc稠化时间 | 2:37:54h:m:s | 70Bc稠化时间 | 2:38:26h:m:s | 签名 | |
| 试验配方 | | | | | | | | | |
| 试验备注 | | | | | | | | | |

图 9-3　水泥稠化试验曲线

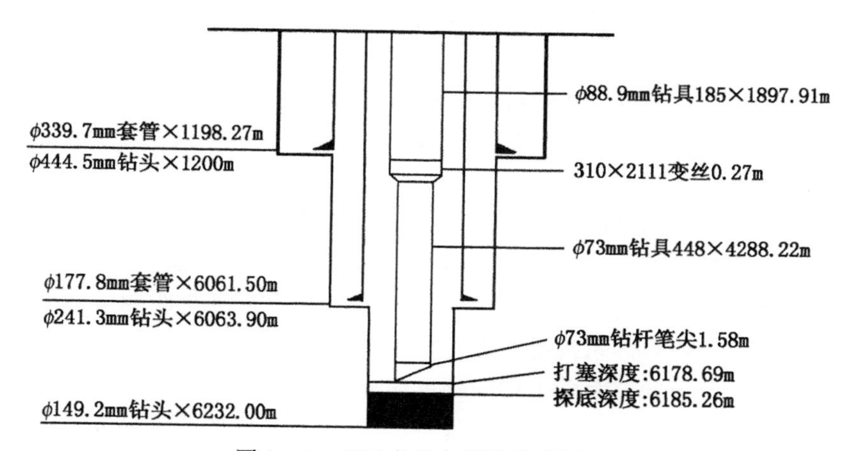


图 9-4　AD6 井注灰管柱示意图

裸眼容积：170.5×17.5＝2.98$m^3$。

钻杆内总容积：17.34$m^3$。

②水泥浆上返相关计算：

起钻前 3$m^3$ 前置液占环空高度：213.1m。

0.5$m^3$ 后置液占钻杆内高度：213.7m。

按照 16.8$m^3$ 替浆量计算水泥浆理论返高约为：5997.5m（未考虑口袋）。

如按照目前卡点位置在管鞋处即水泥浆至少返至此高度计算替浆量应为 18.6$m^3$，考虑到起钻过程中水泥浆自由下落，替浆量应更大。

采用水泥车替浆作业，按计算替浆到量时管内液柱压力高于管外，理论分析起钻过程中钻杆内不应喷浆，但实际起钻过程中前 5 柱钻杆内外溢，说明管外水泥浆面高于管内，分析有以下可能：

替浆计量不准：替浆误差至少为1.8m³，占到总替浆量的11%，水泥车计量误差很小，此种可能性不大；

井内介质密度不均匀，入口1.13g/cm³，环空介质密度可能高于此值，但施工前循环井内压力平衡，地层出液可能性不大；

水泥浆窜槽严重，环空液柱压力高于管内，“U”管效应致使钻杆内外溢。

③造成水泥浆直接与压井液接触原因分析：

a. 替浆排量低，水泥浆贴边上窜与压井液直接接触。由于设备受限，采用水泥车替浆，排量低，水泥浆易窜槽。

b. 前置液数量偏少，未能有效隔离水泥浆与压井液。前置液占环空高度200m左右是符合规范要求的，但在保证井壁稳定的前提下，尽可能多打前置液。

c. 井内存在漏失，前置液进地层，未能有效隔离水泥浆与压井液。

d. 管串有短路现象（钻具刺漏）。此种原因从前期循环压力来看未得到有效证实。

4. 事故处理方案

卡点测量→爆炸松扣→套铣或磨铣→事故解除。

5. 事故处理经过

2007年5月8日开始测卡、爆炸松扣，套铣，倒扣，公锥打捞，探得鱼顶深度：5319.46m，至8月5日将井内落鱼全部捞获，事故解除，累计捞获井内57根钻杆加钻杆笔尖1个，长度共计547.31m。

事故损失时间：2215小时40分钟（含配合作业时间45h，组停时间260h，倒换大绳2h），2007年5月5日00：20至2007年8月5日08：00。

6. 经验与教训

打水泥塞作业是一项风险很高的工程，打塞位置多在深井、高温、有油气显示等井段，井内介质复杂多样，对井眼稳定、水泥浆体系、设备方面提出了更高的要求。除具备安全的施工时间外，还要求具有低失水、好的沉降稳定性、良好的流变性能等。现场施工过程中，水泥浆密度控制更为严格，体系抗污染性能要强，施工作业必须连续，替浆计量准确，而在修井机作业时由于设备上的差距，上述问题更加复杂化。

因此要求在注水泥作业前，在循环过程中详细记录井下漏失情况或是否存在地层出液，测量进、出口介质密度是否一致，根据井下情况制定安全的水泥塞作业方案；设备方面要求循环系统、提升系统、动力系统、液压大钳等完好，人工计量准确，在注、替过程中保证井内钻具活动（旋转、上提下放）；水泥浆性能要求全性能详细，大样复查严谨，要求有强的抗污染性能（现场取井内介质进行污染试验）；在保证井壁稳定的前提下尽可能多打前置液，有效隔离水泥浆与压井液；对于水泥塞面未做严格要求的施工，可以不进行循环洗井，直接起出井内钻具至井口，可留5～10柱防喷钻具在井内后进行关井候凝。

一旦在施工中途或替浆结束上提钻具过程中发现遇卡，首先采取安全范围内强拔措施，如无效可采用开动转盘强扭结合上提措施解卡，在上述措施无效的情况下再采取环空反打。

在水泥塞作业及尾管作业前，应提前对大样灰、大样水、井内介质进行取样，发生事故后及时分析，切实查明真实原因，汲取教训。

# 案例67　XH3井打塞插旗杆

1. 基本情况

井号：XH3井。

事故井深：5824m。

井身结构：$\phi$660.4mm×303.5m+$\phi$508mm×303.20m+$\phi$444.5mm×1503m+$\phi$406.4mm×3000m+$\phi$339.7mm×2998m+$\phi$311.15mm×5557m+（$\phi$244.5mm+$\phi$273.1mm）×5554m+$\phi$215.9mm×6389m+$\phi$177.8mm×(6387～4216.34m)+$\phi$149.2mm×6570m（裸眼完钻）。

打塞入井管串结构：120mm接头×0.58m+$\phi$88.9mm钻杆×2515m+接头×0.50m+$\phi$127mm钻杆×3870m。

钻井液性能：密度1.45g/cm$^3$、漏斗黏度52s、塑性黏度26mPa·s、动切5Pa、切力2/6Pa、pH值9、失水8mL。

2. 施工经过

2008年3月19日07：00下入光钻杆至6387m准备打水泥塞。12：00循环；12：40固井准备；12：45固井管线试压25MPa；12：50注入前置液2m$^3$（1.02g/cm$^3$）；13：00注入水泥浆7m$^3$（阿G级，灰10t），水泥浆密度最低1.88g/cm$^3$，最高1.89g/cm$^3$，平均1.89g/cm$^3$；13：05注入后置液0.4m$^3$（1.02g/cm$^3$）；14：00替浆43m$^3$（原井浆1.45g/cm$^3$）；15：30抢提钻20柱（6387～5824m），起前12柱时，钻具水眼往外喷钻井液；15：35接方钻杆开泵不通（憋压至15MPa未通）；15：50上提至1700kN，下放至1400kN（原悬重1500kN）不活；16：05活动钻具，上提至2600kN，悬重从2600kN突降至1200kN，上提钻具无反应，悬重再无变化。5：00起钻发现钻杆距母接头0.5m本体断、井下落鱼2277.21m。

3. 事故原因分析

水泥浆大样复查见表9-1，稠化曲线图9-5。

**表9-1　水泥浆大样复查**

| 实验配方 | | 810g大样灰+355g大样水 | | | | |
|---|---|---|---|---|---|---|
| 检验项目 | | 设计要求 | | | 复查结果 | |
| 密度，g/cm$^3$ | | 1.89 | | | 1.89 | |
| 流动度，cm | | >23 | | | 23 | |
| 流变性（93℃×20min） | | / | | | 295/180/134/79/9/7 | |
| 失水（93℃×6.9MPa×30min），mL | | <50 | | | 35 | |
| 自由液（250mL×2h），mL | | / | | | 0.5 | |
| 稠化时间（116℃×106MPa×50min） | | 240～320min | | | 197min/100Bc | |
| 稠化实验数据 | 时间，min | 0 | 50 | 193 | 194 | 197 |
| | 温度，℃ | 25.3 | 116 | 116 | 116 | 116 |
| | 压力，MPa | 6 | 106 | 106 | 106 | 106 |
| | 稠度，Bc | 13.1 | 14 | 30 | 70 | 100 |

由于事故发生后固井队未保存现场大样灰、水样，以上数据来自工程技术研究院试验检测站大样复查报告（施工前）。水泥浆大样稠化时间为197min，可泵时间194min，从注水

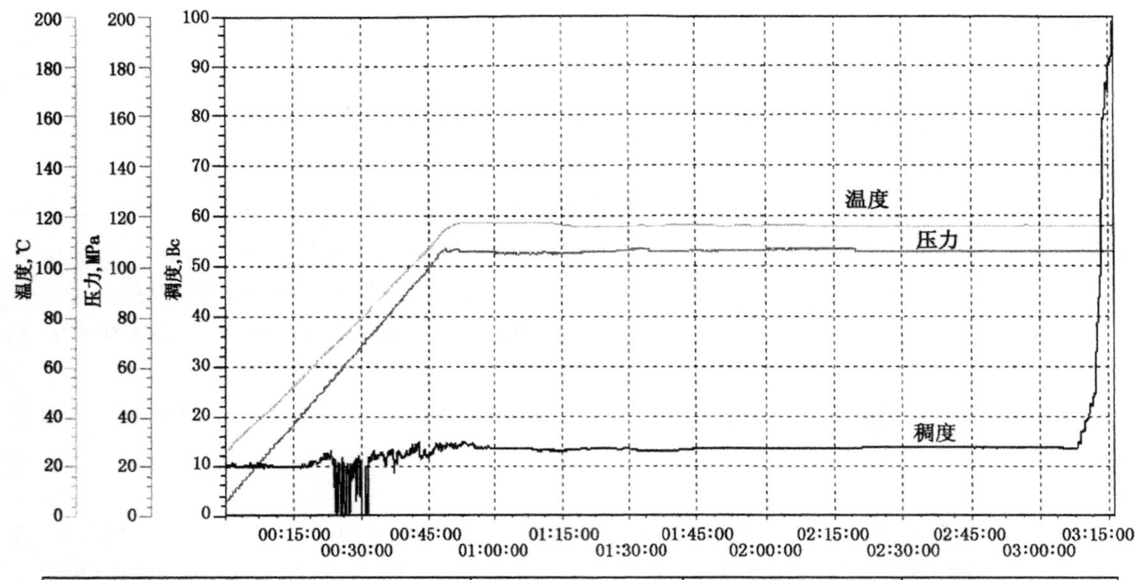


| 试验名称 XH3井149.2mm井眼水泥浆 | | 样品编号 002 | 试验日期2008-03-17 15:53:51 | 初始稠度开始 15min |
|---|---|---|---|---|
| 初始温度 25.3℃ | 初始压力 6MPa | 初始稠度 13.1Bc | 终凝稠度 100Bc | 初始稠度结束 30min |
| 目标温度 116.2℃ | 目标压力 106MPa | 30Bc稠化时间 192.3min | 稠化时间 196.1min | 主检人 [illegible] |
| 40Bc稠化时间 192.5min | 50Bc稠化时间 193.4min | 60Bc稠化时间 193.6min | 70Bc稠化时间 193.6min | 签名 |
| 试验配方 | | | | |
| 试验备注 | | | | |

图 9－5　水泥稠化试验曲线

泥开始至事故发生时间 155min。从施工密度看未出现高点，试验温度符合要求，因此可基本排除水泥浆闪凝造成卡钻事故，但大样稠化时间不符合设计要求（设计 240～320min），现场采取直接加缓凝剂的做法不能证明稠化时间延长。

目前工区内注水泥塞普遍采用近平衡法固井，即替浆到量时管内水泥塞面高于环空 150～200m，这样可以保证不会替空和起钻时不喷浆，但从起钻前 12 柱管内喷浆、卡钻杆现象及后期测卡点（卡点位置 5502m）情况分析，说明施工替浆过程中替浆过量，导致水泥浆高返，钻井队未考虑水泥浆稠化时间不满足循环洗井的条件，起钻 21 柱后按照施工联席会要求接方钻杆准备洗井，此时钻具并未真正意义上提离水泥面，而水泥浆已接近初凝时间，导致卡钻杆事故发生。

通过以上分析认为，造成本次卡钻的原因为：

（1）固井队未严格按照设计进行水泥浆大样性能调整，在稠化时间不满足安全施工条件的情况下，盲目采取现场加缓凝剂的做法，是造成本次事故的根本原因；

（2）钻井队人工计量不准导致水泥浆高返，在不满足循环洗井条件的前提下接方钻杆循环，是造成本次事故的直接原因。

4. 事故处理方案

卡点测量→爆炸松扣→套铣→打捞→封井→事故解除。

5. 事故处理经过

2008 年 3 月 20 日下钻探鱼顶 3537.59m，3 月 22 日 18：00 捞获 $\phi$88.9mm 钻杆 159 根（捞获落鱼长度 1525.43m，井底落鱼余留 743.57m）；3 月 24 日 02：00 开始测卡点、爆炸

松扣，先后采用套铣、倒扣、公锥打捞、磨铣等方法；4 月 30 日 16：30 磨铣至 5509.12m；22：00 接工程处通知进行三类封井，起钻甩钻具，事故解除。

6. 事故损失情况

事故损失时间：1010 小时 25 分钟（折合 42 天 2 小时 25 分）；报废进尺：1061.08m；报废管材：提出以及打捞出 ϕ88.9mm 钻杆总共 2221m 全部报废，井内余留 293.08m（铣齿接头 0.58m + ϕ88.9mm 钻杆 30 根×287.01m + ϕ88.9mm 断钻杆×6.07m）。

使用工具：（1）ϕ149.2mm HJ517G 牙轮钻头×1；（2）ϕ88.9mm×ϕ108×ϕ68 母锥×1；（3）ϕ151×ϕ131mm 铣鞋×1，ϕ146mm 铣管×2 根；（4）ϕ150×ϕ130mm 铣鞋×1，ϕ146mm 铣管×3 根；（5）ϕ150×ϕ130mm 铣鞋×1，ϕ146mm 铣管×3 根；（6）ϕ150×ϕ130mm 铣鞋×1，ϕ146mm 铣管×3 根；（7）ϕ120mm 超级震击器、随钻震击器、加速器、配套挠性短节各一套；（8）ϕ146×ϕ130mm 铣鞋×1，ϕ146mm 铣管×3 根；（9）ϕ148mm 磨鞋×1；（10）ϕ145mm 磨鞋×1；（11）ϕ130mm 磨鞋×1；（12）ϕ145mm 磨鞋×1；（13）ϕ148mm 磨鞋×1；（14）ϕ150×128mm 天然金刚石铣鞋×1，ϕ146mm 铣管×3 根；（15）ϕ150×128mm 天然金刚石铣鞋×1，ϕ146mm 铣管×3 根；（16）ϕ88.9mm×ϕ108×ϕ68 母锥×1，ϕ88.9mm 反扣钻杆×200 根；（17）ϕ88.9mm×ϕ108×ϕ68 母锥×1；（18）ϕ150×128mm 天然金刚石铣鞋×1，ϕ149mm 铣管×3 根；（19）ϕ88.9mm×ϕ118×ϕ75 母锥×1；（20）ϕ88.9mm×ϕ118×ϕ75 母锥×1；（21）ϕ145mm 进口休斯磨鞋×1；（22）ϕ145mm 进口休斯磨鞋×1；（23）ϕ148mm 磨鞋×1。

消耗钻井液材料：$Na_2CO_3$ 0.8t，NaOH 0.65t，CMC 2.25t，膨润土 12t，重晶石 97t，SF 2t，SPNH 5.1t。

7. 经验与教训

水泥塞作业大样复查必须严谨，稠化时间应满足施工时间 + 安全附加时间 + 循环冲洗一周以上时间，在时间未满足施工条件的前提下，禁止施工，现场重新调整大样性能，并再次进行大样复查直至合格。

在水泥塞作业及尾管作业前，应提前对大样灰、大样水、井内介质进行取样，发生事故后及时分析，切实查明真实原因，汲取教训。

钻井队严格按照固井设计进行相关操作，确保人工计量替浆准确，起钻连续，在水泥浆稠化时间不满足循环冲洗的条件下禁止中途静止，固井队工程师在确保井内钻具安全后方可撤离井场。

# 第十章　测 井 事 故

测井过程中，由于井内情况的复杂或地面操作的失误，常常会造成一些事故，如卡仪器、卡电缆、掉仪器、断电缆等。这时需要钻井队和测井队协同处理，因此钻井工作者也必须有处理测井事故的知识和技能。

## 第一节　测井事故原因分析

发生测井事故的主要原因有：

（1）由于长期起下钻的磨损，会把套管鞋磨破，形成纵向破口，仪器起至破口时被卡。

（2）裸眼井段的井径不规则，大小井径相差悬殊，形成许多壁阶。在井斜较大壁阶较突出的井段，仪器上下运行均可能遇阻。

（3）井壁坍塌：井壁坍塌现象是经常发生的，只不过有大小之分而已，如果在电测进行期间，适逢井壁大量坍塌，则仪器很可能被塌块所阻。

（4）钻井液性能不好，特别是切力太小，钻屑和塌块携带不干净，也不能均匀地分散在井筒内的钻井液中，而容易沉降堆集在一起，形成砂桥，阻碍了仪器的通行。另外，钻井液的固相含量大、滤失量大、形成的井壁滤饼厚或存在压差，也容易把电缆粘附在井壁上。

（5）地面操作失误：如转盘转动将电缆绞断；绞车工操作失误把仪器从井口拽断；天、地滑轮固定不好，使电缆从井口折断等也是常有的事。

（6）仪器下行遇阻时，未及时发现，电缆下入过多，盘结成团，则上起遇阻甚至起不出来。

（7）在测井过程发生井涌、井喷，来不及起出测井仪器，只好把电缆剁断，扔入井中，进行紧急关井，之后进行打捞。

## 第二节　测井事故的预防

防止测井事故要做好以下工作：

（1）钻井一开始就要为完井做准备，要严格控制井身质量，力争做到井斜变化率小，井径扩大率小，为顺利测井与固井创造条件。

（2）搞好钻井液性能，使其与地层特性配伍，减少垮塌；并具有良好的携砂能力，能把钻屑与垮塌物排到井筒以外。在测井以前要充分循环钻井液，把积砂冲洗干净，使全井筒钻井液性能均匀稳定。

（3）如果钻井施工时间过长，应对套管采取保护措施，如在钻杆上装胶皮护箍，减少套管的磨损。套管鞋应用套管接箍制作，不能用套管护箍代替，下部必须车成45°坡口。

（4）测井前起钻，要控制起钻速度，防止抽吸，导致井壁不稳。对井底500m井段最好短程起下钻一次，确保畅通无阻，再进行测井。

（5）起钻时要连续灌入钻井液，保持环空液面不降，液柱压力不降，在测井过程中上起电缆时也要灌入钻井液，不使松散地层垮塌。

（6）每次测井前，钻井队要向测井队详细介绍井下情况，如井深、井径、套管鞋深度、起下钻遇阻遇卡位置、井内落物、钻井液性能及其他异常显示等。

（7）连续测井时间不可过长，如在24h内测不完所有项目，应再通井循环钻井液后再测。

（8）上提仪器遇阻，应耐心活动，上提拉力不应超过电缆极限拉力，绝不允许将电缆拉断。

（9）在靠近仪器的电缆上应有不少于两个非常明显的记号，仪器到井口附近时必须慢起，绞车操作要听井口工的指挥，防止拽断电缆。

（10）仪器与电缆的连接处应是一个弱点，上提到一定拉力时，应从此处脱节，而不应破坏电缆。

（11）有些井段，下行时并不遇阻，上行时也不遇阻，可以多次试下，甚至改变仪器结构再下。有些井段下行遇阻，上行也遇阻，这就应引起足够的警惕，最好是通井循环划眼后再测，不要在不安全的环境下进行测井工作。

（12）要做好地面的一切防范工作，如天、地滑轮固定要牢固，转盘一定要锁死，在测井期间，钻台上不许进行有碍测井工作。

（13）测井队操作员要严守岗位，钻井队钻台上也必须有专人值守，以便随时与测井队配合。

卡电缆或卡仪器在塔河油田使用最多的处理方法是：（1）穿心打捞；（2）旁开式测井仪打捞筒。

如果仪器落井：根据仪器的外形尺寸选择相应的打捞工具。常用的有卡瓦打捞筒、卡板打捞筒和卡簧打捞筒等。

## 案例68　TK241井仪器落井

1. 事故发生经过

华东ECLIPS—5700测井队于2004年11月2日19：00到达TK241井井场，进行试验测井。21：00接井，22：50第一趟仪器串下井，测量项目：双侧向＋井径＋声波＋伽马能谱＋自然电位。3日4：10测量完毕，7：00仪器提出井口，第一趟测井顺利结束。

第二趟仪器串组合：传输短节＋自然伽马＋补偿中子＋岩性密度＋连斜＋偶极子声波，仪器串总长29.86m，重量1846lbf。3日9：50下井，11：15开始测量重复曲线，重复井段5520～5450m，11：40仪器下到井底测主曲线，12：00上测到5534m时仪器遇卡，张力由正常测井时的7200lbf增加到7800lbf。对此，测井操作员急忙收拢密度仪器推靠器，上、下活动4次，逐渐增大张力至9380lbf，仪器突然解卡。

测井电缆以4m/min的速度上提，电缆、仪器移动了3～4m（未记录曲线），仪器屏幕显示5531m处，张力由正常测井时的7200lbf递增到8000lbf，仪器再次遇卡，上、下活动1h左右，13：17仪器车突然晃动，张力在20s内由9500lbf下降至5400lbf，地面供电电流由650mA增大到740mA，仪器通讯突然中断，推测仪器弱点被拉断，仪器串可能落井。15：00将电缆提到井口，发现马龙头张力棒拉断，仪器串整体落井。

2. 取证材料

（1）地面记录仪记录了遇卡前从5548～5610m自然伽马、补偿中子、岩性密度曲线，其幅度形态正常，反映仪器上提时工作正常；

（2）地面仪记录了仪器遇卡时的深度和张力曲线；

（3）井下仪器两次遇卡时，测井项目负责人和操作员都在仪器车上观看了仪器遇卡的深度和张力表数据；

（4）TK241井5476～5540m井段，井径扩径有2处长度6m井段，井径值由152mm扩大到254～269.24mm，据分析，扩径段有存在掉块的可能性，而测井遇卡井段正处在1.5m厚扩径层的下方5530～5540m；

（5）钻井队、录井队提供情况：井下情况正常，钻井液密度1.12g/cm$^3$，漏斗黏度47s，含少量气体。

（6）11月1～2日三开完钻测井，华北测井队在井下工作了41h。华北1301队向华东ECLIPS—5700测井队提供了4份资料，其中，补偿中子、岩性密度、自然伽马和张力曲线反映，5538m有卡点1处，张力曲线值达到8750lbf（允许拉力范围上限值）。

（7）现场检查落鱼，发现岩性密度测井仪$\phi$124mm推靠臂处有“黄豆”粒大小的伤痕，手摸有刺痛感。

3. 事故处理经过

3日16：00，测井监督赶到TK241井井场了解情况。至17：30组织召开了“测井仪器遇卡落井事故分析会”，检查电缆和拉力棒断点，检查分析测井资料，分析事故原因，责令测井队编写事故发生经过；同时自己动手编写监督现场事故调查经过。4日0：30塔指打捞公司打捞队赶到TK241井井场（华东测井公司与塔指打捞公司协议，由塔指打捞队承担本次打捞任务，双方为合同关系）。0：30至3：00，由测井监督主持“打捞方案讨论会”。

4日4：00开始下钻，13：10下钻到仪器遇卡点5531m附近，未探到落鱼，继续下钻摸鱼。14：00下钻至5620.69m探到鱼顶，上提方钻杆1m；14：10至16：10循环钻井液观测后效，停泵，实施打捞作业；16：30摸鱼成功，上提钻具。5日1：20提完钻具，上提检查落鱼，仪器全部被抓着；再下放仪器串至井口，安全卸下18居里的中子源和2居里的伽马密度源。然后，分节拆卸仪器，检查仪器外观卡点痕迹，4：00打捞工作全部结束。

4. 事故原因分析

（1）华东ECLIPS—5700测井队在TK241井放射性测井中，在5530～5534m井段遇卡，按正常程序上、下活动1h左右，在最大拉力9500lbf时拉断仪器弱点，造成仪器落井，推测张力棒强度不够是造成仪器落井的主要原因。

（2）从打捞出来的落鱼分析，密度测井仪有伤痕，证明井下掉块是造成本次仪器遇卡的重要原因。

（3）从两个测井队测出的放射性曲线图上分析，在5531m和5538m两处均有遇卡现象。

（4）TK241井灰岩段钻头直径149.225mm，而下井仪器串最大直径124mm，仪器在灰岩段的环形空间仅有12.61mm，在这种环境条件下测井，只要井下有落物、掉块，很容易把仪器卡死。

5. 事故损失

（1）时间损失：2004年11月3日12：00仪器遇卡到5日4：00打捞落鱼成功，损失40h。

（2）仪器遇卡落井，钻井队配合，多下钻一趟。

（3）增加打捞费用10万～20万元。

（4）落井仪器串造价1000多万元人民币，仪器受损伤，增加维修材料费、人工费，减少了仪器的使用寿命。

6. 经验教训

（1）通过 TK241 井的事故教训，以后所有的试验测井，要求：必须井况好，无掉块、无阻和无卡现象，且常规测井时间短、施工顺利，否则，不进行试验测井或必须先通井、处理好钻井液后再进行试验测井，确保合格、优质的试验测井环境。

（2）各测井公司新仪器下井试验前，必须对仪器各部件进行耐温、耐压检查，严格控制质量。同时，重点检查每一个马龙头弱点——张力棒，并建立张力棒使用档案和承压、承拉试验档案。

（3）各测井公司新仪器试验工作要做到：严格遵守操作规程；各种类型的测井在现场作业遇特殊情况时，要及时向工程监督中心和有关部门汇报，及时采取行之有效的措施，把事故降低到最低限度。

## 案例 69　TK1050X 井仪器落井

1. 基础资料

井号：TK1050X 井。

事故井深：5643m。

套管鞋位置：1197.48m，井深：6079.00m。

钻井液性能：密度 1.32g/cm$^3$、漏斗黏度 56s。

2. 事故发生经过

华东测井队于 2008 年 2 月 15 日 23：40 到达 TK1050X 井井场，2 月 16 日 10：45 接井，第一趟声感组合标准项目，16 日 23：00 顺利完成。第二趟放射性综合项目，23：45 下井，下至 5780m 遇阻，上提电缆遇卡严重。与井队协商，通井后再测。

通井后于 2 月 19 日 22：25 接井，第一趟双侧向项目，20 日 1：30 下到井底（6079m）后开始测量，井下张力 1500lbf，地面张力 5850lbf。2：30 上测至 5643m 时，井下张力增大到 2100lbf，发现仪器不动，此时下放电缆，发现仪器没有运动，再上提仪器到 5640m，井下张力涨至 2400lbf，同时断电停止测井，以 40m/min 的速度下放电缆，发现仪器仍不动。经过反复多次上下活动电缆试图解卡，将张力拉到 9000lbf（正常张力 5850lbf），仪器仍然没有运动，3：30 确认仪器已经卡死。

事故发生后，测井监督督促测井队向主管部门汇报，并要求华东测井轮台基地准备穿芯打捞工具。

3. 事故处理方案

穿芯打捞。

4. 事故处理过程

测井队和钻井队立刻按照打捞方案的要求，进行相应的准备工作。于 2 月 20 日 12：45 开始下三球打捞器，张力拉到 7500lbf。在下钻的过程中，测井队多次检查了快速接头和电缆等重要部位是否牢固，检查正常后继续下钻。21 日 17：40 下到 179 根立柱（5555m）后开始循环钻井液清洗水眼，循环钻井液后开始探落鱼头，当 182 根立柱下到 5619.5m 遇阻，下压 35kN，电缆张力无变化，继续压至 60kN，绞车上张力仍无明显变化。此时，上提钻具，电缆张力从 7800lbf 突然降到 4100lbf 又迅速升为 5200lbf，上提电缆，张力无明显变化，确认电缆已断。21 日 22：00 电缆起出井口，发现鱼雷中部弯曲，在鱼雷下端胶皮 0.25m 处断（见图 10－1）。

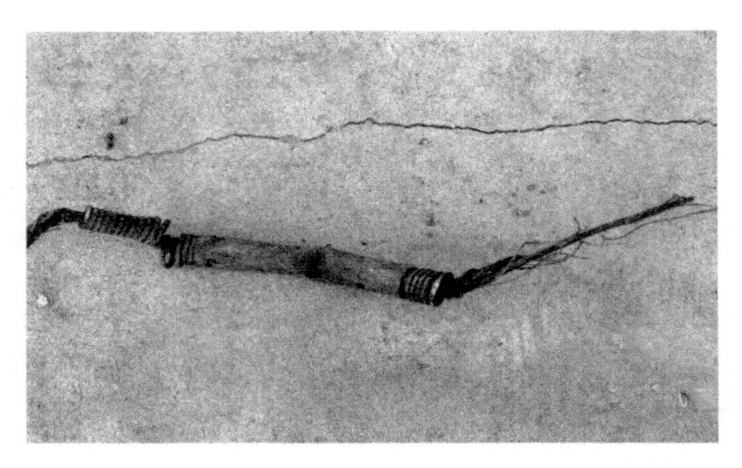

图 10－1 鱼雷损坏图

2 月 22 日 00：00 开始起钻，13：30 起钻完，未捞获仪器，第一次打捞失败。现场决定下步用卡瓦式打捞筒打捞落鱼，并确定了打捞方案。卡瓦式打捞筒工具 22 日 17：00 送到井场，22 日 17：50 开始下卡瓦打捞筒入井，23 日 7：30 下至 5613.54m 开泵下探鱼顶，9：00 下至 5638.33m 仍未探到落鱼，接立柱继续下探。12：50 下至 6014.59m 再次开泵循环下探，15：35 从 6056.4m 下探至 6058.49m 时，泵压逐渐由 10.4MPa 上升至 12MPa，泵冲 59 冲/min，继续下至 6058.75m 泵压、泵冲无变化，上提至 6056.28m 泵压泵冲仍无变化，再次下放至 6058.55m 泵压升至 12.9MPa，泵冲 57 冲/min。新疆打捞公司人员认为泵压不明显，不能确定落鱼是否进入捞筒，决定起出 3～5 柱钻杆后开泵观察。17：10 起出 2 柱后因钻具水眼内液面下降较快，打捞工程师认为落鱼未捞获，下入钻具继续打捞，至 21：30 经多次打捞操作后，现场打捞人员认为成功捞住落鱼的可能性不大，决定起钻后用磁性定位器先探鱼顶，然后在确定下步打捞方案。

2 月 24 日 14：00 起钻结束后发现仪器已打捞上，同时双侧向仪器下部线圈系已有明显的弯曲。14：40 捞获全部双侧向仪器，打捞工作结束，事故解除。

5. 事故原因分析

（1）遇卡后，根据井下张力和地面张力同时增加这一现象，可以判断是仪器遇卡。从井径曲线上看，在 5620～5644m 为井径扩大段测井时，因井斜度大，仪器紧贴井壁下方运行，当仪器尾端进入井径扩大段底部，与小井眼界面下方时，仪器顶部同时也抵在上部井径小的井壁上（仪器串长度为 23m，正好接近“大肚子”井眼长度），导致仪器卡在井径“大肚子”内。

（2）第一次穿芯打捞断电缆的原因分析：由于井斜度大，电缆和鱼雷、仪器紧贴井壁下方，当钻具下至鱼雷上端，捞筒引鞋口拨鱼雷时，顶在鱼雷上端弹簧处，而鱼雷下端靠在井壁上，此时当钻具下压的力量由 35kN 增大至 60kN 时，使鱼雷中部弯曲变形后，并瞬间下滑抵到胶皮电缆，将胶皮电缆部分钢丝挫断，上提钻具时剩余部分钢丝承受不了拉力而断。

6. 事故损失情况

事故损失的时间：107 小时 10 分钟；使用工具：穿芯打捞工具；损坏的设备：电缆 100m，SP 硬电极和双侧向线圈系损坏。

7. 经验与教训

（1）井队在测井前，要充分调整好钻井液性能，降低钻井液失水，提高钻井液抗高温的稳定性和润滑性，以保证测井施工期间的安全。

（2）本井井径存在明显的扩径井段，给测井施工带来困难。建议钻井队在安全钻进的前提下，调整好钻井液，保护好井壁，为测井提供优质井眼。

（3）华东测井应认真分析事故的原因，特别是打捞过程中如何保证电缆安全，争取一次打捞成功。

## 案例70　YQ10井测井仪器遇卡

1. 基本情况

井号：YQ10井；事故井深：5177m；事故地层：三叠系；套管鞋位置：4396.00m；井深：6525m；钻井液性能：密度1.32g/cm$^3$，漏斗黏度61s。

2. 发生经过

新疆一勘测井公司C4492测井队接开发处通知于2008年9月4日22：00到达YQ10井井场进行三开直导眼核磁共振项目测井，测量井段：5100～5500m。华东70860钻井队于9月5日3：00起钻完毕。测井队接井口，5：30仪器入井，6：20下至5177m上提校深测井，电缆张力从6150lbf（正常张力）上升至8000lbf，显示仪器遇卡，此时下放电缆，再提拉到5169m电缆张力升至9000lbf，如此反复起下电缆，下井仪器既不能下放也不能上行，至7：00不见解卡，确认被卡死。同时通知钻井队和测井队上级部门，7：30决定进行穿芯打捞。

3. 事故处理方案

穿芯打捞。

4. 事故处理经过

2008年9月5日15：00测井后方基地送打捞工具及专业打捞人员到达井场，开始做打捞前的准备工作。19：00开始下钻打捞；6日19：00下钻到5154m，距被卡仪器顶部约10m开始循环钻井液（仪器下到5177m被卡，仪器串长15m，仪器顶部约为5162m），6日20：00循环钻井液完毕继续下钻摸鱼顶；20：30接触鱼顶，21：30确认仪器进捞筒被抓住，用钻机大钩提拉电缆从仪器弱点拉力棒处拉断；22：00接电缆完毕开始收电缆，23：30电缆全部起出井口，钻井队接着起钻具。7日15：30核磁仪器完整打捞出井口；现场查验仪器外保护套（玻璃钢）下端被挤压破损，仪器本体未损坏，打捞工作结束，事故解除。

5. 事故原因分析

（1）标准项目测井时，测井过程中阻卡严重，下放过程中多处遇阻，上测过程中多处遇卡，三次通井才测完标准项目测井。为保证核磁测井顺利进行，9月2日井队再次通井（第四次），核磁仪器下至5177m处遇卡，造成仪器卡死穿芯打捞。井内井眼条件准备不充分，是造成测井仪器遇卡的原因之一。

（2）井身质量差、井壁不光滑、井壁保护不好、井内掉块，是造成仪器卡的原因之二，也是卡仪器主要原因。

（3）由于核磁共振仪器的外径设计及性能上的特殊性（该仪器最大外径152mm，加玻璃钢外套直径达163mm，同时带有两个$\phi$177.8mm专用扶正器，而横向探测范围仅有$\phi$228mm，该井钻头直径$\phi$215.9mm），所以对井眼条件要求较高。本井在核磁共振项目施工时，仪器在下放过程中没有遇阻，上提校深测井即被卡住，当时初步判断是仪器被卡而不是电缆键槽卡。从井径曲线上看（图10-2），遇卡仪器所处井段井径没有缩径但不规则，略有起伏，而仪器2个扶正器所处的位置可能正好处在不规则台阶内被卡住；根据打捞出仪器保护套破损情况分析不排除同时有井壁掉块卡在仪器与井壁环空内挤压仪器（图10－3）（因为仪器最大外径163mm，井眼直径216mm，仪器与井壁环形空间很小），导致上提遇卡而后下放遇阻。

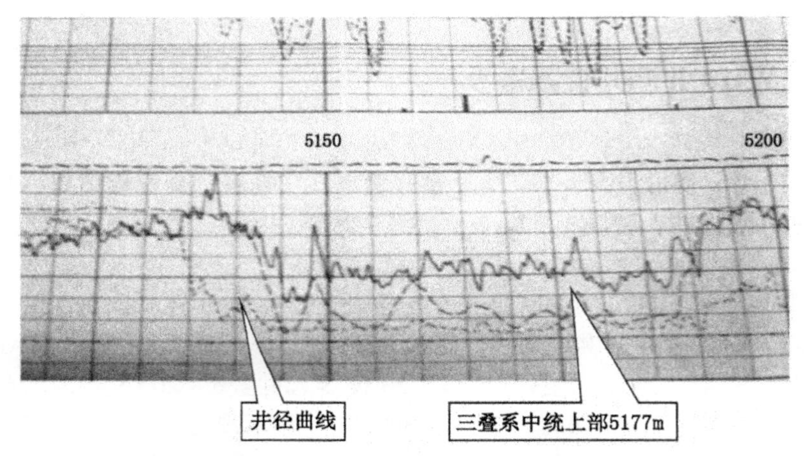


图10－2　YQ10井仪器遇卡位置

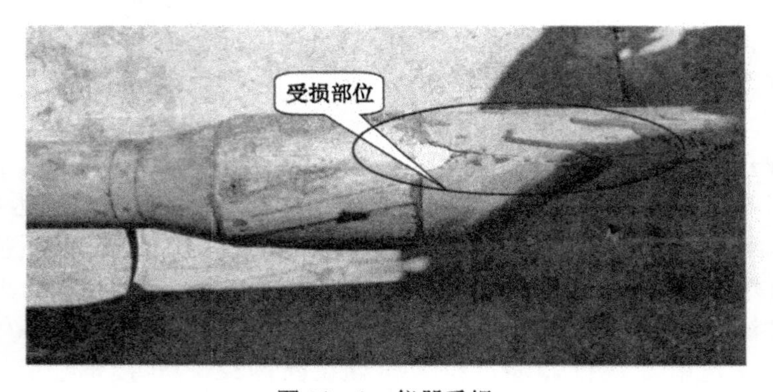


图10－3　仪器受损

6. 事故损失情况

事故损失的时间：57小时10分钟；报废：100m电缆；使用工具：穿芯打捞工具；损坏的设备：核磁共振测井仪无损伤。

7. 经验与教训

（1）钻井队在测井前，要充分调整好钻井液性能，降低钻井液失水，提高钻井液稳定性、润滑性和造壁性，在有阻卡显示段多划眼，钻井液至少要循环两周以上，以保证测井施工期间的安全。

（2）本井仪器遇卡在上油组砂岩井段，而在哈拉哈塘顶部大泥岩段4980～5145m井段，有大段井眼不规则，给测井施工带来困难。

## 案例71　TK1249井卡仪器

1. 基础资料

井号：TK1249井。

事故井深：6150m。

事故地层：泥盆系。

套管鞋位置：6158.84m。

井深：6256.00m。

钻井液性能：密度 1.16g/cm³、漏斗黏度 37s。

2. 事故发生经过

胜利新 1 队于 2008 年 5 月 30 日 16：00 抵达 TK1249 井场进行三开综合测井，18：30 接井。第一趟自然伽马 + 双侧向下放、上提均很正常，无任何阻、卡现象。第二趟下井仪器串为自然伽马 + 井斜 + 声波 + 三臂井径，23：30 仪器入井，5 月 31 日 01：00 当仪器下至 6166m 处遇阻，上提后以 20m/min 的速度下放，仪器顺利到达井底。因下放时有遇阻显示，所以上提时测速很慢。5 月 31 日 01：40，当上提测量至 6168m 时仪器遇卡，经上提下放、来回活动多次后解卡，31 日 1：50，当仪器慢速上提测至 6161m 时再次遇卡，多次上下活动、拉力增至 9700lbf 未能解卡，此时仪器顶部深度为 6147m（仪器已经部分进入套管，管鞋位置 6158m），事故发生。

考虑到该井的实际情况（测量井段为灰岩段，且仅有 90m，不会因为电缆仪器长时间停留而发生吸附卡；同时，遇卡仪器不带有放射源，不存在潜在的次生风险），测井队使用增大张力并绷紧电缆的方法尝试解卡，但由于张力棒长时间受力疲劳，12：00 井口张力突然骤减至 4500lbf，13：00 起出电缆后发现电缆从拉力棒处断开，仪器串落井，落鱼总长为 14.38m。

事故发生后，测井监督、测井队分别向主管部门汇报后，准备工具打捞仪器。

3. 事故处理方案

下卡瓦式打捞筒打捞仪器。

4. 事故处理过程

31 日 13：30 钻井队开始下钻打捞，6 月 1 日 07：00 下至 6147m 鱼顶位置，循环完毕后开始下压打捞，泵压由 4MPa 升到 5MPa，上提时泵压降为 4MPa，由此判断落鱼进入卡瓦不完全，于是慢慢下钻，将落鱼推至井底后，慢慢旋转钻具后下压，泵压由 3MPa 升到 5MPa，上提时泵压又降为 3MPa，而且无喷浆显示。反复几次后 14：30 开始上提钻具，上提过程中一直未发生喷浆现象。后来测井队与厂家联系后才知道：本打捞筒是新式打捞筒，卡瓦有一定的活动空间，保证了下压后的安全性以及上提时避免落鱼脱出，但上提过程中钻井液有下泄的通道，造成泄压而且不会发生喷浆现象，提高了井队起钻速度及安全性，但对判断是否捕获落鱼带来了一定的困难。6 月 1 日 22：30 起钻完毕，23：00 仪器全部打捞出井口，事故解除。测井曲线如图 10－4 和图 10－5 所示。仪器起出后，三臂井径臂折断（图 10－6），其中一条井径臂从中部折断落入井内；声系隔声体的橡胶扶正器被磨破，导向胶锥报废（图 10－7）；测斜仪器无法建立通讯，其他仪器没有大的损坏，工作正常。

5. 事故原因分析

本开次井斜角较大（最大井斜达到 8°），使得上提测井时仪器不居中，且在套管口井斜增加较快，管鞋以下 7m 内井斜由 5.7°增至 6.7°（图 10－4）。加之管鞋以下 7m 为二开未封固井段（实测井径 279.4mm，见图 10－5），套管口与井壁之间存在很大的间隙，所以会导致上提测量时井径臂凸出部位挂在套管口上，发生仪器遇卡事故。

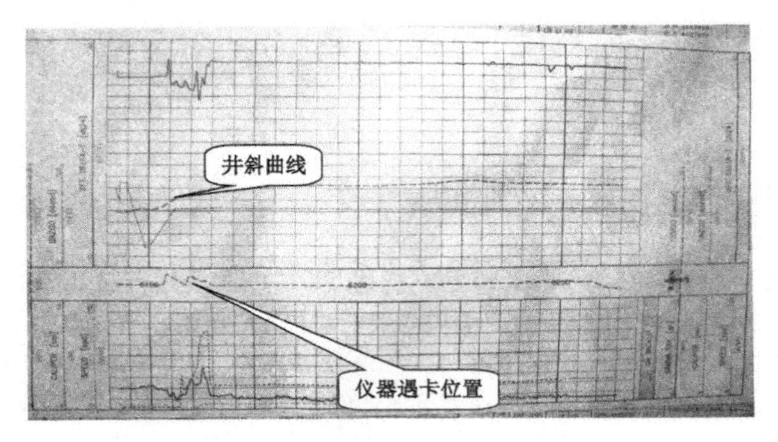


图 10－4　自然伽马＋井斜＋声波＋三臂井径测井曲线

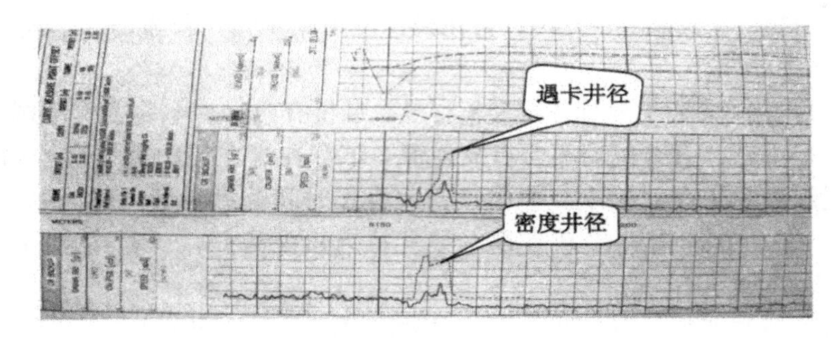


图 10－5　遇卡井径和密度井径对比

图 10－6　三臂井臂仪折断

图 10－7　导向胶锥报废

6. 事故损失情况

事故损失的时间：45 小时 5 分钟；使用工具：钻具传输卡瓦打捞工具。

7. 经验与教训

（1）钻井队要合理选择钻井参数，确保井斜角不超标；套管要下到位，以减小管鞋以下的“大口袋”，为测井施工安全创造条件。

（2）当发生仪器遇卡时，测井队要根据拉力棒负荷大小及仪器重量合理选择井口拉力，避免将电缆拉脱。

（3）测井队在发生遇卡情况后，应结合井况和遇卡类型采取合理的解卡措施，尽可能的缩短事故处理时间。

## 案例 72　AD21 井卡仪器

1. 基础资料

井号：AD21 井。

事故井深：5586m。

事故地层：三叠系。

套管鞋位置：4498.34m。

井深：6432m。

钻井液性能：密度 1.35g/cm³、漏斗黏度 62s。

2. 事故发生经过

华东 005 队于 2008 年 4 月 26 日 17：00 到达 AD21 井井场，4 月 26 日 19：00 接井。第一趟测井项目为井径、声波、双感应八侧向、井斜、自然伽马、自然电位，4 月 27 日1：00 顺利完成，无阻卡现象（见图 10－8）；第二趟中子、密度、伽马能谱项目于 27 日 3：00 下井，下放过程中无遇阻现象，下到井底（6432m）后开始测量，上测时多处出现轻微遇卡，经收腿后均能顺利解卡。4 月 27 日 6：16 分仪器在 5588m 处遇卡，及时收腿解卡，但刚解卡后又遇卡（深度为 5586m，此时密度还未开腿）上提过程中井下张力值无变化，而地面张力不断增加，至 7000lbf 时下放仪器，仪器未动，继续增大拉力至 8000、9000、9500、10000lbf 时，仪器仍不能活动，经过反复几次仪器都未能活动，证明仪器已经卡死。

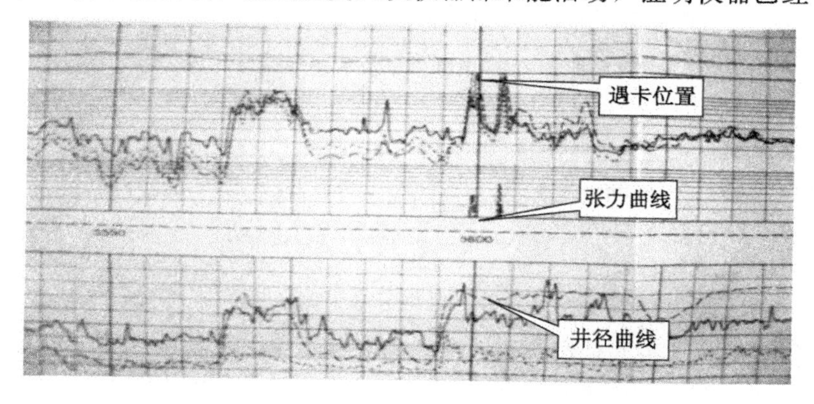


图 10－8　遇卡井段标准曲线图

3. 事故处理方案

穿芯打捞。

4. 事故处理过程

测井队和钻井队立刻按照打捞方案的要求，进行相应的准备工作。27 日 11：30 开始进行穿芯打捞准备工作，27 日 17：00 打捞前的准备工作做完，钻井队开始下第一柱钻具，下钻到达套管口时，测井队检查了快速接头和电缆等重要部位是否牢固，检查正常后继续下钻。28 日 18：00 下到 5572.02m 时，井队接方钻杆循环钻井液，18：30 钻井液循环完毕，开始往下摸仪器，此时电缆张力为 7000lbf。井队缓慢下放钻具，当立柱入井约 17.6m 时（此时总计入井钻具 5589.62m，比计算的仪器顶深度深 3.6m）电缆张力缓慢增大至 7500lbf，上提钻具，张力缓慢减小到 6500lbf，此时钻具停止上提电缆，张力又缓慢增大到 7000lbf，停止上提电缆，下放钻具张力又增大到 8500lbf，上提钻具，张力减小到 3800lbf，如此反复 4 次，张力变化现象一致，确定仪器已经进入打捞筒。20：00 用大钩拉断电缆弱点，22：00 绞车将电缆提出井口，井队开始上提钻具。29 日 13：50 仪器提出井口，捞获全部仪器，打捞工作结束，事故解除。

5. 事故原因分析

三叠系底部砂岩段键槽卡。从仪器遇卡时地面张力和井下张力的变化现象，以及遇卡点的井眼状况（从井径曲线看，有明显台阶，见图 10－8）来分析，判断此次仪器遇卡为电缆键槽卡，在缩径段形成键槽。当仪器进入井眼扩径段，密度推靠臂使密度仪紧贴井壁，由于上部缩径处已形成键槽，使仪器卡在井眼由大变小处（见图 10－9）。

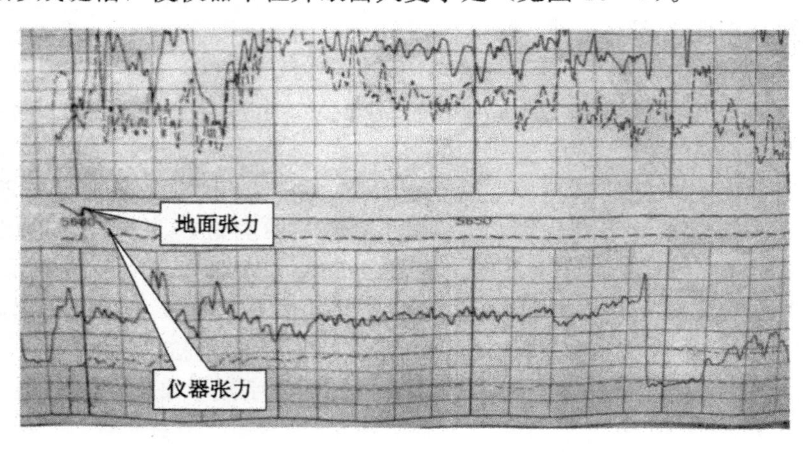


图 10－9　密度中子仪器遇卡位置

6. 事故损失情况

事故损失的时间：55 小时 34 分钟（其中钻井队占用 5 小时）。

使用工具：三珠式穿芯打捞工具。

损坏的设备：电缆 100m。

7. 经验与教训

钻井工程是一项多工种联合作战的系统工程，除了安全快速地完成钻井施工，还要为下一步工序打好基础，因此必须保证井身质量，为测井及固井的安全施工提供保障。完钻前要调整好钻井液性能，保护好井壁，降低钻井液失水，提高钻井液抗高温的稳定性和润滑性，为测井、固井提供优质井眼，以保证测井、固井施工期间的安全。

# 第十一章　其他钻井事故

## 案例 73　TK480CH 井顿钻

1. 事故经过

2008 年 2 月 25 日，TK480CH 井钻进至井深 5540. 09m 上提活动钻具时挂卡严重无法正常定向钻进，所以决定起钻下通井钻具进行通井。2 月 27 日 3：55 通井到底。05：35 循环活动钻具时（钻头位置 5537. 46m，大钩高度 3. 81m），由于扶刹把人员注意力不集中，思想麻痹，发生大钩滑落、游车大绳缠乱压至水龙头上造成顿钻事故。

2. 顿钻后现场情况

大钩与水龙头提环未脱离并压在水龙头上、水龙头壳体连接螺丝滑脱机油流出，冲管挤裂、游车大绳缠乱倒挂在离钻台面 1. 5m 处。

3. 事故原因分析

扶刹把人员在扶刹把期间注意力不集中，思想麻痹，大钩下滑过程中没有及时发现并处理不当造成顿钻。

4. 事故处理经过

5：35 发生顿钻事故后，根据对设备的观察和判断，于 8：00 汇报给公司现场顿钻情况，并请公司立即组织 50t 吊车一台、水龙头一台、ϕ88. 9mm 方钻杆一根。10：30 检查大绳并整理大绳完上提游车成功（水龙头和吊车到井），11：30 坏水龙头甩出，16：00 新水龙头连接完成，上提钻具成功（钻具上提吨位 1570kN 提出，原悬重 1450kN，摩阻 70kN）事故解除；17：00 起钻至 5325. 05m（套管内）。20：00 倒大绳完。

5. 造成结果

水龙头坏、方钻杆弯曲、生产停工 10h。

6. 经验教训

扶刹把人员注意力不集中，思想麻痹，发生大钩滑落、游车大绳缠乱压至水龙头上造成顿钻事故。说明队伍安全教育不够，管理不严，安全意识不强。钻井工作是高风险的行业，一定要加强劳动纪律管理，加强安全生产教育。

## 案例 74　TK836 井顿钻

1. 基础资料

井号：TK836 井。

事故井深：5249. 10m。

事故地层：$C_1$kl。

工程施工参数：起钻原悬重 1500kN，遇阻卡时上提钻具最大 1660kN。

井身结构：ϕ444. 5mm 钻头 × 1200. 98m + ϕ339. 7mm × 1199. 80m + ϕ241. 3mm 钻头 × 5249. 10m。

钻井液性能：密度 1. 32g/cm$^3$、漏斗黏度 60s、高温高压滤失 11. 8mL、pH 值 9. 0、含

砂 0.2%、泥饼 0.5mm。

2. 事故发生经过

钻至井深 5249.10m，循环起钻换钻头，10 月 25 日 0：50 开始起钻，起前 23 个立柱一直顺利，当 4：47 起至 24 柱（4551.51m）时发生遇卡，司钻岗位操作者想通过上提下放钻具消除遇阻现象，在下放钻具时，由于思想麻痹，刹车不及时，刹把无法控制钻具重量，钻具顿在转盘上，惯性使活绳头严重损坏。

事故发生后，井队立即进行清理现场，更换大绳。

3. 事故原因分析

（1）刹车不及时是造成此次钻具顿在转盘上的主要原因。

（2）司钻操作者对电磁刹车性能不够了解也是造成此次钻具顿在转盘上的原因之一。

4. 事故处理过程

换好大绳后于 10 月 26 日 2：00 恢复起钻作业。事故损失时间：21 小时 13 分钟。

5. 经验教训

（1）钻井队应该认真总结经验和教训，制定合理、可行的安全技术措施。

（2）钻井队不可盲目求快，树立各阶段施工的风险意识，在发生遇阻卡时应该严格执行操作规程，确保施工安全。

（3）今后应加强短起下钻次数，消除遇阻遇卡现象，杜绝违章操作。

## 案例 75　S118 井顿钻

1. 基本情况

井号：S118 井。

开钻时间：2004 年 1 月 16 日 16：00。

二开时间：2004 年 1 月 20 日 13：00。

三开时间：2004 年 2 月 26 日 15：40。

井身结构：$\phi$660.4mm × 300.15m + $\phi$508mm × 299.49m + $\phi$339.7mm × $\phi$3197.64m + $\phi$241.3mm×5272m。

2. 事故经过

2004 年 5 月 19 日 21：52 在第三次扩眼过程中，扩完半个单根至井深 5272m（钻具悬重 1840kN），上提钻具准备划眼，方钻杆方补心快提出转盘面，副司钻刹住刹把，拉下气刹，然后用右手压刹把，左手准备开泵，在合泵过程中腿部碰到气刹手柄，使得气刹失效，等他看到游车下滑时双手压住刹把，因为吨位过重，无法刹住，致使水龙头顿坐在转盘上，游车倒于钻台，由于惯性作用，滚筒反转，大绳从活绳头处剪断。

3. 处理过程

经检查，快绳跳槽，快绳头缠绕在井架绷绳上。用 U 形卡子把快绳卡死，防止快绳端抽出，然后组织人员上天车，将跳槽钢丝绳就位后，松掉绷绳，抽出缠绕的钢丝绳后，快绳固定在滚筒上，用吊车把水龙头和大钩分开，将游车吊于坡道上，把变形的钢丝绳缠在滚筒上，然后倒出。顿钻发生后，立即组织水龙头等设备，在第一时间建立循环，恢复正常排量，调整钻井液性能，做好防卡工作，加入足够的润滑剂，控制 $Cl^-$ 浓度，保持钻井液密度，加强坐岗。大绳倒完后，检查、试运转设备，正常后活动钻具，于 5 月 20 日 17：30 恢复正常，事故损失时间 19 小时 38 分钟。顿钻事故解除后，现场准备更换方钻杆、水龙头，并对大钩、吊环、钻具进行探伤，确保设备正常运转；组织全队人员认真分析顿钻原因，从中吸取深刻教训。

4. 事故原因分析

手离开刹把没有挂链子和坠砣。操作者应变处理能力不足发现游车下滑，只考虑到压刹把，未及时拉下电磁刹车或气刹，造成顿钻恶性事故的发生。

5. 事故损失

顿钻造成如下损坏：水龙头 1 个（22000 元），小绞车 1 台（15000 元），38mm 大绳（28000 元），润滑剂 3t（19000 元），时间损失 19. 63h（21000 元），共计损失 10. 5 万元。

6. 经验与教训

（1）手离开刹把必须挂链子和坠砣。

（2）顿钻应急措施：司钻操作台周围随时保持通道畅通，刹把操作者发现钻具急速下行时，应立即拉气刹和电磁刹车手柄，猛刹刹把，钻台工作人员迅速躲至井架大腿外侧。

（3）把安全工作放在首位，加强 HSE 管理力度，加强风险识别与评估，认真制定应急预案，做到遇事不乱。

## 案例 76 TK927H 井单吊环起钻

1. 基础资料

井号：TK927H 井。

事故井深：4700. 03m。

事故地层：T2a。

井深：4700. 03m。

井身结构：$\phi$444. 5mm 钻头 × 605m + $\phi$339. 7mm 套管 × 603. 98m + $\phi$311. 15mm 钻头 × 4000m + $\phi$244. 5mm 套管 × 3998. 54m + $\phi$215. 9mm 钻头 × 4700. 03m。

入井钻具结构：$\phi$215. 9mm HJ517G 钻头 × 0. 25m + 1. 5°单弯 × 6. 65m + 431 × 4A10 无磁接头 × 0. 50m + 4A11 × 410 短无磁钻铤 × 3. 80m + 4A11 × 410 无磁接头 × 0. 41m + MWD 短节 × 4. 46m + $\phi$127mm 无磁承压钻杆 × 9. 27m + $\phi$127mm 斜坡钻杆 × 10 柱 + $\phi$127mm 加重钻杆 × 44 根 + $\phi$127mm 斜坡钻杆 × 410 根。

钻井液性能：密度 1. 22g/cm$^3$、漏斗黏度 61s、塑性黏度 24mPa · s、失水 3mL、泥饼厚度 0. 5mm、含砂量 0. 3%、pH 值 9. 5、膨润土含量 45g/L。

地层及岩性描述：阿克库勒组，深灰、灰黑色泥岩，夹泥质粉砂岩；下部蓝灰色泥岩与棕色粉砂岩、浅灰色细砂岩略等厚互层。棕褐色泥岩、棕色粉砂岩、细砂岩互层、含砾砂岩等。

2. 事故发生经过

2006 年 3 月 1 日 13：00 钻进至井深 4700. 03m，循环 2 小时 30 分钟后进行起钻作业准备换钻头，起至 23：00 时因操作不当造成单吊环事故，自钻杆母接箍 0. 73m 处断开落井。

3. 事故原因分析

司钻与井口人员配合不当，上提时没有严格遵守操作规程。

4. 事故处理方案

下入带铣鞋的卡瓦打捞筒进行打捞。

5. 事故处理经过

及时组织卡瓦打捞筒，3月2日5：10时下入带铣鞋的卡瓦打捞筒进行打捞，3月2日11：00捞出落鱼。

6. 事故损失

时间：12h；报废管材：ϕ127mm斜坡钻杆1根。使用工具：200mm带铣鞋的卡瓦打捞筒1只。

7. 经验教训

加强责任心，精心操作，严格遵守操作规程，提高自身技术素质，各岗位加强协作配合。

## 案例77 TK605CH井单吊环起钻

1. 基础资料

井号：TK605CH井。

事故井深：5506.52m。

事故地层：$O_{1-2}y$。

井身结构：ϕ215.9mm×5470.30m+ϕ177.8mm×(3742.71～5466.49m)+ϕ149.2mm×5720m。

入井钻具结构：ϕ149.2mmHA517G钻头×0.18m+3.5°ϕ121mm单弯螺杆×4.27m+定向接头331×310×0.33m+ϕ88.9mm无磁加重钻杆×9.27m+ϕ88.9mm钻杆12根×104.65m+ϕ88.9mm加重钻杆33根×305.01m+ϕ88.9mm钻杆582根×5082.85m。

工程施工参数：钻压30kN、转速为螺杆转速、泵压20MPa、排量13.5L/s。

钻井液性能：密度1.09g/cm$^3$、漏斗黏度58s、失水4.8mL、泥饼厚度0.5mm、塑性黏度18mPa·s、动切力7.5Pa、pH值9.5。

地层及岩性描述：地层：$O_{1-2}y$；岩性：灰岩。

2. 事故发生经过

2006年5月13日11：05，在起钻过程中已起出钻杆73柱（钻具长1904.77m），在起第74柱时，当班副司钻由于操作不当，对异常情况发生的预见性和处理情况的能力欠缺，没能注意到内外钳操作是否到位，外钳工也没能和副司钻配合好，吊环没扣合好时未及时示意。造成单吊环起钻事故。

3. 事故原因分析

由于井口工与司钻配合不默契、操作失误是导致单吊环起钻折断钻具，钻具落入井内事故的主要原因。当班副司钻扶钻注意力不集中，没能注意到外钳操作吊环没扣合好就上提钻具，造成单吊环起钻，由于井内钻具重达760kN，致使钻具从第74柱距内螺纹端0.57m处直接折断，钻具掉入井内。

4. 事故处理方案

根据井下情况施工方决定立即组织卡瓦打捞筒及磨鞋对本次发生的事故进行处理。

5. 事故处理经过

2006年5月13日17：00下入5⅝″（ϕ143mm）卡瓦打捞筒，21：00下到鱼头位置后，经过小幅度活动转盘卡瓦打捞筒进入鱼头，经小钻压修理鱼头后下放卡瓦抓住落鱼，上提悬重1100kN恢复到原悬重，于5月14日6：00起出鱼头，5月15日0：40提出全部井下落鱼。

6. 事故损失

时间：37 小时 35 分钟；报废管材：ϕ88.9mm 钻杆一根，另导致 210 根 ϕ88.9mm 钻杆弯曲；使用工具：卡瓦打捞筒一只。

7. 经验和教训

（1）操作人员思想麻痹、注意力不集中、井口工与司钻配合不默契、操作水平不高而导致事故的发生。

（2）如果吊环放过吊卡挂合位置，井口工应分开吊环提起再下放挂合就可避免此次事故的发生。

（3）钻井队平时管理督促不严，今后应加强管理力度及技术培训、教育，杜绝类似事故的发生。

## 案例 78　TK212CH 井掉牙轮

1. 基础资料

施工井号：TK212CH 井。

事故井深：5708.42m。

事故地层：$O_2yj$。

工程参数：钻压 60～80kN、转速 40r/min、排量 13L/s、泵压 19MPa。

扭矩记录：无变化。

井身结构：ϕ444.5mm × 1200m + ϕ339.7mm × 1197.4m + ϕ241.3mm × 5457.48m + ϕ177.8mm×5376m + ϕ149.2mm×5708.42m。

钻具结构：ϕ149.2mm HJS517G 钻头 + ϕ120mm（1.25°）单弯螺杆 + 止回阀 + 双公接头 + ϕ120mm MWD 短节 + ϕ88.9mm 无磁钻杆 + ϕ88.9mm 斜坡钻杆 + ϕ88.9mm 加重钻杆 + 斜坡钻杆。

钻井液性能：密度 1.18g/cm$^3$、漏斗黏度 58s、失水 4.4mL、泥饼 0.5mm、静切2/8Pa、塑性黏度 22mPa·s、动切 11Pa、高温高压失水 12mL、含砂 0.2%、pH 值 10。

地层及岩性描述：地层 $O_2yj$，泥质灰岩。

2. 事故经过

2008 年 5 月 6 日 16：00，螺杆复合钻进钻至井深 5708.42m 时，最后 3m 钻时变化幅度比较大，井深 5706m，钻时 78min/m；井深 5707m，钻时 37min/m；井深 5708m，钻时 59min/m。钻压、转速、扭矩、泵压等钻井参数无变化，岩屑岩性未变，决定起钻，起钻过程无挂卡现象。2008 年 5 月 7 日 12：30 钻头起出，发现钻头两只牙轮落井。

根据起出钻头的磨损程度，判断落井牙轮无大的整块牙轮，小直径的牙轮在磨损及断齿后，已被破坏成小碎块，考虑到水平井小井眼特殊情况，采用牙轮钻头加通井钻具结构进行处理。

3. 事故原因分析

（1）使用牙轮钻头轴承为金属密封适应高转速，该钻头纯钻时间为 18h。金属密封钻头一般使用时间在 25h 左右，该只钻头使用并不长属早期损坏。

（2）ϕ149.2mm 牙轮钻头加螺杆复合钻进强度小、转速高在水平段钻进钻头损伤大，易造成钻头早期损坏。

4. 事故处理方案

根据起出钻头的磨损程度，判断落井牙轮无大的整块牙轮，钻头的牙轮在磨损及断齿后已被打碎，考虑到水平井小井眼特殊情况，施工方决定下牙轮钻头加通井钻具组合对井底牙轮碎块进行处理。

5. 事故处理经过

2008 年 5 月 8 日 10：00 下入钻具组合：$\phi$149. 2mm HJS517G 牙轮钻头 + $\phi$88. 9mm 加重钻杆 36 根 + $\phi$88. 9mm 斜坡钻杆。到底后采取低转速 40r/min，低钻压 5～10kN，转动转盘，转盘扭矩不增加。确认井底落物确实成碎块，钻进至井深 5711. 05m，进尺 2. 63m 起钻，5 月 9 日 3：30 起出钻头，1、3 号牙轮外排齿各断一齿，巴掌磨损不严重，起出牙轮钻头基本完好，井底恢复正常。后下入牙轮钻头正常钻进。

图 11－1 为损坏的 13 号 HJS517G 钻头，综合录井仪终端记录情况见图 11－2。

图 11－1　13 号 HJS517G 钻头出井图

6. 事故损失情况

事故损失时间：2008 年 5 月 7 日 12：30～9 日 3：30，损失时间 39. 0h，合 1. 625 天。

7. 经验与教训

（1）使用三牙轮钻头在小井眼定向井施工过程中，操作人员要细心操作，加强对钻头使用情况的判断；同时结合经验，对三牙轮钻头进行保守使用时间。

（2）对同区块同类型的井在 PDC 钻头使用上进行调研，选用使用较好的 PDC 钻头。钻头的使用寿命长、减少起下钻次数、机械钻速比牙轮钻速高，也减少发生事故的几率。

## 案例 79　DLK4 井掉牙轮

1. 基础资料

事故井深：5106. 50m。

事故地层：$E_{1-2}$km。

基础数据：$\phi$215. 9mm 牙轮钻头使用井段 5024. 15～5106. 5m，总进尺 82. 35m。

累计纯钻时间 61. 34h。

工程施工参数：钻压 180kN、泵压 17. 2MPa、排量 35L/s、转速 70r/min。

扭矩记录：1500～2200N・m（井队钻台显示）；160～320N・m（录井队扭矩显示）。

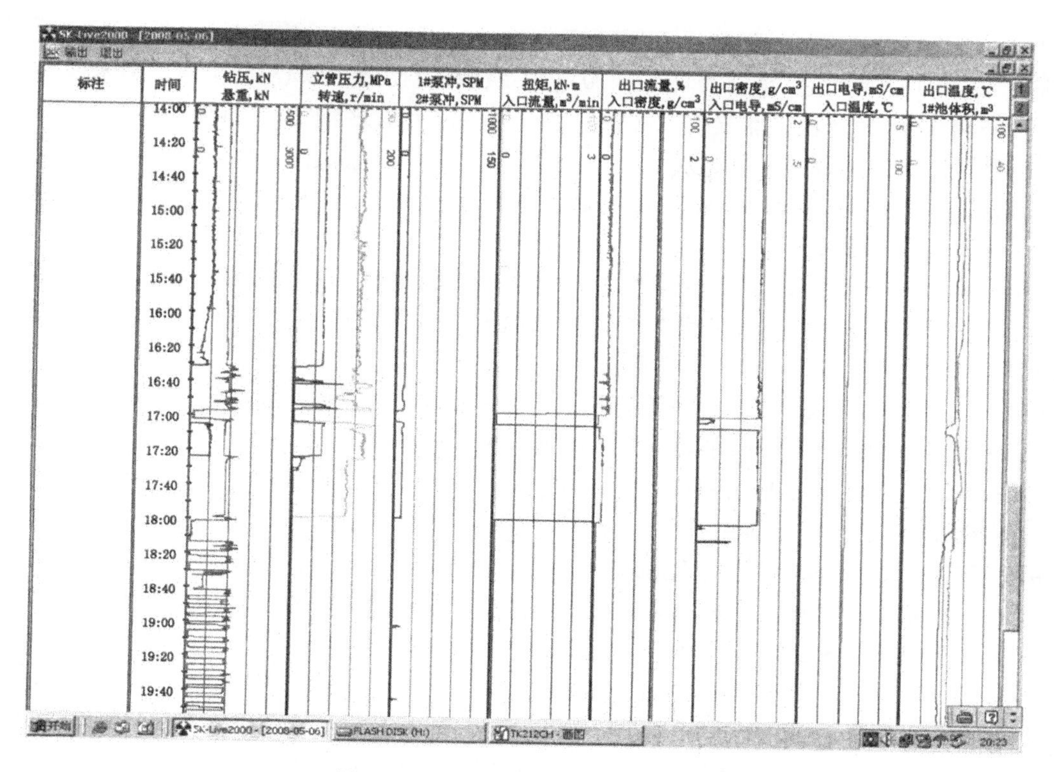


图 11－2　综合录井仪终端记录情况

井身结构：$\phi$660. 4mm × 100m + $\phi$508mm × 100m + $\phi$444. 5mm × 2300m + $\phi$339. 7mm × 2300m + $\phi$311mm × 4910m + $\phi$244. 5mm × 4910m + $\phi$215. 9mm × 5106. 50m。

钻具结构：$\phi$216mm HJ517G 钻头 × 0. 26m + 430 × 4A10 接头 1 只 × 0. 40m + $\phi$159mm 钻铤 7 柱 × 184. 79m + $\phi$159mm 随钻震击器一套 × 4. 08m + $\phi$127mm 加重钻杆 5 柱 × 137m + $\phi$127mm DP165 柱 × + 411mm × 410mm 接头 1 只 × 0. 47m + 下旋塞 × 0. 44m + 防磨接头 × 0. 70m + 411mm × 520mm × 0. 37m + 133mm 方钻杆。

钻井液性能：密度 1. 30g/cm³、漏斗黏度 53s、塑性黏度 16mPa · s、动切力 8Pa、失水 4mL、泥饼 0. 5mm、含砂 0. 2%、pH 值 10。

地层及岩性描述：地层为库姆格列木群；主要岩性为砂泥不等厚互层。

2. 事故发生经过

2005 年 9 月 3 日 14：35 钻至井深 5106. 50m，钻进中扭矩平稳；因倒发电机上提钻具，15：30 开转盘 68r/min 下放接近井底扭矩增大，初步判断井下有掉块；17：18～18：00 短起下钻 1 柱，至 20：00 几次转动转盘接触井底，扭矩均增大，循环至 21：00 起钻。

9 月 4 日 16：00 起完钻，发现钻头 2#、3# 牙轮落井，1# 牙轮轴承活动正常。钻头型号：$\phi$216mm HJ517G；生产厂家：江汉钻头厂；生产日期：2005 年 3 月，出厂编号：06414。钻头实际纯钻时间 61. 34h，使用井段 5024. 15～5106. 50m，进尺 82. 35m。

3. 事故处理过程

经现场研究，针对裸眼井段短的实际情况，首先下入反循环打捞篮进行处理。

下入钻具结构为：$\phi$200mm 反循环打捞篮 + $\phi$159mm 钻铤 × 12 根 + $\phi$127mm 加重钻杆 × 15 根 + $\phi$127mm 钻杆。

9月4日20：30，下入$\phi$200mm反循环打捞篮，9月5日11：00下钻至井底，12：15循环钻井液，22：40打捞牙轮，9月6日12：00起出反循环打捞篮，取心0.116m，但未能捞获。

现场分析，认为牙轮可能被挤入井壁，经研究决定下入牙轮钻头带随钻捞杯，将牙轮拨入井底，同时打捞井下的金属碎物。

入钻具结构为：$\phi$216mm牙轮钻头+随钻捞杯+$\phi$159mm钻铤×21根+$\phi$159mm随钻震击器+$\phi$127mm加重钻杆×15根+$\phi$127mm钻杆。

9月7日4：00下钻完，循环正常后，开始转动转盘向下划眼，在井深5106.55m扭矩增大，反复5次向下拨划，均在此井深出现扭矩波动大的情况，第6次向下拨划，钻头位置超过扭矩增大的深度6cm，认为牙轮已被拨入井底，7：15起钻。

9月8日0：00下入$\phi$200mm高效磨鞋，下入钻具结构为：$\phi$200mm高效磨鞋（带捞杯）+$\phi$159mm钻铤×12根+$\phi$127mm加重钻杆×15根+$\phi$127mm钻杆。

9月8日13：30下完钻，循环钻井液冲洗井底，15：30开始磨铣，磨铣参数：钻压20～30kN，转盘转速70r/min，排量2L/s，泵压7MPa。磨铣至9日18：00起钻。磨鞋起出后，底部磨掉7mm，距底部有25mm宽的磨鞋外径明显磨小，最小外径168mm，捞获6颗较完整的牙齿、一部分碎齿及碎片，对磨鞋的磨损和捞获情况进行分析，认为牙轮已被磨碎，有碎块挤至井壁边上，未能磨铣干净，决定在再下入一只磨鞋进行磨铣。

9月10日21：30开始磨铣，磨铣参数：钻压20～30kN，转盘转速70r/min，排量10L/s，泵压3.5MPa。磨铣至11日18：00，而后循环起钻。9月12日9：00起出磨鞋，底部磨掉2mm，磨出4.3cm宽的槽，底部外径磨损至196mm，捞获部分碎齿及碎块，对磨鞋的磨损和捞获情况进行分析，认为井底基本干净。

9月12日9：10下入牙轮钻头带随钻捞杯，下完钻，循环正常后，进行扩划眼，9月13日1：30恢复钻进，扭矩平稳。

图11-3为DLK4井事故钻头，图11-4为DLK4井实时图。

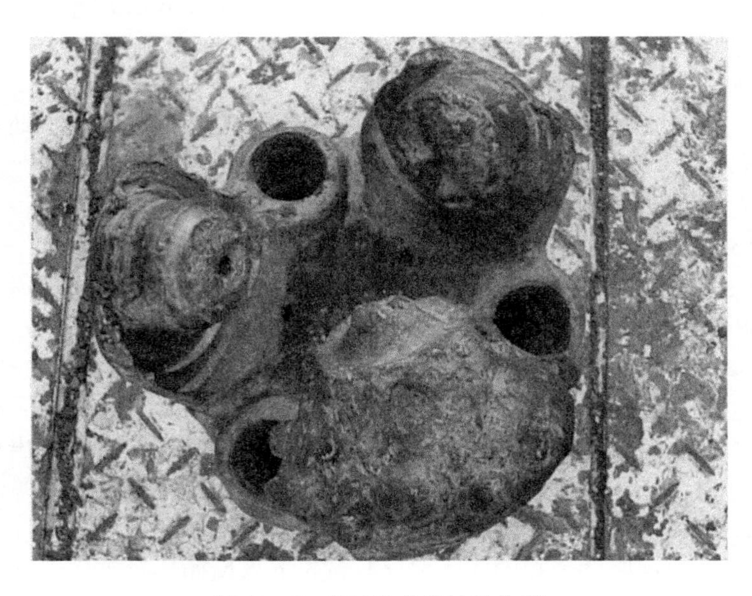

图11-3　DLK4井事故钻头图

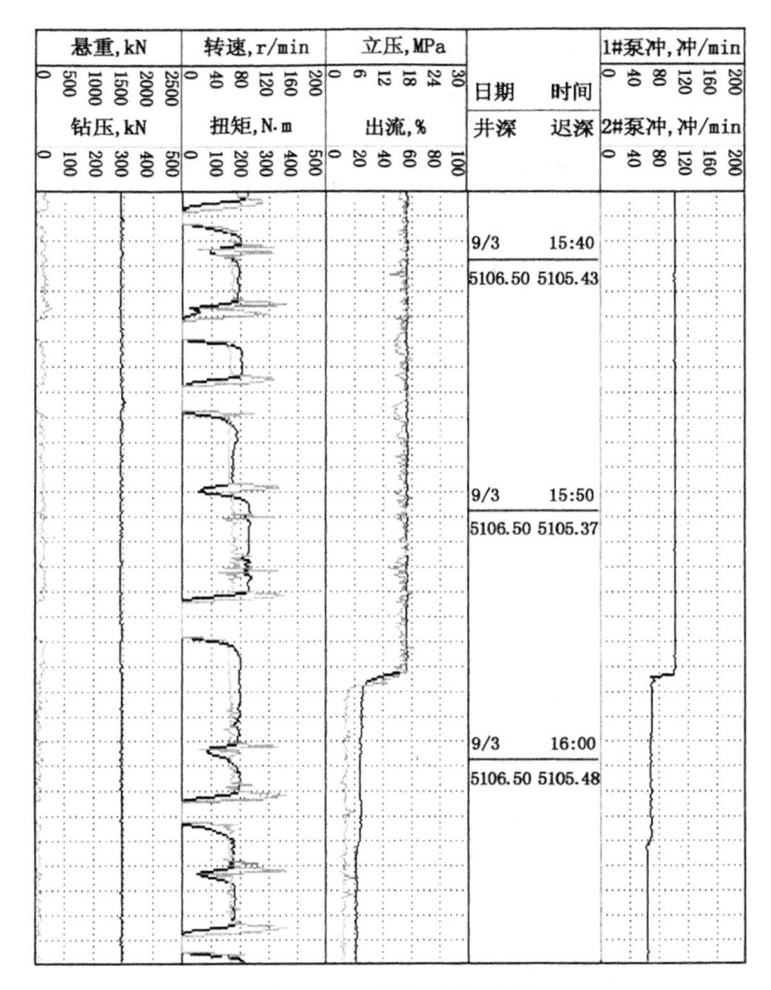


图 11－4　DLK4 井实时图

4. 事故发生原因

本只钻头掉牙轮前，无明显征兆，转盘扭矩无明显波动，无蹩跳现象。使用过程中，无溜钻、顿钻情况，工程参数、水力参数和钻井液性能均控制在设计范围内。钻头的使用时间较短，进尺也较少。从钻时上看，地层并非坚硬地层，钻头提前损坏应该是钻头本身的质量不过关所造成的。

5. 事故损失

本次事故的发生共损失 185h；使用 $\phi$200mm 高效磨鞋 2 只。

6. 经验教训

事故前未能对钻头使用后期作出正确判断，扭矩发生异常后未能及时起钻是此次事故的主要原因。钻进过程中对工程参数的变化，今后要引起高度警觉，及时发现，认真分析，及时采取有效措施消除事故隐患，避免井下事故的发生。

# 附　　表

**表1　解卡剂的配方**

| WFA－1加重型解卡剂 | | | | |
|---|---|---|---|---|
| 相对密度 | WFA－1，t | 柴油，$m^3$ | 水，$m^3$ | 重晶石，t |
| 0.87 | 0.075 | 0.7 | 0.210 | 0 |
| 1.20 | 0.075 | 0.446 | 0.364 | 0.382 |
| 1.4 | 0.075 | 0.410 | 0.34 | 0.639 |
| 1.6 | 0.075 | 0.409 | 0.292 | 0.904 |
| 1.8 | 0.075 | 0.376 | 0.254 | 1.25 |
| 2.0 | 0.075 | 0.357 | 0.213 | 1.407 |
| 2.2 | 0.075 | 0.439 | 0.171 | 1.665 |
| PIPE－LAX（麦克八） | | | | |
| 相对密度 | WFA－1，t | 柴油，$m^3$ | 水，$m^3$ | 重晶石，t |
| 1.08 | 537 | | 314 | 256 |
| 1.20 | 537 | 86.3 | 277 | 413 |
| 1.32 | 536 | 86.3 | 241 | 570 |
| 1.44 | 533 | 86.3 | 208 | 727 |
| 1.56 | 528 | 86.3 | 176 | 884 |
| 1.68 | 520 | 86.3 | 146 | 1038 |
| 1.80 | 510 | 86.3 | 120 | 1192 |
| 1.92 | 498 | 86.3 | 95 | 1343 |
| 2.04 | 484 | | 73 | 1497 |
| 2.16 | 468 | 86.3 | 53 | 1651 |
| SR301 | | | | |
| 相对密度 | 柴油，$m^3$ | SR301，t | 水，$m^3$ | 重晶石，t |
| 0.95 | 0.65 | 0.27 | 0.16 | 0 |
| 1.1 | 0.603 | 0.258 | 0.155 | 0.19 |
| 1.2 | 0.6 | 0.25 | 0.145 | 0.32 |
| 1.3 | 0.58 | 0.242 | 0.14 | 0.45 |
| 1.4 | 0.562 | 0.234 | 0.135 | 0.58 |
| 1.5 | 0.542 | 0.226 | 0.13 | 0.71 |
| 1.6 | 0.523 | 0.218 | 0.126 | 0.83 |
| 1.7 | 0.506 | 0.209 | 0.121 | 0.97 |
| 1.8 | 0.484 | 0.201 | 0.116 | 1.1 |
| 1.9 | 0.456 | 0.194 | 0.116 | 1.18 |
| 2.0 | 0.445 | 0.186 | 0.116 | 1.36 |

**表 2　钻具分级、无损检测项目及检测周期表**

| 检测项目 | | 检测方法 | 规格型号 | 检测周期，h（纯钻时间） | 修扣周期 h | 备注 |
|---|---|---|---|---|---|---|
| 各种规格钻杆 | 新钻杆 | 分级 | | 2500±100 | | |
| | 一级钻杆 | 分级 | | 1100±100 | | |
| | 二级钻杆 | 分级 | | 800±100 | | |
| 加重钻杆、钻具稳定器 | | 全管体超声波探伤；螺丝超声波和磁粉探伤 | 6″及以上井眼 | 475±25 | | |
| | | | 6″以下井眼 | 275±25 | | |
| 方钻杆 | | 螺纹超声波和磁粉探伤 | | 475±25 | | 特殊情况下加密检测 |
| 钻铤 | | 超声波和磁粉 | 4¾″及以下（含4¾″） | 175±25 | 500±25 | 处理事故或溢流、井涌等复杂情况后继续使用的钻具必须进行探伤 |
| | | | 4¾″至7″（不含4¾″和7″） | 275±25 | 800±25 | |
| | | | 7″及以上 | 375±25 | 1000±25 | |
| 吊卡、吊环、鹅颈管、大钩、提升短节等 | | 超声波整体探伤 | 同钻铤 | 同钻铤 | | |
| 水龙头中心管 | | 螺纹超声波或磁粉探伤 | 同钻铤 | 同钻铤 | | |
| 高压管线 | | 焊缝超声波探伤 | 同钻铤 | 同钻铤 | | |

| 检测项目 | 检测方法 | 规格型号 | 有效长度，mm | | 检测周期 h | 备注 |
|---|---|---|---|---|---|---|
| 接头 | 超声波和磁粉 | 6½″以上（含6½″） | 双公 | ≥340 | 375±25 | （同上） |
| | | | 一公一母 | ≥470 | 375±25 | |
| | | 6½″以下（不含6½″） | 双公 | ≥240 | 275±25 | |
| | | | 一公一母 | ≥370 | 275±25 | |

备注：未规定的项目依据西北油田分公司企业标准《钻具管理标准》和《钻具检测与分级评价》。

**表 3　钻杆接头分级及推荐旋接扭矩表**

| 钻杆 | | | | 接头螺纹型式 | 一级接头 | | |
|---|---|---|---|---|---|---|---|
| 公称尺寸 mm | 公称重量 kg/cm | 加厚形式及钢级 | | | 接头最小外径 mm | 台肩最小宽度 mm | 上紧扭矩 kN·m |
| 60.3 | 9.91 | 外加厚 | E | NC26（2⅜IF） | 80.5 | 2.0 | 3.3 |
| | | | S | | 82.5 | 2.8 | 4.1 |
| | | | G | | 83 | 3.2 | 4.4 |
| 73 | 15.49 | | E | NC31（2⅞IF） | 96.5 | 3.6 | 6.2 |
| | | | X | | 99.0 | 4.8 | 7.8 |
| | | | G | | 100 | 5.2 | 8.3 |
| | | | S | | 103 | 6.7 | 10.4 |
| 88.9 | 19.81 | | E | NC38（3½IF） | 114 | 4.4 | 9.9 |
| | | | X | | 116.5 | 5.6 | 12 |
| | | | G | | 118 | 6.4 | 13.4 |
| | | | S | | 122 | 8.3 | 17.1 |

续表

| 钻杆 | | | | 接头螺纹型式 | 一级接头 | | |
|---|---|---|---|---|---|---|---|
| 公称尺寸<br>mm | 公称重量<br>kg/cm | 加厚形式<br>及钢级 | | | 接头最小外径<br>mm | 台肩最小宽度<br>mm | 上紧扭矩<br>kN·m |
| 114.3 | 29.79 | 外加厚 | E | NC50（4½IF） | 147.5 | 6 | 21.4 |
| | | | X | | 150.5 | 7.9 | 27 |
| | | | G | | 153 | 8.7 | 29.7 |
| | | | S | | 157 | 11.5 | 38.5 |
| 127 | 29.05 | 内外加厚 | E | NC50（4½IF） | 149 | 6.0 | 21.4 |
| | | | X | | 153 | 7.9 | 27 |
| | | | G | | 154 | 8.7 | 29.7 |
| | | | S | | 160 | 11.5 | 38.5 |
| 60.3 | 6.65 | EU | E | NC26（2⅜IF） | 85.7 | 44.5 | 3.47 |
| | | EU | X | | 85.7 | 44.5 | 4.39 |
| | | EU | G | | 85.7 | 44.5 | 4.39 |
| 73 | 6.85 | EU | E | NC31（2⅞IF） | 104.8 | 54 | 8.05 |
| | 10.40 | | X | | 104.8 | 50.8 | 8.94 |
| | | | G | | 104.8 | 50.8 | 8.94 |
| | | | S | | 111.1 | 41.3 | 11.49 |
| 88.9 | 9.5 | EU | E | NC38（3½IF） | 120.7 | 68.3 | 12.28 |
| | 13.30 | EU | E | NC38（3½IF） | 120.7 | 68.3 | 12.28 |
| | | EU | X | NC38（3½IF） | 127.0 | 65.1 | 13.78 |
| | | EU | G | NC38（3½IF） | 127 | 61.9 | 15.06 |
| | | EU | S | NC38（3½IF） | 127 | 54 | 19.03 |
| | 15.50 | EU | E | NC38（3½IF） | 127.0 | 65.1 | 13.78 |
| | | EU | X | NC38（3½IF） | 127.0 | 61.9 | 15.06 |
| | | EU | G | NC38（3½IF） | 127.0 | 54.0 | 17.64 |
| | | EU | S | NC38（3½IF） | 139.7 | 57.2 | 22.33 |
| 127 | 19.50 | IEU | E | NC50（XH） | 161.9 | 95.3 | 25.54 |

**表4　钻杆管体分级、抗拉数据**

| 钻杆管体 | | | | 分钢级在最低抗拉屈服强度下的载荷，kN | | | |
|---|---|---|---|---|---|---|---|
| 级　别 | 外径<br>mm | 公称重量<br>kg/m | 壁厚<br>mm | E | X | G | S |
| 一级钻杆 | 60.3 | 7.22 | 7.11 | 342.34 | 433.64 | 479.28 | 616.22 |
| | | 9.91 | | 479.13 | 606.89 | 670.78 | 862.43 |
| | 73 | 10.20 | | 476.15 | 603.12 | 666.60 | 857.07 |
| | | 15.49 | 9.19 | 741.45 | 939.17 | 1038.03 | 1334.61 |

续表

| 钻杆管体 | | | | 分钢级在最低抗拉屈服强度下的载荷，kN | | | |
|---|---|---|---|---|---|---|---|
| 级别 | 外径 mm | 公称重量 kg/m | 壁厚 mm | E | X | G | S |
| 一级钻杆 | 88.9 | 14.15 | 6.45 | 681.10 | 1196.41 | 1322.35 | 1700.16 |
| | | 19.81 | 9.35 | 944.53 | 1413.36 | 1562.13 | 2008.45 |
| | | 23.09 | 11.40 | 1115.81 | 1026.48 | 1134.53 | 1458.67 |
| | 127 | 29.05 | 9.19 | 1387.02 | 1756.89 | 1941.83 | 2496.64 |
| | | 38.13 | | 1846.28 | 2338.62 | 2582.80 | 3323.31 |

**表 5　钻杆允许扭转系数表**

| 钻杆外径，in | 扭转系数（圈/米）API | | | |
|---|---|---|---|---|
| | D级 | E级 | G105 | S135 |
| 2⅞ | 0.007 | 0.0095 | 0.0134 | 0.017 |
| 3½ | 0.006 | 0.0078 | 0.0110 | 0.014 |
| 5 | 0.004 | 0.0055 | 0.0077 | 0.009 |
| 5½ | 0.0036 | 0.005 | 0.0070 | 0.009 |

**表 6　整体加重钻杆尺寸**

| 型号 | 外径 | | 内径 | | 接头扣型 | 单根质量 kg |
|---|---|---|---|---|---|---|
| | mm | in | mm | in | | |
| JZ－50NC50－1 | 127 | 5 | 76.2 | 3 | NC50（4½IF） | 700 |
| JZ－45NC46－1 | 114.3 | 4½ | 71.4 | 2¹³⁄₁₆ | NC46（4IF） | 585 |
| JZ－40NC40－1 | 101.6 | 4 | 63.5 | 2½ | NC40（4FH） | 400 |
| JZ－38NC38－1 | 88.9 | 3½ | 50.8 | 2 | NC38 | 370 |

**表 7　常用钻铤规范**

| 型号 | 外径 | | 内径 | | 接头扣型 | 每米质量 kg/m |
|---|---|---|---|---|---|---|
| | mm | in | mm | in | | |
| NC26－35 | 88.9 | 3½ | 38.1 | 1½ | （2⅜IF） | 40.2 |
| NC35－47 | 120.7 | 4¾ | 50.8 | 2 | NC35 | 74.5 |
| NC38－50 | 127 | 5 | 57.2 | 2½ | NC38 | 79 |
| NC46－62 | 158.8 | 6¼ | 71.4 | 2¹³⁄₁₆ | NC46（4IH） | 111.8 |
| NC50－70 | 177.8 | 7 | 57.2 | 2¼ | NC50（4½IF） | 174.3 |
| NC56－80 | 203.2 | 8 | 71.4 | 2¹³⁄₁₆ | | 223.5 |
| NC61－90 | 228.6 | 9 | 71.4 | 2¹³⁄₁₆ | | 290.6 |

**表 8　钻具螺纹习惯表示法**

| 钻具螺纹 | 内平型 | | 惯眼型 | | 正规型 | |
|---|---|---|---|---|---|---|
| NC | API | 习惯 | API | 习惯 | API | 习惯 |
| NC26 | 2⅜IF | 2A10X2A11 | 3½FH | 320X321 | 2⅜REG | 2A30X2A31 |
| NC31 | 2⅞IF | 210X211 | 4FH（NC40） | 4A20X4A21 | 2⅞REG | 230X231 |
| NC35 | 3IF | 3A10X3A11 | 4½FH | 420X421 | 3½REG | 330X331 |
| NC38 | 3½IF | 310X311 | 5½FH | 520X521 | 4½REG | 430X431 |
| NC46 | 4IF | 4A10X4A11 | 6⅝FH | 620X621 | 5½REG | 530X531 |
| NC50 | 4½IF | 410X411 | | | 6⅝REG | 630X631 |
| | | | | | 7⅝REG | 730X731 |
| | | | | | 8⅝REG | 830X831 |

**表 9　公锥技术规格**

| 产品代号 | $D$ mm | $d_1$ mm | $d_2$ mm | $d_3$ mm | $L_1$ mm | $L_2$ mm | $L_3$ mm | $L_4$ mm | 打捞孔径范围，mm |
|---|---|---|---|---|---|---|---|---|---|
| GZ—NC26（2⅜IF） | 13.5 | 38 | 60 | 86 | 342 | 180 | 560 | 70 | 43～55 |
| GZ—NC26（2⅜IF） | 20 | 52 | 70 | 86 | 298 | 180 | 535 | 70 | 57～65 |
| GZ—NC31（2⅞IF） | 20 | 52 | 70 | 105 | 298 | 180 | 535 | 70 | 57～65 |
| GZ—NC31（2⅞IF） | 25 | 70 | 83 | 105 | 218 | 180 | 475 | 70 | 75～78 |
| GZ—NC31（2⅜IF） | 20 | 43 | 70 | 105 | 432 | 200 | 800 | 70 | 48～65 |
| GZ—NC38（3½IF） | 20 | 55 | 82 | 121 | 432 | 200 | 800 | 70 | 60～Z7 |
| GZ—NC50（4½IF） | 25 | 86.5 | 108 | 156 | 344 | 200 | 800 | 70 | 89～103 |
| GZ—3½REG | 18 | 33.7 | 65 | 108 | 500 | 200 | 800 | 70 | 38～60 |
| GZ—5½FH | 25 | 83.5 | 108 | 178 | 392 | 200 | 900 | 70 | 89～103 |

**大范围打捞公锥技术规格**

| 规格（in） | 接头螺纹 | $K_2$，in | $L$ | $L_1$ | $\phi_1$ | $\phi_2$ | $\phi_3$ | $\phi_4$ | 打捞扣 |
|---|---|---|---|---|---|---|---|---|---|
| GZ80（2⅜） | 2⅞IF | | 844 | 156 | 80 | 79.4 | 9 | 36 | 8 扣/in 1∶16 |
| GZ105（3½） | 3½IF | | 1000 | 200 | 105 | 95 | 20 | 45 | 5 扣/in 1∶16 |
| GZ55（6¼） | 4½IF | | 1450 | 230 | 155 | 130 | 30 | 65 | 5 扣/in 1∶16 |
| GZ160（6¼） | 4½IF | 3ZG | 850 | 230 | 160 | 160 | 80 | 120 | 5 扣/in 1∶16 |
| GZ203（8） | 6⅝REG | 3ZG | 680 | 200 | 203 | 200 | 80 | 185 | 8 扣/in 1∶32 |

**表 10　母锥技术规格**

| 母锥规格 | 接头螺纹 | $d_1$ mm | $d_2$ mm | $D$ mm | $D_1$ mm | $L_1$ mm | $L_2$ mm | $L_3$ mm | $L_4$ mm | 被打捞直径 mm |
|---|---|---|---|---|---|---|---|---|---|---|
| MZ/NC26（2⅜″IF） | NC26（2⅜″IF） | 52 | | 86 | 86 | 75 | 175 | 295 | 15 | 48～50 |

续表

| 母锥规格 | 接头螺纹 | $d_1$ mm | $d_2$ mm | $D$ mm | $D_1$ mm | $L_1$ mm | $L_2$ mm | $L_3$ mm | $L_4$ mm | 被打捞直径 mm |
|---|---|---|---|---|---|---|---|---|---|---|
| MZ/NC26 (2⅜″IF) | NC26 (2⅜″IF) | 62 | | 86 | 95 | 80 | 170 | 280 | 15 | 59～60 |
| MZ/NC26 (2⅜″IF) | NC26 (2⅜″IF) | 75 | | 86 | 95 | 80 | 206 | 340 | 15 | 68～73 |
| MZ/NC31 (2⅞″IF) | NC31 (2⅞″IF) | 75 | | 105 | 114 | 180 | 222 | 350 | 105 | 69～73 |
| MZ/NC31 (2⅞″IF) | NC31 (2⅞″IF) | 84 | | 105 | 114 | 180 | 262 | 390 | 105 | 71～82 |
| MZ/NC31 (2⅞″IF) | NC31 (2⅞″IF) | 95 | | 105 | 115 | 180 | 220 | 440 | 105 | 89～93 |
| MZ/NC38 (3½″IF) | NC38 (3½″IF) | 110 | | 121 | 135 | 180 | 340 | 480 | 105 | 95～108 |
| MZ/NC38 (3½″IF) | NC38 (3½″IF) | 105 | 135 | 121 | 146 | 200 | 349 | 670 | 70 | 90 |
| MZ/NC50 (4½″IF) | NC50 (4½″IF) | 135 | 165 | 156 | 180 | 200 | 400 | 750 | 70 | 127 |
| MZ/4½″HF | 4½″HF | 120 | 155 | 148 | 168 | 200 | 350 | 700 | 70 | 114 |
| MZ/5½″HF | 5½″HF | 150 | 130 | 178 | 194 | 200 | 400 | 750 | 70 | 141 |
| MZ/6⅝″HF | 6⅝″HF | 176 | 205 | 203 | 219 | 200 | 377 | 730 | 70 | 168 |

**表 11 磨鞋技术规格**

| 外径，mm | 水眼，mm | 螺 纹 | 适用井眼，mm |
|---|---|---|---|
| 270 | 30×3 | 6⅝″FH | 大于 311 |
| 248 | 24×3 | 5 9/16″FH | 269 |
| 220 | 24×2 | NC50 | 244 |
| 200 | 20×2 | NC50 | 215 |
| 190 | 18×2 | NC50 | 215 |
| 153 | 16×2 | NC38 | 161 |
| 120 | 14×2 | 2⅞″FH | 139.7 套管 |
| 98 | 12×2 | 2⅜″REG | 101 套管 |
| 70 | 10×2 | 2″ZG | |
| 50 | 8×2 | 1½″ZG | |

**表 12　平底铅印规格表**

| 规格<br>mm | 接　头 | | 铅模水眼<br>mm | 铅模长度<br>m | 总长<br>m |
|---|---|---|---|---|---|
| | 外径，mm | 扣　型 | | | |
| 270 | 203 | 6⅝″REG | 40 | 150 | 350 |
| 225 | 159 | 4½″IF | 40 | 130 | 300 |
| 195 | 159 | 4½″IF | 30 | 120 | 250 |
| 170 | 121 | 3½″IF | 30 | 120 | 200 |
| 120 | 108 | 2⅞″IF | 20 | 100 | 200 |
| 100 | 89 | 2½″ZE | 20 | 100 | 200 |

**表 13　反循环强磁打捞篮技术规格**

| 型　号 | 使用井眼直径<br>mm | 筒体直径<br>mm | 落物最大直径<br>mm | 钢球直径<br>mm | 扣　型 |
|---|---|---|---|---|---|
| LL－F92 | 95.2～101.6 | 92 | 57.2 | 30 | NC26 |
| LL－F102 | 104.8～114.3 | 102 | 63.5 | 30 | NC26 |
| LL－F114 | 117.5～127 | 114 | 77.8 | 35 | NC26 |
| LL－F124 | 130～139.7 | 124 | 90.5 | 35 | 2⅞REG |
| LL－F130 | 142.9～152.4 | 130 | 95.3 | 40 | NC31 |
| LL－F146 | 155.6～165.1 | 146 | 111.1 | 40 | NC38 |
| LL－F159 | 168.2～187.3 | 159 | 120.7 | 45 | NC40 |
| LL－F178 | 190.5～209.5 | 178 | 130.2 | 45 | 4½REG |
| LL－F200 | 212.7～241.3 | 200 | 154 | 45 | NC50 |
| LL－F225 | 244.5 | 225 | 176 | 50 | NC50 |
| LL－F230 | 244.5～269.9 | 230 | 179.4 | 50 | NC50 |
| LL－F257 | 273～295.3 | 257 | 195.3 | 55 | 6⅝REG |
| LL－F279 | 298.5～317.5 | 279 | 211.1 | 55 | 6⅝REG |
| LL－F295 | 320.6～346.1 | 295 | 220.7 | 55 | 6⅝REG |
| LL－F302 | 320.6～346.1 | 302 | 220.7 | 55 | 6⅝REG |
| LL－F330 | 349.3～406.4 | 330 | 249.2 | 55 | 6⅝REG |
| LL－F380 | 406.4～444.5 | 380 | 279.4 | 55 | 6⅝REG |

**表 14　YDQ 型牙轮打捞器规格型号和技术参数**

| 规格型号 | 本体外径，mm | 钢球直径，mm | 连接螺纹，API | 打捞落物最大外径，mm |
|---|---|---|---|---|
| YDQ153 | 142 | 32 | NC38 | 95 |
| YDQ165 | 152 | 32 | NC38 | 103 |
| YDQ195 | 184 | 32 | NC50 | 126 |
| YDQ210 | 200 | 40 | NC50 | 135 |

**表 15　随钻打捞杯技术规格**

| 规格代号 | | 适用井眼尺寸 mm | 水眼尺寸 mm | 最大外径 mm | 总长，mm | | |
|---|---|---|---|---|---|---|---|
| | | | | | 标准型（S 型） | 长型（L 型） | 超长型（EX 型） |
| LB94 | S<br>L<br>EX | 108～117.5 | 19 | 94 | 737 | 1092 | 1359 |
| LB102 | S<br>L<br>EX | 117.5～124 | 32 | 102 | 749 | 1118 | 1327 |
| LB114 | S<br>L<br>EX | 130～149 | 38 | 114 | 775 | 1143 | 1397 |
| LB127 | S<br>L<br>EX | 152.4～162 | 38 | 127 | 775 | 1143 | 1397 |
| LB140 | S<br>L<br>EX | 165～190.5 | 38 | 140 | 775 | 1143 | 1397 |
| LB168 | S<br>L<br>EX | 190.5～216 | 57 | 168 | 800 | 1168 | 1422 |
| LB178 | S<br>L<br>EX | 219～244.5 | 57 | 178 | 800 | 1168 | 1422 |
| LB190 | S<br>L<br>EX | 229～273 | 57 | 190 | 838 | 1168 | 1422 |
| LB203 | S<br>L<br>EX | 235～279.5 | 70 | 197 | 838 | 1168 | 1422 |
| LB219 | S<br>L<br>EX | 244.5～295 | 89 | 219 | 838 | 1219 | 1473 |
| LB229 | S<br>L<br>EX | 254～305 | 70 | 229 | 838 | 1219 | 1473 |
| LB245 | S<br>L<br>EX | 292～330 | 89 | 245 | 838 | 1219 | 1473 |
| LB280 | S<br>L<br>EX | 327～375 | 89 | 280 | 914 | 1270 | 1524 |
| LB327 | S<br>L<br>EX | 375～444.5 | 102 | 327 | 914 | 1270 | 1524 |
| LB340 | S<br>L<br>EX | 386～456 | 102 | 340 | 914 | 1270 | 1524 |

表 16　钻井用可退式卡瓦打捞矛

| 型号 | 可退式打捞矛接头尺寸 | | 引锥直径 mm | 落鱼尺寸，mm（in） | | | | 芯轴抗拉屈服载荷 10kN |
|---|---|---|---|---|---|---|---|---|
| | 外径 mm | 螺纹 | | 钻杆 | 钻铤 | 油管 | 套管 | |
| LM－T60 | 86 | NC26（2⅜IF） | 48 | 73.0（2⅞IF） | | 60.3（2⅜）<br>73.0（2⅞） | | 58.8 |
| LM－T73 | 95 | 2⅞REG | 59 | 88.9（3½） | 146（5¾）<br>159（6¼） | 73.0（2⅞）<br>88.9（3½） | | 88.2 |
| LM－T89 | 121 | NC38（3½IF） | 59 | 88.9（3½） | 178（7）<br>203（8） | 88.9（3½）<br>101.6（4） | | 104.9 |
| LM－T102 | 105 | NC31（2⅞IF） | 83 | | | 101.6（4） | 127.0（5） | 219.5 |
| LM－T114 | 156 | NC50（4½IF） | 95 | 114.3（4½） | | | 127.0（5） | 174.4 |
| LM－T127 | 159 | NC50（4½IF） | 102 | 127（5） | | | 127.0（5）<br>139.7（5½） | 379.3 |
| LM－T178 | 178 | 5½FH | 144 | | | | 177.8（7）<br>193.7（7⅝） | 562.5 |
| LM－T219 | 219 | ⅝REG | 184 | | | | 219.1（6⅝）44.5～<br>339.7（7⅞～10⅞） | 556.8 |
| LM－T245 | 244 | 7⅝REG | 210 | | | | 244.5（7⅞）273.0～<br>508.0（10¾～20） | |

表 17　钻井用可退式卡瓦打捞筒型号及主要参数

| 型号 | 打捞筒外径 mm（in） | 接头连接螺纹 | 最大打捞尺寸，mm（in） | | 抗拉屈服载荷，10kN（tf） | | |
|---|---|---|---|---|---|---|---|
| | | | 螺旋卡瓦 | 篮状卡瓦 | 螺旋卡瓦 | 篮状卡瓦 | |
| | | | | | | 无台肩 | 有台肩 |
| LT－T89<br>（3½） | 89（3½） | NC26<br>（2⅜IF） | 60（2⅜） | 47.5（1⅞） | 137.2（140） | 117.6（120） | 73.5（75） |
| LT－T92<br>（3⅝） | 92（3⅝） | NC26<br>（2⅜IF） | 76（3） | 66.5（2⅝） | 56.8（58） | 47.0（48） | 24.5（25） |
| LT－T95<br>（3¾） | 95（3¾） | NC26<br>（2⅜IF） | 77.5（6⅝） | 68（4$\frac{3}{16}$） | 90.2（92） | 89.2（91） | 83.3（85） |
| LT－T105<br>（4⅛） | 105（4⅛） | NC31<br>（2⅜IF） | 82.5（3¼） | 70.5（32¾） | 66.6（68） | 59.8（61） | 38.2（39） |
| LT－T117<br>（4⅝） | 117（4⅝） | NC31<br>（4⅞IF） | 89（3½IF） | 76（3） | 113.7（116） | 106.8（109） | 78.4（80） |
| LT－T127<br>（5） | 127（5） | NC38<br>（3½IF） | 95（3¾IF） | 79.5（3⅛） | 227.4（232） | 199.9（204） | 142.1（145） |
| LT－T140<br>（5½） | 140<br>（5½） | NC38<br>（3½IF） | 117.5<br>（4¾IF） | 105（4⅛） | 132.3（135） | 114.7（117） | 82.3（84） |

续表

| 型号 | 打捞筒外径 mm (in) | 接头连接螺纹 | 最大打捞尺寸，mm (in) | | 抗拉屈服载荷，10kN (tf) | | |
|---|---|---|---|---|---|---|---|
| | | | 螺旋卡瓦 | 篮状卡瓦 | 螺旋卡瓦 | 篮状卡瓦 | |
| | | | | | | 无台肩 | 有台肩 |
| LT-T143 ($5\frac{5}{8}$) | 143 ($5\frac{5}{8}$) | NC38 ($3\frac{1}{2}$IF) | 121 ($4\frac{3}{4}$) | 108 ($4\frac{1}{4}$) | 132.3 (135) | 114.7 (117) | 82.3 (84) |
| LT-T152 (6) | 152 (6) | NC38 (IF) | 121 ($4\frac{3}{4}$) | 105 ($4\frac{1}{8}$) | 187.2 (191) | 156.8 (160) | 112.7 (115) |
| LT-T162 ($5\frac{1}{8}$) | 162 ($6\frac{3}{8}$) | NC46 (4IF) | 133.5 ($5\frac{1}{4}$) | 117.5 ($4\frac{5}{8}$) | 179.3 (183) | 157.8 (161) | 113.7 (116) |
| LT-T168 ($5\frac{3}{8}$) | 168 ($6\frac{5}{8}$) | NC50 ($4\frac{1}{2}$IF) | 127 (5) | 108 ($1\frac{3}{4}$) | 283.2 (289) | 254.8 (260) | 204.8 (209) |
| LT-T187 ($5\frac{5}{8}$) | 187 ($7\frac{3}{8}$) | NC50 ($4\frac{1}{2}$IF) | 146 ($2\frac{3}{4}$) | 127 (5) | 283.2 (289) | 241.1 (246) | 187.2 (191) |
| LT-T194 ($6\frac{1}{8}$) | 194 ($7\frac{5}{8}$) | NC50 ($4\frac{1}{2}$IF) | 159 ($2\frac{5}{4}$) | 141 ($8\frac{9}{16}$) | 241.1 (246) | 212.7 (217) | 161.7 (165) |
| TLT-T200 ($6\frac{3}{8}$) | 200 ($7\frac{7}{8}$) | NC50 ($4\frac{1}{2}$IF) | 159 ($2\frac{5}{4}$) | 141 ($8\frac{9}{16}$) | 291.1 (297) | 252.8 (258) | 190.1 (194) |
| LT-T206 ($8\frac{1}{8}$) | 206 ($8\frac{1}{8}$) | NC50 ($4\frac{1}{2}$IF) | 178 (7) | 162 ($6\frac{3}{8}$) | 187.2 (191) | 177.4 (181) | 137.2 (140) |
| LT-T213 ($8\frac{3}{8}$) | 213 ($8\frac{3}{8}$) | NC50 ($4\frac{1}{2}$IF) | 178 (7) | 162 ($6\frac{3}{8}$) | 273.4 (279) | 257.7 (263) | 198.9 (203) |
| LT-T219 ($8\frac{5}{8}$) | 219 ($8\frac{5}{8}$) | NC50 ($4\frac{1}{2}$IF) | 178 (7) | 159 ($6\frac{1}{4}$) | 283.2 (289) | 241.1 (246) | 181.3 (185) |
| LT-T225 ($8\frac{7}{8}$) | 225 ($8\frac{7}{8}$) | NC50 ($4\frac{1}{2}$IF) | 197 ($7\frac{3}{8}$) | 181 ($7\frac{1}{8}$) | 184.2 (188) | 152.9 (156) | 122.5 (125) |
| LT-T232 ($9\frac{1}{8}$) | 232 ($9\frac{1}{8}$) | NC50 ($4\frac{1}{2}$IF) | 203 (8) | 187 ($7\frac{3}{8}$) | 191.1 (195) | 171.5 (175) | 131.3 (134) |
| LT-T238 ($9\frac{3}{8}$) | 238 ($9\frac{3}{8}$) | NC50 ($4\frac{1}{2}$IF) | 197 ($7\frac{3}{8}$) | 178 (7) | 283.2 (289) | 254.8 (260) | 204.8 (209) |
| LT-T241 ($9\frac{1}{2}$) | 241 ($9\frac{1}{2}$) | NC50 ($4\frac{1}{2}$IF) | 213 ($8\frac{3}{8}$) | 197 ($7\frac{3}{4}$) | 187.2 (191) | 178.4 (182) | 137.2 (140) |
| LT-T260 ($10\frac{1}{4}$) | 260 ($10\frac{1}{4}$) | $7\frac{5}{8}$REG | 219 ($5\frac{5}{8}$) | 200 ($7\frac{7}{8}$) | 292.0 (298) | 256.8 (262) | 206.8 (211) |

**表 18 DLT-T型可退式倒扣捞筒规格系列及技术参数**

| 型号 | 筒体外径 mm | 打捞范围 mm | 许用拉力 kN | 起用拉力及相应扭矩 | | 接头螺纹 |
|---|---|---|---|---|---|---|
| | | | | 拉力，kN | 扭矩，N·m | |
| DLT-T48 | 95 | 47.0~49.3 | 250 | 117.7 | 3089 | $2\frac{7}{8}$REG |
| DLT-T60 | 105 | 59.7~61.3 | 350 | 147.1 | 5737 | $2\frac{3}{8}$IF (NC26) |
| DLT-T73 | 114 | 72.0~74.5 | 420 | 176.5 | 7750 | $2\frac{7}{8}$IF (NC31) |
| DLT-T89 | 134 | 88~91 | 500 | 176.5 | 10233 | $3\frac{1}{2}$IF (NC38) |

| 型　号 | 筒体外径 mm | 打捞范围 mm | 许用拉力 kN | 起用拉力及相应扭矩 | | 接头螺纹 |
|---|---|---|---|---|---|---|
| | | | | 拉力，kN | 扭矩，N·m | |
| DLT－T102 | 145 | 101～104 | 700 | 196 | 11032 | 3½IF（NC38） |
| DLT－T114 | 160 | 113～115 | 890 | 196 | 12151 | 3½IF（NC50） |
| DLT－T127 | 185 | 126～129 | 1200 | 235 | 13483 | 4½IF（NC50） |
| DLT－T140 | 200 | 139～142 | 1500 | 235 | 15298 | 4½IF（NC50） |

**表 19　地面震击器规格系列及性能参数**

| 型　号 | DJ46 | DJ70 |
|---|---|---|
| 外径尺寸，mm（in） | 121（4¾） | 178（7） |
| 最大震击力，kN（tf） | 610±50（61±5） | 820±50（82±5） |
| 最大抗拉载荷，kN（tf） | 1220（122） | 1530（153） |
| 密封压力，MPa | 20 | 20 |
| 行程，mm | 1000 | 1222～1226 |
| 水眼直径，mm | 32 | 61 或 50 |
| 接头螺纹 | NC38 | NC50 |
| 闭合长度，mm | 2500 | 3030 |
| 总体重量，kg | 200 | 525 |

**表 20　超级震击器规格系列与性能参数**

| 参数＼型号 | CSJ441Ⅱ | CSJ46Ⅱ | CSJ62Ⅱ | CSJ70Ⅱ | CSJ76Ⅱ | CSJ80Ⅱ |
|---|---|---|---|---|---|---|
| 外径，mm | 114 | 121 | 159 | 178 | 197 | 203 |
| 内径，mm | 51 | 51 | 57 | 60 | 78 | 78 |
| 井下最大提拉力，kN（tf） | 300（30） | 400（40.82） | 700（71.43） | 900（91.84） | 1200（122.4） | 1200（122.4） |
| 拉开行程，mm | 305 | 305 | 320 | 320 | 330 | 330 |
| 最高工作温度，℃ | 150 | 150 | 150 | 150 | 150 | 150 |
| 井下工作扭矩，kN·m | 9 | 9.8 | 14.7 | 14.7 | 19.8 | 19.8 |
| 总长，mm | 3882 | 3882 | 3977 | 4045 | 4328 | 4328 |
| 接头扣型 | NC31 | NC38 | NC50 | 5½FH | 6⅝REG | 6⅝REG |
| 重量，kg | | 340 | 420 | 480 | 560 | |

**表 21　开式下击器规格系列及性能参数**

| 型　号 | XJ－J95 | XJ－J102 | XJ－J108 | XJ－J121 | XJ－J146 | XJ－J159 | XJ－J178 | XJ－J203 |
|---|---|---|---|---|---|---|---|---|
| 外径尺寸，mm | 95 | 102 | 108 | 121 | 146 | 159 | 178 | 203 |
| 最大抗拉负荷，kN | 900 | 1000 | 1100 | 1200 | 1300 | 1400 | 1500 | 1600 |
| 密封压力，MPa | 15 | 15 | 15 | 15 | 15 | 15 | 15 | 15 |
| 行程，mm | 900 | 1000 | 1100 | 1200 | 1300 | 1400 | 1500 | 1600 |
| 水眼直径，mm | 32 | 32 | 32 | 38 | 51 | 51 | 70 | 70 |

续表

| 型号 | XJ－J95 | XJ－J102 | XJ－J108 | XJ－J121 | XJ－J146 | XJ－J159 | XJ－J178 | XJ－J203 |
|---|---|---|---|---|---|---|---|---|
| 接头螺纹 | $2\frac{3}{8}$REG | $2\frac{3}{8}$REG | $2\frac{3}{8}$REG | NC38（$1\frac{3}{4}$IF） | NC40（4FH） | NC50（$2\frac{1}{4}$IF） | $2\frac{3}{4}$IF | $2\frac{3}{4}$IF |
| 闭合时总长度，mm | 1800 | 1900 | 2000 | 2100 | 2300 | 2500 | 2700 | 2900 |

**表 22　闭式下击器规格系列及性能参数**

| 型号 | | BXJ95（$3\frac{3}{4}$） | BXJ102（4） | BXJ108（$4\frac{1}{4}$） | BXJ114（$4\frac{1}{2}$） | BXJ121（$4\frac{3}{4}$） |
|---|---|---|---|---|---|---|
| 外径 | mm | 95 | 102 | 108 | 114 | 121 |
| 尺寸 | in | $3\frac{3}{4}$ | 4 | $4\frac{1}{4}$ | $4\frac{1}{2}$ | $4\frac{3}{4}$ |
| 最大抗拉负荷，kN（tf） | | 917（91.7） | 1020（102） | 1020（102） | 1120（112） | 1120（112） |
| 密封压力，MPa（kgf/cm²） | | 15（153） | 15（153） | 15（153） | 35（153） | 15（153） |
| 行程，mm | | 300 | 300 | 400 | 405 | 405 |
| 水眼直径，mm | | 32 | 32 | 32 | 38 | 38 |
| 接头螺纹 | | $2\frac{3}{8}$REG | $2\frac{3}{8}$REG | $2\frac{3}{8}$REG | $2\frac{3}{8}$REG | NC38（$3\frac{1}{2}$IF） |
| 打开时总长，mm | | 2850 | 2850 | 2950 | 2690 | 2690 |

| 型号 | | BXJ146（$5\frac{3}{4}$） | BXJ158（$6\frac{1}{4}$） | BXJ178（7） | BXJ203（8） |
|---|---|---|---|---|---|
| 外径 | mm | 146 | 158 | 178 | 203 |
| 尺寸 | in | $5\frac{3}{4}$ | $6\frac{1}{4}$ | 7 | 8 |
| 最大抗拉负荷，kN（tf） | | 133（13.3） | 143（14.3） | 153（15.3） | 163（16.3） |
| 密封压力，MPa（kgf/cm²） | | 15（153） | 15（153） | 15（153） | 35（153） |
| 行程，mm | | 460 | 460 | 470 | 470 |
| 水眼直径，mm | | 51 | 57 | 57 | 57 |
| 接头螺纹 | | NC40 | NC50（$4\frac{1}{2}$IF） | $5\frac{1}{2}$FH | $5\frac{1}{2}$FH |
| 打开时总长，mm | | 3000 | 3100 | 3420 | 3300 |

**表 23　机械式随钻震击器规格系列及性能参数**

| 型号 | | JSZ121 | JSZ159 | JSZ178 | JSZ203 | JSZ229 |
|---|---|---|---|---|---|---|
| 外径 | mm | 121 | 159 | 178 | 203 | 229 |
| | in | $4\frac{3}{4}$ | $6\frac{1}{4}$ | 7 | 8 | 9 |
| 最大抗拉负荷，kN | | 2200 | 3500 | 3600 | 4700 | 6600 |
| 允许最大扭矩，kN・m | | 31 | 54 | 63 | 83 | 108 |
| 密封压力，MPa | | 20 | 20 | 20 | 20 | 20 |
| 上击行程，mm | | 203 | 165 | 165 | 165 | 203 |
| 下击行程，mm | | 203 | 165 | 165 | 165 | 203 |
| 水眼直径，mm | | 48 | 57 | 64 | 77 | 77 |
| 拉开时总长，mm | | 7436 | 7679 | 7008 | 7191 | 8547 |
| 接头螺纹 | | NC38 | NC50 | $5\frac{1}{2}$REG | $6\frac{5}{8}$REG | $6\frac{5}{8}$REG |

**表 24　随钻震击器规格系列及性能参数**

| 型　号 | SS121 | SX121 | SS146 | SX146 | SS159 | SX159 | SS197 | SX197 |
|---|---|---|---|---|---|---|---|---|
| 外径，mm | 121 | 121 | 146 | 146 | 159 | 159 | 197 | 197 |
| 最大抗拉，kN | 1220 | 1220 | 1330 | 1330 | 1430 | 1430 | 1630 | 1630 |
| 密封压力，MPa | 20 | 20 | 20 | 20 | 20 | 20 | 20 | 20 |
| 行程，mm | 305 | 178 | 343 | 178 | 343 | 178 | 368 | 178 |
| 水眼直径，mm | 51 | 51 | 57 | 57 | 70 | 70 | 78 | 78 |
| 打开时总长，mm | 5391 | 4813 | 5613 | 5296 | 5613 | 5296 | 5960 | 5505 |
| 接头扣型 | 3½IF | 3½IF | 4½FH | 4½FH | 4½IF | 4½IF | 6⅝REG | 6⅝REG |
| 重量，kg | 330 | 310 | 480 | 457 | 530 | 520 | 980 | 920 |

钻井周期：400～500h、工作温度范围：0～120℃、钻井液 pH 值：11。

**表 25　液压上击器**

| 型　号 | YS95<br>（1⅝/4） | YS102<br>（4） | YS108<br>（1⅞/4） | YS121<br>（1⁹⁄₄） | YS146<br>（2¾） | YS159<br>（2⅝/4） | YS178<br>（7） | YS203<br>（8） |
|---|---|---|---|---|---|---|---|---|
| 外径尺寸，mm（in） | 95（3¾） | 102（4） | 108（4¼） | 121（4¾） | 146（2¾） | 159（6¼） | 178（7） | 203（8） |
| 最大抗拉负荷，kN（tf） | 917<br>（91.7） | 1020<br>（102） | 1120<br>（112） | 1220<br>（122） | 1325<br>（132.5） | 1430<br>（143） | 1530<br>（153） | 1630<br>（163） |
| 密封压力，MPa | 15 | 15 | 15 | 15 | 15 | 15 | 15 | 15 |
| 行程，mm | 381 | 381 | 381 | 381 | 381 | 381 | 381 | 381 |
| 水眼直径，mm | 32 | 32 | 32 | 38 | 51 | 57 | 60 | 60 |
| 打开时总长，mm | 2582 | 2630 | 2680 | 2730 | 2781 | 2832 | 2880 | 2930 |
| 接头螺纹 | 2⅜REG | 2¾REG | NC31<br>（2⅞IF） | NC38<br>（3½IF） | NC40<br>（4FH） | NC50<br>（4½IF） | 5½FH | 6⅝REG |